TRAITÉ

DES

SECTIONS CONIQUES.

PREMIÈRE PARTIE.

PARIS. — IMPRIMERIE DE GAUTHIER-VILLARS,
Rue de Seine-Saint-Germain, 10, près l'Institut.

TRAITÉ

DES

SECTIONS CONIQUES,

FAISANT SUITE AU

TRAITÉ DE GÉOMÉTRIE SUPÉRIEURE,

PAR M. CHASLES,

Membre de l'Institut; Professeur de Géométrie supérieure à la Faculté des Sciences de Paris; Membre de la Société Royale de Londres; Associé étranger des Académies Royales des Sciences de Bruxelles et de Naples; Correspondant de l'Académie Impériale des Sciences de Saint-Pétersbourg; des Académies Royales des Sciences de Berlin, de Madrid et de Turin; de l'Académie Pontificale des *Nuovi Lincei* de Rome; de l'Académie des Sciences de l'Institut de Bologne.

PREMIÈRE PARTIE.

PARIS,

GAUTHIER-VILLARS, IMPRIMEUR-LIBRAIRE

DU BUREAU DES LONGITUDES, DE L'ÉCOLE IMPÉRIALE POLYTECHNIQUE,

SUCCESSEUR DE MALLET-BACHELIER,

Quai des Augustins, 55.

1865.

TABLE DES MATIÈRES.

CHAPITRE PREMIER.

PROPRIÉTÉS FONDAMENTALES DES SECTIONS CONIQUES.

CHAPITRE II.

THÉORÈMES GÉNÉRAUX DÉDUITS DES DEUX PROPRIÉTÉS FONDAMENTALES.

CHAPITRE III.

CHAPITRE IV.

CHAPITRE V.

CHAPITRE VI.

DIAMÈTRES ET CENTRE D'UNE CONIQUE. — DIAMÈTRES CONJUGUÉS.

CHAPITRE VII.

CONSÉQUENCES DE L'ÉGALITÉ ENTRE LE RAPPORT ANHARMONIQUE DE QUATRE POINTS EN LIGNE DROITE, ET CELUI DES POLAIRES DE CES POINTS. — NORMALES ET OBLIQUES À UNE CONIQUE, MENÉES D'UN POINT DONNÉ.

CHAPITRE VIII.

DIVISIONS HOMOGRAPHIQUES SUR UNE CONIQUE.

CHAPITRE IX.

COURBES POLAIRES RÉCIPROQUES.—CONIQUES HOMOGRAPHIQUES; HOMOLOGIQUES.

CHAPITRE X.

CHAPITRE XI.

PERSPECTIVE, ET FIGURE HOMOLOGIQUE D'UNE CONIQUE, DE MANIÈRE QU'UN OU DEUX POINTS DONNÉS DEVIENNENT LES FOYERS DE LA NOUVELLE COURBE.

CHAPITRE XII.

PROPRIÉTÉS D'INVOLUTION RELATIVES À PLUSIEURS CONIQUES CIRCONSCRITES OU INSCRITES À UN QUADRILATÈRE.

CHAPITRE XIII.

DES CORDES COMMUNES À DEUX CONIQUES. — SYSTÈME DE TROIS POINTS CONJUGUÉS COMMUNS AUX DEUX COURBES.

CHAPITRE XIV.

DES POINTS DE CONCOURS DES TANGENTES COMMUNES À DEUX CONIQUES, OU POINTS OMBILICAUX.

CHAPITRE XV.

RELATIONS ENTRE LES CORDES COMMUNES ET LES OMBILICS DE DEUX CONIQUES. — CONIQUES HOMOTHÉTIQUES. — PERSPECTIVE DE DEUX CONIQUES TRANSFORMÉES EN CONIQUES HOMOFOCALES.

CHAPITRE XVI.

PROPRIÉTÉS DE TROIS ET DE QUATRE CONIQUES PASSANT PAR QUATRE POINTS, OU TANGENTES À QUATRE DROITES.

CHAPITRE XVII.

THÉORÈMES GÉNÉRAUX RELATIFS AUX POINTS D'INTERSECTION DE TROIS CONIQUES QUELCONQUES, ET AUX TANGENTES COMMUNES À CES COURBES PRISES DEUX À DEUX.

CHAPITRE XVIII.

NOUVELLES PROPRIÉTÉS RELATIVES À DES CONIQUES CIRCONSCRITES OU INSCRITES À UN QUADRILATÈRE.

CHAPITRE XIX.

CONIQUES AYANT UN DOUBLE CONTACT.

FIN DE LA TABLE DES MATIÈRES.

TRAITÉ

DES

SECTIONS CONIQUES.

CHAPITRE PREMIER.

PROPRIÉTÉS FONDAMENTALES.

§ I. — *Définition des sections coniques. — Propriété unique d'où doit dériver toute la théorie de ces courbes.*

1. On appelle *Sections coniques,* ou simplement *Coniques,* les courbes suivant lesquelles un cône à base circulaire, dont les deux nappes s'étendent indéfiniment, peut être coupé par des plans menés d'une manière quelconque.

Ces courbes se présentent sous trois formes différentes. 1° Lorsque le plan coupant rencontre toutes les arêtes du cône sur une seule nappe, la courbe est fermée. On l'a nommée *Ellipse.* 2° Quand le plan est parallèle à l'un des plans tangents du cône, dont il ne coupe qu'une seule nappe, la courbe est formée d'une seule branche infinie. On l'appelle *Parabole.* 3° Si, enfin, le plan coupant est parallèle à deux arêtes du cône, il trace sur les deux nappes du cône une courbe composée de deux branches infinies, et nommée *Hyperbole.*

2. Une seule propriété servira de base à toute la théorie de ces courbes. La voici.

Théorème. — *Si par quatre points d'une conique, on*

mène les tangentes et quatre autres droites aboutissant à un cinquième point quelconque de la courbe : le rapport anharmonique de ces quatre droites sera égal à celui des quatre points de rencontre des quatre tangentes et d'une cinquième tangente quelconque.

Le rapport anharmonique, soit d'un faisceau de quatre droites, soit de quatre points en ligne droite, restant le même dans les projections (*), il suffit de démontrer le théorème pour le cercle qui forme la base du cône dans lequel on considère la conique. Or sur le cercle le théorème est évident. En effet, soient a, b, c, d (*fig.* 1) quatre points du cercle; $a\alpha$, $b\beta$, $c\gamma$, $d\delta$ les tangentes en ces points, et α, β, γ, δ les points de rencontre de ces tangentes avec la tangente L en un cinquième point Ω. Les droites Pa, Pb,..., menées d'un point quelconque du cercle aux quatre points a, b, c, d ont visiblement un rapport anharmonique égal à celui des quatre points α, β, γ, δ. Car l'angle aPb est égal à l'angle $a\Omega b$; et celui-ci est égal à l'angle $\alpha O\beta$, les côtés de ces deux angles étant perpendiculaires chacun à chacun. Les quatre droites Pa, Pb, Pc, Pd font donc entre elles, deux à deux, des angles égaux à ceux des quatre droites $O\alpha$, $O\beta$, $O\gamma$, $O\delta$; conséquemment le rapport anharmonique des quatre premières droites est égal à celui des quatre dernières. Mais celles-ci ont le même rapport anharmonique que les quatre points α, β, γ, δ. Donc, etc.

§ II. — *Deux propriétés fondamentales des coniques.*

3. Le théorème qui vient d'être prouvé conduit sur-le-champ à deux *propriétés fondamentales* des sections coniques. Nous les distinguons sous cette dénomination parce que nous déduirons directement de ces deux propriétés la

(*) *Géométrie supérieure*, art. 16 et 19.

théorie de ces courbes, sans remonter, sauf quelques cas très-rares, au théorème unique dont elles sont la conséquence.

La première est relative à six points d'une conique; la seconde à six tangentes.

L'une et l'autre ont une égale importance dans toute la théorie : elles y jouent des rôles semblables. Elles donnent lieu naturellement à deux genres différents de propositions qui se correspondent dans le sens de la *dualité* ou de la *corrélation,* comme nous l'avons exposé dans notre premier volume (*). Ainsi nous n'aurons jamais besoin de faire usage, dans le Traité des Sections coniques que nous entreprenons, du principe de dualité ou de corrélation, parce que les démonstrations se correspondront toujours deux à deux et pourront être calquées l'une sur l'autre, comme les propositions mêmes.

4. PROPRIÉTÉ FONDAMENTALE RELATIVE AUX POINTS D'UNE CONIQUE. — *Si de quatre points d'une conique on mène des droites à un cinquième point de la courbe : le rapport anharmonique de ces droites a une valeur constante, quel que soit le cinquième point.*

En effet, les droites menées de quatre points a, b, c, d à un cinquième point P ont leur rapport anharmonique égal, d'après le théorème précédent, à celui des quatre points dans lesquels les quatre tangentes en a, b, c, d rencontrent une cinquième tangente. Donc ce rapport anharmonique est constant, quel que soit le cinquième point P.

5. PROPRIÉTÉ FONDAMENTALE RELATIVE AUX TANGENTES D'UNE CONIQUE. — *Quatre tangentes fixes d'une conique sont rencontrées par une cinquième tangente quelconque*

(*) *Traité de Géométrie supérieure,* p. XVII.

en quatre points dont le rapport anharmonique est constant.

En effet, ce rapport anharmonique est égal à celui des quatre droites menées des points de contact des quatre tangentes, à un cinquième point fixe pris arbitrairement sur la conique (2).

Autre expression des deux propriétés fondamentales.

6. D'après le théorème (4), les droites menées de quatre points d'une conique à deux autres points P, P′ de la courbe forment deux faisceaux qui ont le même rapport anharmonique. On peut donc dire que les droites menées de deux points P, P′ de la courbe à quatre autres forment deux systèmes ou deux faisceaux de quatre droites ayant le même rapport anharmonique. Et de là cet autre énoncé qui ne diffère pas, au fond, du théorème (4), mais qui sera généralement d'une application plus immédiate :

Si autour de deux points fixes d'une conique on fait tourner deux droites qui se coupent sur la courbe : ces droites, considérées dans leurs positions successives, forment deux faisceaux homographiques.

7. Le théorème (5) donne lieu pareillement à cet énoncé :

Les points de rencontre de deux tangentes fixes à une conique et d'une troisième tangente mobile forment deux divisions homographiques.

Avant d'entrer dans le développement des conséquences auxquelles conduisent les deux propositions fondamentales (4) et (5), ou les deux propositions (6) et (7) qui en sont des expressions différentes, il faut démontrer les réciproques de ces dernières.

§ III. — *Réciproques des deux propositions fondamentales.*

8. *La courbe, lieu des points d'intersection des rayons homologues de deux faisceaux homographiques, est une section conique qui passe par les centres des deux faisceaux.*

C'est-à-dire qu'on peut mener par cette courbe un cône à base circulaire.

Soient P, P′ (*fig.* 2) les centres des deux faisceaux, et P*a*, P′*a* deux rayons homologues. La courbe, lieu du point *a*, passe par les points P, P′; sa tangente en P′ est le rayon qui dans le deuxième faisceau correspond au rayon PP′ du premier (*). Menons à cette tangente un cercle tangent, au point P′. Ce cercle coupe la droite P′P en un point π, et les rayons P′*a*, P′*b*,..., du second faisceau en des points α, β,...: Les droites $\pi\alpha$, $\pi\beta$,..., forment un faisceau homographique au faisceau P′α, P′β,..., et par conséquent au faisceau P*a*, P*b*,.... Or ces deux faisceaux (P) et (π) ont un rayon commun suivant la ligne des centres P, π : car si le rayon P′*a* est dirigé suivant la tangente en P′, le point *a* se trouve infiniment voisin de P′ et coïncide avec α. Il suit de là que deux rayons homologues quelconques P*a*, $\pi\alpha$ des deux faisceaux (P) et (π) se rencontrent sur une droite fixe L (*Géom. sup.*, art. 103) (**).

Les deux triangles P*ab*, $\pi\alpha\beta$ sont homologiques, puisque leurs sommets sont sur trois droites *a*α, *b*β, Pπ concourant en un même point, et la droite L est leur axe d'homologie. Donc si l'on fait tourner le plan du cercle et du

---

(*) Le court raisonnement qui justifie cette construction se trouve dans le *Traité de Géométrie supérieure*, art. 541, et ci-après, art. 11.

(**) Nous indiquerons désormais les renvois au *Traité de Géométrie supérieure* par les deux lettres *G. S.*

triangle $\alpha 6 \pi$ autour de cet axe, les trois droites $a\alpha$, $b6$, $P\pi$ ne cesseront pas de concourir en un même point de l'espace (*G. S.*, 369); et pour une position du plan du cercle, ce point sera le sommet d'un cône passant par le cercle et par la courbe, lieu des points a, b,.... Le théorème est donc démontré.

9. *La courbe, enveloppe des droites qui joignent deux à deux les points homologues de deux divisions homographiques faites sur deux droites, est une section conique tangente à ces deux droites.*

C'est-à-dire qu'on peut faire passer par cette courbe un cône à base circulaire.

En effet, soient S'A, S'A' (*fig.* 3) les deux droites divisées homographiquement, et aa' une des droites qui joignent les points homologues. La courbe enveloppe de cette droite touche la droite S'A au point S qui est sur cette droite l'homologue du point S' considéré comme un point de division de la droite S'A' (*).

Que par le point S ainsi déterminé on fasse passer un cercle tangent à la droite S'A; qu'on mène à ce cercle des tangentes de tous les points de la droite S'A. Chaque tangente $a\alpha'$ partant d'un point a rencontrera en α' la tangente S'A'' menée par le point S'. Les deux points a, α' formeront deux divisions homographiques (7), et dès lors les deux divisions formées par les deux points α' et a' sur les deux droites S'A', S'A'' seront aussi homographiques. Le point S' est un point commun de ces deux divisions : il s'ensuit que toutes les droites $a'\alpha'$ concourent en un même point (*G. S.*, 105). Et il en sera de même si l'on fait tourner le plan du cercle avec sa tangente S'A'' autour de la droite S'A; c'est-à-dire que pour une position de ce

(*) Voir *Géom. sup.*, art. 548, ou ci-après, 16.

plan, les droites $a'\alpha'$ concourront en un même point de l'espace. Par conséquent, l'œil étant placé en ce point, les droites aa' seront les projections des droites $a\alpha'$; donc la courbe enveloppe des droites aa' sera la perspective de la courbe enveloppe des droites $a\alpha'$; mais celle-ci est un cercle. Donc la première courbe est sur un cône à base circulaire.

Ce qu'il fallait prouver (*).

§ IV. — *Conséquences immédiates des deux propositions fondamentales.*

10. *Cinq points déterminent une conique. — Construction de la courbe.*

Soient O, O', a, b, c (*fig.* 4) les cinq points donnés. Considérons les trois rayons Oa, Ob, Oc et les trois rayons O'a, O'b, O'c comme se correspondant deux à deux, respectivement, dans deux faisceaux homographiques. A un quatrième rayon Od du premier faisceau correspondra dans le second un rayon unique O'd déterminé par la condition

$$O'(a, b, c, d) = O(a, b, c, d) \text{ (**)};$$

(*) Ces réciproques des deux propriétés fondamentales des sections coniques ont été démontrées, par d'autres considérations, dans le *Traité de Géométrie supérieure*, art. 547 et 555. Les démonstrations données ici sont plus directes et plus appropriées au sujet, parce qu'elles n'exigent la connaissance d'aucune propriété des figures homographiques. L'idée de construire sur la figure même le cercle dont la courbe engendrée sera la perspective, m'a été suggérée par M. J. Delbalat, ingénieur-hydrographe de la marine, qui suivait en 1852 le Cours de Géométrie supérieure de la Sorbonne.

(**) A l'exemple de M. Möbius dans son savant ouvrage *Der barycentrische Calcul*, Leipzig, 1827; in-8° (*voir* p. 246), nous emploierons souvent dans la suite, pour représenter le rapport anharmonique de quatre points a, b, c, d, la notation (a, b, c, d); et l'égalité des rapports anharmoniques de deux systèmes de quatre points sera exprimée ainsi

$$(a, b, c, d) = (a', b', c', d').$$

Nous écrirons pareillement (Oa, Ob, Oc, Od), ou même O(a, b, c, d) pour et le point d appartiendra à une conique passant par les cinq points donnés O, O′, a, b, c (8).

11. *Construction des tangentes en chacun des cinq points donnés.*

La tangente à la courbe en son point O est le rayon qui, avec Oa, Ob, Oc fait un rapport anharmonique égal à celui des quatre droites O′O, O′a, O′b, O′c. Si, effectivement, au lieu du rayon O′O du second faisceau, on considère un rayon O′ω infiniment peu incliné sur O′O, aboutissant par conséquent à un point ω de la conique aussi peu éloigné que l'on voudra du point O, le rayon Oω du premier faisceau correspondant à celui-là sera la tangente à la courbe en son point O. Or ce rayon Oω devient, à la limite quand ω et O coïncident, le rayon correspondant à O′O du second faisceau. Ce qui démontre la construction.

12. *Connaissant cinq points d'une conique, trouver les points d'intersection de la courbe et d'une droite. — Points imaginaires.*

Soient O, O′, a, b, c (*fig.* 5) les cinq points de la conique, et L la droite donnée. Les rayons menés des deux points O et O′ à tous les autres points a, b, c,... de la courbe rencontrent la droite L en deux séries de points α, β, γ,..., et α', β', γ',..., homographiques, dont les points doubles

---

représenter soit un faisceau de quatre droites partant d'un point O, soit le rapport anharmonique de ce faisceau. Par suite, l'égalité

$$O(a, b, c, d) = O'(a', b', c', d')$$

exprimera que les rapports anharmoniques de deux faisceaux sont égaux.

Ces abréviations sont mises en œuvre avec avantage par plusieurs géomètres : G. SALMON, *A treatise on conic sections*, third edition, 8°. London, 1855. — E. DE JONQUIÈRES, *Mémoire sur la description des courbes du quatrième ordre;* inséré dans le tome XVI des *Mémoires présentés par divers Savants à l'Académie des Sciences.*

sont évidemment les points d'intersection de la conique et de la droite L. Ces points se construisent au moyen des deux systèmes de trois points α, β, γ et α', β', γ' (*G. S.*, 263). Ainsi le problème est résolu.

Si les points doubles des deux divisions homographiques se confondent, la droite L sera tangente à la conique.

Les deux points doubles peuvent être imaginaires (*G. S.*, 154). Alors nous dirons que les points d'intersection de la conique et de la droite sont *imaginaires*. Ainsi l'on aura une idée bien nette de ce que l'on doit entendre par *points d'intersection imaginaires* d'une conique et d'une droite. On pourra donc introduire dans le raisonnement la considération des propriétés relatives à deux points réels, qui subsistent lorsque les deux points sont imaginaires. Par exemple, on sait ce qu'il faut entendre par le point milieu des deux points imaginaires; et on sait déterminer ce point à priori, au moyen des deux séries de trois points α, β, γ et α', β', γ' (*G. S.*, 261). On pourra de même déterminer le point conjugué harmonique d'un point de la droite par rapport aux deux points d'intersection imaginaires; ou bien le rectangle des distances d'un point de la droite à ces deux mêmes points imaginaires; etc.

13. *Étant donnés cinq points d'une conique, trouver les points de la courbe situés à l'infini.*

En d'autres termes : *Déterminer la direction des asymptotes de la courbe;* car on sait que l'on appelle *asymptote* d'une courbe une tangente dont le point de contact est à l'infini.

Soient O, O', a, b, c, les cinq points donnés. Considérant les deux faisceaux de rayons Oa, Ob, Oc,..., et O'a, O'b, O'c,... menés à tous les points de la courbe; il s'agit de trouver les couples de rayons homologues parallèles. Pour cela, on mènera par le point O des parallèles

Oα, Oβ, Oγ aux trois rayons O'a, O'b, O'c. On aura ainsi deux faisceaux de même centre O, déterminés par trois couples de rayons homologues Oa, Oα; Ob, Oβ, et Oc, Oγ. On cherchera les rayons doubles de ces deux faisceaux (*G. S.*, 176, 263); ils détermineront évidemment les directions des deux points de la courbe situés à l'infini.

Si ces deux rayons sont réels, la courbe est une *hyperbole*, parce qu'elle a deux points à l'infini dans la direction de ces rayons. S'ils sont coïncidents, la courbe n'a qu'un point situé à l'infini, et est une *parabole*. Enfin si les deux rayons doubles sont imaginaires, la courbe n'a aucun point à l'infini, et est une *ellipse*.

La construction précédente offre donc une solution fort simple de cette question : *Étant donnés cinq points d'une conique, déterminer la forme de la courbe, sans la construire.*

Quand la courbe est une hyperbole, si les asymptotes sont rectangulaires, on dit que l'hyperbole est *équilatère*.

14. *Construire les asymptotes d'une conique dont on donne cinq points.*

Ayant déterminé, comme il vient d'être dit, les directions OΩ, OΩ' des deux asymptotes, ou, ce qui revient au même, les deux points de la courbe Ω, Ω' situés à l'infini, il ne reste plus qu'à mener les tangentes en ces points. C'est ce qu'on fera en appliquant le principe de la construction précédente (11) : c'est-à-dire en prenant les deux points Ω, Ω', pour sommets de deux faisceaux homographiques dont les rayons homologues se coupent sur la courbe, et en cherehant les rayons homologues à la droite $\Omega\Omega'$ située à l'infini, regardée comme appartenant successivement à chacun des deux faisceaux. Voici cette application.

Par les trois points a, b, c on mène aux deux droites

$O\Omega$, $O\Omega'$ des parallèles : ce seront des rayons de deux faisceaux (Ω), (Ω'). On coupe ces parallèles par une transversale quelconque L, en deux systèmes de trois points α, β, γ, et α', β', γ', qui déterminent les deux divisions homographiques formées sur cette transversale par les deux faisceaux. La droite $\Omega'\Omega$, rayon du second faisceau, rencontre la droite L à l'infini; la tangente en Ω, rayon homologue dans le premier faisceau (11), passe donc par le point I qui correspond, dans la première des deux divisions, au point à l'infini de la seconde division : on mènera par ce point I une parallèle à la droite $O\Omega$; ce sera une asymptote. Pareillement, le rayon du second faisceau mené par le point J' de la seconde division correspondant au point à l'infini de la première, sera la seconde asymptote.

15. *Cinq droites prises pour tangentes à une conique déterminent la courbe. — Construction des autres tangentes.*

Soient O, O', A, B, C (*fig.* 6) les cinq droites données; a, b, c et a', b', c' les deux systèmes de trois points dans lesquels les trois dernières A, B, C rencontrent les deux premières O, O'.

Une sixième droite qui rencontrera les droites O, O' en deux points m, m' tels, que les deux séries de quatre points a, b, c, m et a', b', c', m' aient le même rapport anharmonique, sera tangente à une certaine conique, comme le seront les cinq premières (9). Cette condition permet de construire toutes les tangentes à cette conique, et montre qu'il n'existe qu'une seule courbe tangente aux cinq droites données.

16. *Construction du point de contact de chaque tangente.*

Soient S le point d'intersection des deux tangentes O, O', et s le point de contact cherché de la première O. Pour déterminer ce point, il suffit d'observer que les quatre points

a, b, c, s ont un rapport anharmonique égal à celui des quatre points a', b', c', S. Si l'on considère, en effet, une tangente infiniment voisine de la tangente O, elle rencontrera celle-ci et la tangente O' en deux points σ, σ' infiniment voisins des deux s et S, respectivement. Donc les deux systèmes de quatre points a, b, c, σ et a', b', c', σ' auront le même rapport anharmonique (7). Mais, à la limite, où σ coïncide avec s, σ' coïncide avec S; donc, etc.

Observation. — L'une des cinq tangentes données peut être située à l'infini; alors la conique est une *parabole*. Les solutions des deux problèmes (15) et (16) restent absolument les mêmes si l'on suppose que cette tangente à l'infini soit l'une des trois A, B, C. On peut la prendre aussi pour l'une des deux autres, pour O' par exemple. Dans cette hypothèse les points a', b', c', . . . sont à l'infini, sur des parallèles A', B', C',... menées aux tangentes A, B, C par un même point pris arbitrairement. De plus, le rapport anharmonique des quatre points a, b, c, d dans lesquels quatre tangentes A, B, C, D rencontrent la tangente O, est égal à celui des quatre droites A', B', C', D' parallèles à ces tangentes; et c'est le faisceau de ces quatre droites qu'on substitue à la série des quatre points a', b', c', d', situés tous à l'infini.

D'après cela, veut-on déterminer la direction dans laquelle se trouve le point à l'infini de la parabole, c'est-à-dire le point de contact avec la tangente située à l'infini : il suffit de supposer le point d à l'infini dans la série a, b, c, d; et la droite D', déterminée par l'égalité

$$(a, b, c, \infty) = (\text{A}', \text{B}', \text{C}', \text{D}'),$$

ainsi que toutes ses parallèles, passe par le point à l'infini demandé.

17. *Connaissant cinq tangentes à une conique, déter-*

miner les tangentes qui passent par un point donné. — Tangentes imaginaires.

Soient O, O′, A, B, C les cinq tangentes; a, b, c et a', b', c' les points dans lesquels les trois dernières A, B, C rencontrent les deux premières O, O′; et soit P le point par lequel on veut mener les tangentes à la courbe. Ces tangentes seront évidemment les rayons doubles des deux faisceaux homographiques déterminés par les trois couples de rayons correspondants Pa, Pa'; Pb, Pb', et Pc, Pc'. Car un de ces rayons doubles rencontrera les deux droites O, O′ en deux points m, m', tels, que le rapport anharmonique des quatre points a, b, c, m sera égal à celui des quatre points a', b', c', m'. Donc la droite mm' est une tangente à la conique déterminée par les cinq droites données (9). Mais cette droite passe par le point P; donc, etc.

Si les deux faisceaux n'admettent qu'un rayon double, on en conclura que le point donné est situé sur la conique.

Si les deux rayons doubles sont *imaginaires,* on dira que les deux tangentes à la conique sont *imaginaires*. On a ainsi une idée bien nette de ce qu'on entendra par *tangentes imaginaires* d'une conique. Ces tangentes donneront lieu, bien qu'imaginaires, à différentes relations avec d'autres parties de la figure, à raison de leurs *éléments* qui restent réels (*G. S.*, 98). Par exemple, on pourra déterminer la droite qui divise leur angle en deux parties égales; ou bien la droite conjuguée harmonique d'une autre droite donnée, par rapport aux deux tangentes, réelles ou imaginaires.

§ V. — *Remarques sur l'étendue de chacune des deux propositions fondamentales.*

18. La proposition fondamentale (4) exprime une propriété relative à six points d'une conique, un point de plus qu'il n'en faut pour déterminer la courbe. De sorte que cette propriété établit une relation entre les cinq points

qui déterminent la courbe, et un sixième point quelconque. C'est pour cela qu'on peut en déduire toutes les propriétés des sections coniques. Elle équivaut à une équation de la courbe en Géométrie analytique, car une telle équation n'est au fond qu'une relation entre le nombre de points plus un, nécessaire pour déterminer une courbe. En effet, l'équation générale d'une courbe d'ordre m,

$$F(x,y)=0$$

contient $\frac{m(m+3)}{2}$ coefficients indépendants qui servent à assujettir la courbe à passer par autant de points donnés. Or les coordonnées x, y qui entrent dans l'équation, appartiennent à un nouveau point indéterminé de la courbe; de sorte que l'équation exprime une relation entre ce point quelconque de la courbe et les $\frac{m(m+3)}{2}$ premiers, pris arbitrairement.

La proposition (5) exprime une propriété relative à six tangentes d'une conique, une de plus qu'il n'en faut pour déterminer la courbe. C'est pour cela qu'elle peut se prêter, comme la première, à la déduction de toutes les propriétés des sections coniques.

Ainsi chacune des deux propositions fondamentales (4) et (5) pourrait être prise pour point de départ unique, et toute la théorie se déduirait d'une seule des deux. Mais, comme ces propositions s'appliquent plus naturellement et avec plus de facilité, chacune à un genre particulier de propriétés, nous nous servirons concurremment de l'une et de l'autre et de leurs conséquences, dans tout le cours de cet ouvrage.

Il est à remarquer que cette marche n'offrira pas seulement une plus grande facilité que celle qui aurait pour but de déduire d'une seule de ces propositions, à l'instar de la marche suivie en Géométrie analytique, toutes les propriétés des coniques, dont quelques-unes pourraient être parfois rebelles à la méthode; elle aura cet avantage immense, que les démonstrations, dans les deux ordres d'idées ou de propositions, seront toujours parfaitement semblables ou identiques, comme nous l'avons annoncé (3); cette identité étant fondée sur l'analogie constante qui a lieu entre les *divisions* et les *faisceaux* homographiques. Il résultera de là que nous pourrons parfois supprimer les démonstrations d'une partie des propositions; démonstrations que les géomètres rétabliront sans aucune difficulté, à la simple lecture de celles que nous aurons données.

CHAPITRE II.

THÉORÈMES GÉNÉRAUX DÉDUITS DES DEUX PROPRIÉTÉS FONDAMENTALES.

§ I. — *Théorèmes relatifs aux points d'une conique.*

19. Théorème de Pappus. — *Quand un quadrilatère est inscrit dans une conique, le produit des distances de chaque point de la courbe à deux côtés opposés est au produit des distances du même point aux deux autres côtés, dans une raison constante* (*).

Soit ABCD (*fig.* 7) le quadrilatère, et m un point quelconque de la courbe. Les deux droites Am, Cm tournant autour des deux points fixes A, C, forment deux faisceaux homographiques (4). AB et BC sont deux rayons homologues des deux faisceaux, ainsi que AD et CD. On a dès lors l'égalité

$$\frac{\sin mAB}{\sin mAD} = \lambda \frac{\sin mCB}{\sin mCD} \quad (G.\ S.,\ 143),$$

dans laquelle λ est une constante.

Or le premier membre est égal au rapport des distances du point m aux deux côtés AB, AD, et le second membre est égal au rapport des distances du même point aux deux côtés CB, CD. Chassant les dénominateurs des deux membres cette égalité exprime le théorème énoncé.

(*) Nous avons dit dans l'*Aperçu historique sur l'origine et le développement des Méthodes en Géométrie*, p. 37, par quel motif nous avons nommé cette proposition *théorème de Pappus*.

20. Théorème de Desargues. — *Quand un quadrilatère est inscrit dans une conique, une transversale quelconque rencontre les deux couples de côtés opposés et la conique, en trois couples de points qui sont en involution* (*).

Soit ABCD (*fig.* 8) le quadrilatère inscrit; a, b, a', b' les points dans lesquels une transversale L rencontre les quatre côtés consécutifs AB, BC,....

Si l'on conçoit que deux droites tournent autour des deux sommets opposés A, C en se coupant toujours sur la courbe, elles formeront sur la droite L deux divisions homographiques dont les points doubles e, f (réels ou imaginaires) seront les points de la conique situés sur cette droite (12). Or a, b et b', a', sont deux couples de points correspondants des deux divisions; les trois couples a, a'; b, b' et e, f sont donc en involution (*G. S.*, 259). Donc, etc.

Ainsi toutes les équations qui expriment l'involution (*G. S.*, 184, 215) ont lieu pour les trois couples de points a, a'; b, b' et e, f. Nous nous bornerons à rappeler ici les deux suivantes, applicables au cas où les deux points e, f de la conique sont imaginaires :

$$\frac{ab \,.\, ab'}{a'b \,.\, a'b'} = \frac{ae \,.\, af}{a'e \,.\, a'f};$$

$$ma \,.\, ma' \,.\, \beta\gamma + mb \,.\, mb' \,.\, \gamma\alpha + me \,.\, mf \,.\, \alpha\beta = 0,$$

α, β, γ, dans cette dernière, étant les milieux des trois segments aa', bb' et ef; et m, un point quelconque de la transversale ab.

Les points e, f n'entrent dans la première équation que par les rectangles $ae \,.\, af$, $a'e \,.\, a'f$ toujours réels, et dans la seconde par un rectangle semblable et par leur point milieu γ qui est aussi toujours réel; c'est pourquoi les équations subsistent quand les points sont imaginaires.

(*) Voir *Aperçu historique, etc.*, p. 77.

Observation. — Le théorème concerne, dans son énoncé, les quatre côtés du quadrilatère ; mais il s'applique évidemment au système des deux diagonales et de deux côtés opposés. Car ces quatre droites sont les quatre côtés d'un second quadrilatère inscrit à la conique ; par exemple, du quadrilatère ACBD.

21. Corollaire. — On conclut du théorème cette conséquence immédiate : *Quand deux quadrilatères sont inscrits dans une conique, si trois côtés du premier rencontrent respectivement trois côtés du second en trois points situés en ligne droite : le point de rencontre des quatrièmes côtés est situé sur la même droite.*

On peut dire encore : *Si on déforme un quadrilatère inscrit à une conique, en faisant tourner trois de ses côtés autour de trois points situés en ligne droite : le quatrième côté tourne autour d'un quatrième point situé sur la même droite.*

Si de ce quatrième point on mène une tangente à la conique, le point de contact sera le sommet d'un triangle inscrit dans la courbe, et dont les trois côtés passeront par les trois premiers points. Il résulte de là une solution très-simple de cette question :

Inscrire dans une conique un triangle dont les trois côtés passent par trois points donnés en ligne droite.

La question admet deux solutions.

22. Théorème de Pascal. — *Quand un hexagone est inscrit dans une conique, les points de concours des trois couples de côtés opposés sont en ligne droite.*

Soit $abcdef$ (*fig.* 9) l'hexagone. Les deux faisceaux de quatre droites $a(b, c, e, f)$ et $d(b, c, e, f)$ qui partent des sommets opposés a, d, ont le même rapport anharmonique (4). Changeant l'ordre des droites du second faisceau, nous dirons que

$$a(b, c, e, f) = d(c, b, f, e). \quad (G. S., 45).$$

Conséquemment les trois droites suivantes passent par un même point, savoir : la droite *bc*, la droite *fe* et la droite qui joint le point d'intersection des deux *af*, *dc* au point d'intersection des deux *ab*, *de* (*G. S.*, 111). Ce qui démontre le théorème.

Autrement. La diagonale *ad* divise l'hexagone en deux quadrilatères, *abcd*, *defa*. Les deux côtés *ab*, *bc* du premier rencontrent respectivement les deux côtés *de*, *ef* du second en deux points *g*, *h*; les deux côtés coïncidents *da*, *ad* des deux quadrilatères rencontrent la droite *gh* en un même point. On en conclut (21) que les deux autres côtés *cd*, *af* se rencontrent sur cette même droite. Ce qui démontre le théorème.

23. Théorème de Carnot. — *Un triangle* ABC (*fig.* 10) *étant tracé dans le plan d'une conique qui rencontre ses côtés consécutifs* AB, BC, CA *en trois couples de points* c, c'; a, a' et b, b' : *les segments que ces points forment sur les côtés ont entre eux la relation*

$$\frac{Ab.Ab'}{Cb.Cb'}\cdot\frac{Ca.Ca'}{Ba.Ba'}\cdot\frac{Bc.Bc'}{Ac.Ac'}=1\ (*).$$

En effet, considérant le triangle ABC coupé par les deux transversales ab, $a'b'$ qui rencontrent la base AB en deux points γ, γ', on a les deux équations

$$\frac{Ab}{Cb}\cdot\frac{Ca}{Ba}\cdot\frac{B\gamma}{A\gamma}=1,$$

$$\frac{Ab'}{Cb'}\cdot\frac{Ca'}{Ba'}\cdot\frac{B\gamma'}{A\gamma'}=1\quad (G.\ S.,\ 352).$$

Et multipliant membre à membre,

$$\frac{Ab.Ab'}{Cb.Cb'}\cdot\frac{Ca.Ca'}{Ba.Ba'}\cdot\frac{B\gamma.B\gamma'}{A\gamma.A\gamma'}=1.$$

(*) *Géométrie de position*, p. 437.

Mais le quadrilatère $abb'a'$ étant inscrit dans la conique, la transversale AB coupe ses côtés et la courbe en trois couples de points A, B; γ, γ' et c, c' qui sont en involution (20); ce qu'on exprime ainsi,

$$\frac{B\gamma . B\gamma'}{A\gamma . A\gamma'} = \frac{Bc . Bc'}{Ac . Ac'}.$$

D'après cette équation, la précédente devient celle qu'il s'agit de démontrer. Donc, etc.

Observation. — Les points d'intersection de la courbe et du côté AB peuvent être imaginaires; les rectangles $Ac . Ac'$ et $Bc . Bc'$ sont réels, et la démonstration subsiste, puisqu'elle se déduit du théorème de Desargues (20). Mais elle ne s'applique pas, explicitement du moins, quand les points d'intersection de la courbe et des deux autres côtés sont aussi imaginaires. On complète la démonstration de la manière suivante dans les deux cas qui peuvent alors se présenter.

Cas du triangle dont un seul côté rencontre la courbe en deux points réels. — Soit AB (*fig.* 11) ce côté. Que du sommet C on mène la droite CD qui coupe la courbe en deux points d, d', et la base en D. Chacun des deux triangles ACD, BCD a deux côtés rencontrant la courbe en des points réels; par conséquent la relation qui fait le sujet du théorème subsiste pour ces triangles, comme nous venons de le faire remarquer. On a donc les équations

$$\frac{Ab . Ab'}{Cb . Cb'} \cdot \frac{Cd . Cd'}{Dd . Dd'} \cdot \frac{Dc . Dc'}{Ac . Ac'} = 1,$$

$$\frac{Ca . Ca'}{Ba . Ba'} \cdot \frac{Bc . Bc'}{Dc . Dc'} \cdot \frac{Dd . Dd'}{Cd . Cd'} = 1.$$

En les multipliant membre à membre, on obtient l'équation qu'il s'agit de démontrer.

Cas du triangle dont aucun côté ne rencontre la courbe.

— Que du sommet C (*fig.* 12) on mène une droite CD qui rencontre la courbe en deux points d, d', et la base en D. On a deux triangles ACD, BCD qui donnent lieu aux deux équations précédentes, et d'où se conclut de même la relation qu'il restait à établir.

Ainsi le théorème se trouve démontré dans tous les cas.

Remarque. — Si l'un ou deux des côtés du triangle rencontrent la conique en des points situés à l'infini, le rapport des segments comptés sur chaque côté à partir du point à l'infini devient égal à l'unité, et l'équation subsiste entre les autres segments.

Relation homogène entre les distances de chaque point d'une conique à trois droites fixes.

24. *Il existe entre les distances* p, q, r *de chaque point d'une conique à trois droites fixes, une relation homogène du second degré, telle que*

$$Pp^2 + Qq^2 + Rr^2 + P'pq + Q'qr + R'rp = 0,$$

dans laquelle P, Q, . . . *sont des coefficients constants.*

En effet, soient a, b, c, d (*fig.* 13) quatre points de la conique. Considérons les quatre droites ab, bc, cd, da. On sait (*G. S.*, 435, 475) qu'il existe entre les distances de chaque point d'une même droite à trois droites fixes une relation homogène du premier degré, qu'on appelle l'*équation* de la droite. Soient

$$A = 0, \quad B = 0, \quad C = 0, \quad D = 0,$$

les équations des quatre droites.

Soit enfin m un cinquième point de la conique. La droite am passant par le point a, son équation doit être satisfaite par les deux $A = 0$, $D = 0$ simultanées, et conséquemment est de la forme

$$A + \lambda D = 0.$$

L'équation de la droite *cm* est pareillement

$$B + \mu C = 0.$$

Lorsque le point *m* se meut sur la courbe, ces deux droites *am*, *cm* forment deux faisceaux homographiques (6). Par conséquent, il existe entre les deux coefficients λ, μ une relation telle que

$$a.\lambda\mu + b\lambda + c\mu + d = 0,$$

qui exprime qu'à un rayon du premier faisceau ne correspond qu'un rayon dans le second faisceau; ce qui est le caractère des faisceaux homographiques. On a donc entre les coordonnées de chaque point *m* de la conique l'équation

$$a\cdot\frac{A}{D}\cdot\frac{B}{C} - b\cdot\frac{A}{D} - c\cdot\frac{B}{C} + d = 0,$$

ou

$$a.A.B - b.A.C - c.B.D + d.C.D = 0:$$

équation homogène du second degré, puisque les polynômes A, B,..., sont des fonctions homogènes du premier degré des coordonnées p, q, r. Ainsi le théorème est démontré.

Réciproquement : *L'équation homogène du second degré entre les distances* p, q, r *d'un point à trois droites fixes,*

$$Pp^2 + Qq^2 + Rr^2 + P'pq + Q'qr + R'qp = 0,$$

représente une section conique.

En effet, soient encore *a*, *b*, *c*, *d* quatre points de la courbe, et A = o, B = o, C = o, D = o les relations homogènes du premier degré qui appartiennent aux quatre droites *ab*, *bc*, *cd*, *da*. La courbe représentée par l'équation proposée passe par les deux points *a*, *b* qui sont les points d'intersection de la droite A et des deux droites B, D; par conséquent, l'équation doit être satisfaite par les deux A = o, B = o, et par les deux A = o, D = o. Elle doit donc se ramener à la forme

$$A.L + \alpha.B.D = 0,$$

L étant un polynôme homogène du premier degré entre les trois variables p, q, r. Mais, la courbe passant par le point c, intersection des deux droites B, C, son équation doit être satisfaite par les deux $B = 0$, $C = 0$; ce qui montre que le polynôme L n'est autre que C. Ainsi l'équation proposée est nécessairement de la forme

$$A.C + \alpha.B.D = 0.$$

Or on peut écrire, quelle que soit une arbitraire λ,

$$C(A + \lambda.\alpha D) + \alpha D(B - \lambda C) = 0;$$

et l'on satisfait à cette équation en posant à la fois

$$A + \lambda.\alpha D = 0 \quad \text{et} \quad B - \lambda.C = 0.$$

Ces équations, on le voit, sont celles de deux droites qui passent respectivement par les deux points a et c, et ont leur point d'intersection sur la courbe proposée. Ces deux droites, dont la position variable ne dépend que du coefficient λ, forment deux faisceaux homographiques, parce qu'à une droite du premier faisceau ne correspond qu'une droite dans le second faisceau, et réciproquement. Donc leur point d'intersection décrit une conique (8). Donc, etc.

Équation de Descartes.

25. *Il existe entre les distances de chaque point d'une conique à deux axes fixes, une relation du second degré, telle que*

$$Px^2 + Qxy + Ry^2 + P'x + Q'y + R' = 0.$$

En effet, soient toujours a, b, c, d quatre points de la conique, et représentons par $A = o$, $B = o$, $C = o$, $D = o$ les équations en x, y des quatre côtés consécutifs ab, bc, cd, da du quadrilatère $abcd$.

Les distances d'un point (x, y) de la courbe à ces quatre droites sont, comme on sait, proportionnelles aux polynômes A, B, C, D. On a donc, d'après le théorème de Pappus (19),

$$A.C - \lambda.B.D = o,$$

équation du second degré. Donc, etc.

Réciproquement : *L'équation du second degré entre les coordonnées x, y, représente une conique.*

La démonstration est la même que précédemment (24).

§ II. — *Théorèmes relatifs aux tangentes d'une conique.*

26. Théorème corrélatif de celui de Pappus. — *Quand un quadrilatère est circonscrit à une conique, le produit des distances d'une tangente quelconque à deux sommets opposés et le produit des distances de la même tangente aux deux autres sommets, sont en raison constante.*

Soit ABB'A' (*fig.* 14) le quadrilatère circonscrit, et mm' une tangente quelconque qui rencontre les deux côtés opposés AB, A'B' aux deux points m, m'. Ces points variables font sur les deux côtés deux divisions homographiques (7). A, A' sont deux points correspondants; il en est de même de B, B'. Les deux divisions s'expriment donc par la relation

$$\frac{mA}{mB} = \lambda \frac{m'A'}{m'B'} \quad (G. S., \text{art. } 115).$$

Or, en désignant par p, q, p', q' les distances des sommets A, B, A', B' à la tangente mm', on voit sans peine que

$$\frac{mA}{mB} = \frac{p}{q} \quad \text{et} \quad \frac{m'A'}{m'B'} = \frac{p'}{q'}.$$

Donc $\frac{p}{q} = \lambda \frac{p'}{q'}$, ou $\frac{p.q'}{p'.q} = \lambda = \text{const.}$ C. Q. F. D.

27. Théorème corrélatif de celui de Desargues. — *Quand un quadrilatère est circonscrit à une conique, si d'un point on mène des droites à ses sommets et deux tangentes à la courbe: ces deux tangentes et les deux couples de droites aboutissant aux sommets opposés du quadrilatère sont en involution.*

Soit *abcd* (*fig.* 15) le quadrilatère circonscrit. Les points de rencontre des tangentes à la courbe et des deux côtés *ab*, *cd* formeront (comme dans la proposition précédente) deux divisions homographiques. Les droites menées d'un point O, pris arbitrairement, à ces points formeront dès lors deux faisceaux homographiques, dont les rayons doubles OE, OF (réels ou imaginaires) seront les tangentes à la conique (17). Or, les sommets *a*, *d* sont deux points correspondants des deux divisions homographiques, ainsi que les sommets *b*, *c*. Donc les droites O*a*, O*d* et O*b*, O*c* sont deux couples de rayons correspondants des deux faisceaux homographiques. Donc les trois couples de droites O*a*, O*c*; O*b*, O*d* et OE, OF sont en involution (*G. S.*, 259). Donc, etc.

Observation. — On conçoit bien qu'on peut remplacer, dans l'énoncé du théorème, les droites aboutissant à deux sommets opposés du quadrilatère, par celles qui seraient menées aux points de concours des côtés opposés. Car ces points et deux sommets opposés sont les quatre sommets d'un second quadrilatère circonscrit, *aecf* par exemple.

Il est presque superflu de faire remarquer que si le point O est sur une des diagonales ou sur la droite qui joint les points de concours des côtés opposés du quadrilatère, cette ligne devient un des rayons doubles de l'involution.

Corollaire. — *Quand deux quadrilatères sont circonscrits à une conique, si les droites qui joignent trois sommets du premier à trois sommets du second, passent par un même point, la droite qui joindra les quatrièmes sommets passera par ce point.*

En d'autres termes : *Quand on déforme un quadrilatère circonscrit à une conique, en assujettissant trois de ses sommets à glisser sur trois droites concourant en un même point : le quatrième sommet décrit une quatrième droite qui passe aussi par ce point.*

De là résulte une construction simple de ce problème :

Circonscrire à une conique un triangle dont les trois sommets soient situés sur trois droites données concourant en un même point.

28. Théorème de M. Brianchon. — *Quand un hexagone est circonscrit à une conique, les diagonales qui joignent les sommets opposés passent par un même point* (*).

Soit $abcdef$ (*fig.* 16) l'hexagone; les deux côtés opposés ab, de rencontrent les quatre autres en deux séries de quatre points a, b, ε, δ et α, β, e, d qui ont le même rapport anharmonique (7). Changeant l'ordre des points de la seconde série (*G. S.*, 40), nous dirons que

$$(a,\ b,\ \varepsilon,\ \delta) = (e,\ d,\ \alpha,\ \beta).$$

Conséquemment le point d'intersection des deux droites ad, be; celui des deux $a\alpha$, εe, et celui des deux $b\beta$, $d\delta$, sont situés sur une même droite (*G. S.*, 108); en d'autres termes, le point de rencontre des deux diagonales ad, be est situé sur la diagonale cf. Ce qui démontre le théorème énoncé.

Autrement. Soit O le point de concours de deux côtés opposés de l'hexagone ab, de. Ce point est le sommet com-

(*) Ce théorème a été donné par M. Brianchon, ancien élève de l'École Polytechnique, dans le XIIIe cahier du Journal de cette École p. 301, année 1806. L'auteur l'a conclu, par la considération des pôles dans les coniques, du théorème de Pascal, dont il est effectivement le *corrélatif.* Cette démonstration paraît être la première application de la théorie des *polaires réciproques,* qui depuis a reçu une si heureuse extension. Voir *Aperçu historique, etc.*, p. 219 et 370.

mun de deux quadrilatères O*afe* et O*bcd* circonscrits à la conique. Les droites *ad*, *eb* qui joignent les deux sommets *a*, *e* du premier à deux *d*, *b* du second, se coupent en un point, par lequel rien n'empêche de faire passer la droite qui joint les deux sommets coïncidant en O. Par conséquent, la droite *fc* qui joint les quatrièmes sommets des deux quadrilatères passe par le même point (27, *Coroll.*). Ce qui démontre le théorème.

29. Théorème corrélatif de celui de Carnot. — *Quand un triangle est tracé dans le plan d'une conique, si de ses sommets on mène des tangentes à la courbe, on aura entre les sinus des angles que ces tangentes font avec les côtés du triangle, la relation suivante, dans laquelle* A, B, C (*fig.* 17) *sont les trois côtés du triangle, et* α, α'; β, β' *et* γ, γ' *les trois couples de tangentes menées par les sommets opposés :*

$$\frac{\sin(A,\beta).\sin(A,\beta')}{\sin(C,\beta).\sin(C,\beta')}\cdot\frac{\sin(C,\alpha).\sin(C,\alpha')}{\sin(B,\alpha).\sin(B,\alpha')}\cdot\frac{\sin(B,\gamma).\sin(B,\gamma')}{\sin(A,\gamma).\sin(A,\gamma')}=1.$$

La démonstration, calquée sur celle du théorème (23), ne présente aucune difficulté.

Relation homogène entre les distances de chaque tangente d'une conique à trois points fixes.

30. *Étant pris trois points fixes dans le plan d'une conique, il existe entre les distances* p, q, r *de chaque tangente à ces trois points, une relation homogène du second degré, telle que*

$$Pp^2 + Qq^2 + Rr^2 + P'pq + Q'qr + R'rp = 0.$$

Soit (*fig.* 18) un quadrilatère *abcd* circonscrit à la conique. Une tangente à la courbe rencontre les deux côtés *ab*, *cd* en deux points *m*, *n*.

On sait que si autour d'un point, a par exemple, on fait tourner une droite, ses distances p, q, r aux trois pôles fixes sont liées par une équation homogène du premier degré, qu'on peut regarder comme l'*équation* de ce point (*G. S.*, 451, 495). Soit $A = o$ cette équation, et soient de même $B = o$, $C = o$, $D = o$ les équations des autres sommets b, c, d du quadrilatère $abcd$.

L'équation du point m situé sur la droite ab est nécessairement de la forme

$$A + \lambda . B = o;$$

car elle doit être satisfaite par les deux équations $A = o$, $B = o$, dont l'ensemble représente la droite ab (*).

De même l'équation du point n est

$$C + \mu . D = o.$$

Or, si la tangente roule sur la courbe, les deux points variables m, n forment deux divisions homographiques (7) : ce qui exige qu'il y ait entre les deux coefficients λ et μ une relation telle, que

$$a\lambda\mu + b\lambda + c\mu + d = o,$$

(*) Chaque système de valeurs des trois variables p, q, r dans une équation homogène du premier degré $A = o$, détermine une droite; et toutes ces droites passent par un même point (*G. S.*, 451 et 495) : ici c'est le point a.

De même, l'équation $B = o$ détermine une infinité de droites passant toutes par le point b. Il s'ensuit que l'ensemble des deux équations représente la droite ab; c'est-à-dire que le système de valeurs des trois variables p, q, r qui satisfont aux deux équations à la fois, détermine la droite ab.

Et il suit de là que tous les points de cette droite ont leur équation nécessairement de la forme $A + \lambda . B = o$, λ étant un facteur variable avec chaque point. Car cette équation est celle d'un point; c'est-à-dire que tous les systèmes de valeurs des trois quantités p, q, r qui satisfont à l'équation déterminent des droites passant toutes par un même point. Or la droite ab est une de ces droites qui satisfont à l'équation. Le point est donc situé sur cette droite.

dans laquelle chaque variable λ et μ n'entre qu'à la première puissance, puisque à un point de la première division ne correspond qu'un point de la seconde, et réciproquement.

En substituant pour λ et μ leurs valeurs, on voit qu'il existe entre les quatre polynômes A, B, ..., la relation

$$a\,\frac{A}{B}\cdot\frac{C}{D} - b\,\frac{A}{B} - c\,\frac{C}{D} + d = 0,$$

ou bien

$$a.A.C - b.A.D - c.C.B + d.B.D = 0:$$

équation homogène. Donc, etc.

Réciproquement : *Toute équation homogène du second degré entre les distances d'une droite à trois points fixes exprime que cette droite, dans toutes ses positions, enveloppe une conique.*

En effet, soit *abcd* le quadrilatère formé par quatre positions quelconques de la droite. Soit $A = 0$ la relation homogène du premier degré qui a lieu entre les distances p, q, r de toute droite menée par le point a, aux trois pôles fixes (*G. S.*, 451); et de même $B = 0$, $C = 0$, $D = 0$, les équations relatives aux points b, c, d.

La courbe proposée étant tangente à la droite ab, qui joint les deux points b, a, son *équation*, c'est-à-dire la relation donnée entre les trois variables p, q, r dont chaque système de valeurs détermine une tangente à la courbe (*G. S.*, 495), doit être satisfaite par les deux $A = 0$, $B = 0$, dont les racines appartiennent à la droite ab. L'équation de la courbe est donc de la forme

$$B.L + \alpha A.L' = 0;$$

L et L′ étant des polynômes du premier degré entre les variables p, q, r.

Mais la courbe étant aussi tangente à la droite bc, son équation doit être satisfaite par les deux $B = 0$, $C = 0$; ce qui exige que L′ ne soit pas différent de C. Et enfin, la courbe étant tangente à *ad*, son équation doit être satisfaite par les deux $A = 0$, $D = 0$; d'où l'on conclut que $L = D$. Ainsi l'équation proposée se ramène nécessairement à la forme

$$B.D + \alpha.A.C = 0.$$

On peut l'écrire, quel que soit un facteur λ,

$$D(B + \lambda.\alpha.A) + \alpha.A(C - \lambda.D) = 0;$$

et l'on satisfait à celle-ci en faisant

$$B + \lambda.\alpha.A = 0 \quad \text{et} \quad C - \lambda.D = 0.$$

La première équation représente un point m situé sur la droite *ab*, et la seconde un point n situé sur la droite *cd* : de plus la droite *mn* est une tangente à la courbe représentée par l'équation proposée. Or ces deux points dépendent de la même variable λ; et cette variable n'entrant dans les équations qu'au premier degré, il s'ensuit qu'à un point m de la droite *ab* ne correspond qu'un point n sur *cd*, et réciproquement; ce qui est le caractère des divisions homographiques. Les deux points m, n forment donc deux telles divisions; et conséquemment la droite *mn* enveloppe une conique. Ce qui démontre le théorème.

§ III. — *Systèmes de deux droites ou de deux points considérés comme représentant une conique.*

31. On a coutume de considérer un système de deux droites comme formant une section conique, parce que, en effet, la section d'un cône par un plan devient l'ensemble de deux droites quand le plan passe par le sommet du cône; ou bien encore, parce que, en Géométrie analytique, le système de deux droites s'exprime par une équation du second degré, de même que les sections coniques.

Ici nous dirons que *le système de deux droites peut être considéré comme formant une section conique,* parce que les diverses propriétés relatives aux points d'une section conique, démontrées dans ce Chapitre et dans le précédent, appartiennent au système de deux droites. Ce que l'on vérifie sans difficulté.

Par exemple, les droites menées de quatre points fixes pris sur l'une des deux droites, à un point quelconque de la seconde, ont toujours le même rapport anharmonique, qui est égal à celui des quatre points fixes.

On peut encore dire que si autour de deux points de l'une des droites on fait tourner deux rayons qui se coupent toujours sur l'autre droite, ces rayons formeront deux faisceaux homographiques, comme dans les sections coniques.

On vérifie avec une égale facilité que le théorème de Pappus a lieu pour un quadrilatère inscrit à deux droites. Et il en est de même des théorèmes de Desargues, de Pascal et de Carnot.

En outre la propriété des coniques relative aux distances de chaque point de la courbe à trois axes fixes, qui ont entre elles une relation homogène du second degré (23), s'applique de même au système de deux droites; ce qui résulte visiblement de ce qu'il existe une équation homogène du premier degré entre les distances de chaque point d'une même droite aux trois axes fixes (*G. S.*, 475).

Ainsi toutes les propriétés générales d'une conique relatives aux points de la courbe sont aussi celles d'un système de deux droites.

Quant aux propriétés relatives aux tangentes, elles ne sont pas susceptibles d'application à ce cas particulier, parce que toutes les droites qu'on peut considérer comme tangentes à la conique représentée par le système de deux droites, sont, outre ces deux droites mêmes, toutes celles qui passent par leur point d'intersection. Elles forment donc un faisceau unique qui ne peut jouir des propriétés des tangentes aux coniques.

32. De même que deux droites peuvent représenter une conique, en tant que l'on considère les propriétés de la courbe relatives à ses points, de même *le système de deux points peut être considéré comme représentant une conique,* quand il ne s'agit que des propriétés relatives aux tangentes de ces courbes. Dans ce cas de deux points, toutes les tangentes sont les droites qui passent par l'un ou par l'autre de ces points.

Cela provient de ce que toutes les propriétés générales relatives aux tangentes d'une conique, que nous avons démontrées, s'appliquent aux droites qui passent par l'un des deux points. Ce qu'on vérifie sans difficulté.

Par exemple, quatre droites fixes menées par un de ces deux points rencontrent une droite quelconque menée par l'autre point, en quatre points dont le rapport anharmonique est constant : car ce rapport est égal à celui des quatre premières droites.

En d'autres termes : deux droites étant menées par le premier point, toutes les droites qui passent par le second point, font sur les deux premières deux divisions homographiques.

On vérifie aussi aisément que les divers autres théorèmes généraux relatifs aux tangentes d'une conique s'appliquent aux droites passant par les deux points, comme si l'ensemble des deux points représentait une conique, dont toutes ces droites seraient les tangentes.

On peut encore dire que c'est *la droite limitée aux deux points* qui représente une conique infiniment aplatie, soit ellipse, soit hyperbole : ellipse si l'on considère la droite qui joint les deux points ; et hyperbole si l'on considère les deux branches indéfinies de la même droite, qui partent en sens contraire des deux points. Dans l'un et l'autre cas, les deux points sont les sommets de la courbe. Nous verrons que c'est ainsi que les diagonales d'un quadrilatère et la droite qui joint les deux points de concours des côtés opposés, sont traitées comme des coniques infiniment aplaties inscrites dans le quadrilatère.

Nous verrons aussi que ces deux points que nous regardons comme formant sur une droite les deux sommets d'une conique infiniment aplatie, peuvent être imaginaires ; de même que quand deux droites représentent une conique, elles peuvent être imaginaires.

CHAPITRE III.

COROLLAIRES DES THÉORÈMES GÉNÉRAUX. — CONSTRUCTION D'UNE CONIQUE DÉTERMINÉE PAR CINQ CONDITIONS (POINTS OU TANGENTES).

33. Chacun des théorèmes généraux contenus dans les deux Chapitres précédents donne lieu à divers corollaires et conséquences dont plusieurs doivent trouver place dès ce moment.

§ I. — *Propriétés relatives aux points d'une conique.*

Corollaire du théorème fondamental. — Deux rayons qui tournent autour de deux points d'une conique en se coupant sur la courbe, forment sur une transversale deux divisions homographiques dont les points doubles sont les deux points d'intersection de la conique par cette droite (12). Si ces points sont imaginaires, il existe de part et d'autre de la droite un certain point duquel on voit chaque segment compris entre deux points homologues des deux divisions, sous un angle de grandeur constante (*G. S.*, 171). Donc

Si autour de deux points fixes pris sur une conique on fait tourner deux droites qui se coupent sur la courbe, et qu'une droite donnée ne rencontre pas la courbe : il existe toujours de part et d'autre de cette droite un certain point d'où l'on voit sous un angle de grandeur constante le segment variable que les deux droites tournantes interceptent sur cette droite donnée.

Et ce point est toujours le même, quels que soient les deux points fixes pris sur la conique.

34. Si la transversale est tangente à la conique, les deux divisions homographiques formées sur cette tangente par les deux droites tournantes auront un point double unique, qui est le point de contact de la tangente. Et si ce point est à l'infini, auquel cas la conique est une hyperbole, le segment compris entre les deux droites tournantes est de longueur constante (*G. S.*, 169). On en conclut donc que:

Si autour de deux points d'une hyperbole on fait tourner deux droites qui se coupent sur la courbe : le segment que ces droites interceptent sur une asymptote est de grandeur constante.

35. Les droites qui tournent autour de deux points d'une conique, sans cesser de se rencontrer sur la courbe, font respectivement sur deux transversales fixes quelconques, deux divisions homographiques qu'on peut exprimer par l'équation

$$\mathrm{I}m.\mathrm{J}'m' = \text{const.} \quad (G.\ S.,\ 120).$$

Si la conique est une hyperbole; que les deux points fixes soient les deux points de la courbe situés à l'infini, et que les deux transversales soient les deux asymptotes; les points I et J′ sur ces droites coïncideront avec leur point de rencontre, et les segments Im, J′m' seront proportionnels aux distances de chaque point de l'hyperbole aux deux droites, c'est-à-dire aux asymptotes. Par conséquent alors l'équation exprime que :

Dans une hyperbole, le produit des distances de chaque point de la courbe aux deux asymptotes est constant.

Et réciproquement : *Le lieu d'un point dont les distances à deux droites fixes ont un produit constant, est une hyperbole, dont ces droites sont les asymptotes.*

36. *Si autour de deux points d'une parabole on fait tourner deux droites qui se coupent sur la courbe, et que par un point fixe on mène des parallèles à ces droites : ces parallèles intercepteront, sur une droite fixe passant par le point de la parabole situé à l'infini, un segment de grandeur constante.*

En effet, les deux droites qui tournent autour des deux points fixes de la parabole forment sur la tangente à l'infini deux divisions homographiques dont les deux points doubles coïncident avec le point de contact de cette tangente. Les parallèles à ces deux droites, menées par un même point, forment dès lors deux faisceaux homographiques dont les deux rayons doubles coïncident avec la droite menée au point à l'infini. Les deux faisceaux rencontrent donc une droite fixe parallèle à cette droite, en des points qui forment deux divisions homographiques dont les deux points doubles coïncident à l'infini. Conséquemment les segments compris entre les points homologues des deux divisions sont égaux entre eux (*G. S.*, 169). Ce qu'il fallait démontrer.

37. *Trisection de l'angle.* — On demande de diviser l'angle AOB (*fig.* 19), ou l'arc AB décrit du point O comme centre, en trois parties égales.

Qu'on prenne sur l'arc AB le point *m* arbitrairement, et le point *m'* de manière que l'arc B*m'* soit double de A*m*. L'angle AO*m* est égal à l'angle TB*m'* que fait la corde B*m'* avec la tangente BT. Les deux droites O*m*, B*m'* forment donc, dans leurs positions successives, deux faisceaux homographiques, et leur point d'intersection *n* décrit une conique qui passe par les extrémités A et B de l'arc à diviser. Il est évident que le point M où cette conique rencontre encore une fois cet arc résout la question, et que l'arc AM sera le tiers de l'arc AB. Car les deux angles AOM, TBM sont égaux; conséquemment l'arc BM est double de l'arc AM, et celui-ci est le tiers de AB.

On reconnaît sans difficulté que la conique, lieu du point n, est une hyperbole équilatère dont les asymptotes sont parallèles aux bissectrices de l'angle des deux droites OA, BT et de son supplément.

On sait que ce problème de la trisection de l'angle résolu d'abord par les Grecs, l'a été souvent ensuite, de bien des manières différentes. On peut douter qu'aucune solution soit plus simple et surtout plus élémentaire que la précédente, puisqu'elle dérive immédiatement de la propriété fondamentale relative aux points d'une conique, sans exiger la connaissance d'aucune autre propriété.

§ II.

38. *Corollaires du théorème de Pappus.* — Quand un quadrilatère ABCD est inscrit dans une conique, on peut supposer qu'un côté AB devienne infiniment petit. Ce côté conserve néanmoins une direction déterminée, qui, à la limite, où il s'annule, est celle de la tangente à la courbe. Le quadrilatère est représenté alors par un triangle ACD (*fig.* 20) inscrit à la conique, et dont le sommet A compte pour deux sommets consécutifs coïncidents. Deux côtés opposés du quadrilatère deviennent les deux côtés du triangle, AC, AD, adjacents à ce sommet, et les deux autres côtés sont la tangente en ce point et le troisième côté CD.

Il en résulte ce théorème :

Quand un triangle ACD *est inscrit à une conique, le produit des distances de chaque point de la courbe à deux côtés* AC, AD *et le produit des distances du même point au troisième côté* CD *et à la tangente au sommet opposé, sont en raison constante.*

39. On peut supposer de plus que ce côté CD devienne

infiniment petit. La direction de ce côté est encore la tangente à la conique en son point C (*fig.* 21). Alors les deux côtés AC, AD coïncident; et le théorème prend cet énoncé :

Quand un angle est circonscrit à une conique, les produits des distances de chaque point de la courbe aux deux côtés de l'angle, et le carré de la distance du même point à la corde qui joint les points de contact de ces deux côtés, sont en raison constante.

40. Reprenons le cas d'un quadrilatère inscrit. Supposons que la conique soit une hyperbole, et que les deux sommets C, D du quadrilatère ABCD (*fig.* 22) soient les deux points de la courbe situés à l'infini. Alors on a une corde inscrite AB et deux droites infinies AD, BC parallèles aux asymptotes; c'est le côté DC qui se trouve à l'infini. Les rayons menés du point A aux différents points m de l'hyperbole forment un faisceau, et les droites menées par ces points parallèlement à BC forment un faisceau homographique, puisqu'elles concourent en un même point de l'hyperbole (le point C, situé à l'infini). L'homographie de ces faisceaux s'exprime par l'équation

$$\frac{\sin m\,\mathrm{AB}}{\sin m\,\mathrm{AD}} = \lambda.(m, \mathrm{BC}) \qquad (\textit{G. S.}, 150),$$

(m, BC) désignant la perpendiculaire abaissée du point m sur la droite BC. Cette équation devient, en remplaçant les sinus par les perpendiculaires menées du point m,

$$\frac{(m, \mathrm{AB})}{(m, \mathrm{AD})} = \lambda.(m, \mathrm{BC}),$$

ou

$$(m, \mathrm{AB}) = \lambda.(m, \mathrm{AD}).(m, \mathrm{BC});$$

ce qui exprime que : *Le produit des distances de chaque point* m *d'une hyperbole à deux droites* AD, BC *paral-*

lèles aux asymptotes, et la distance du même point à la corde AB *que ces droites interceptent, sont en raison constante.*

Remarque. — L'équation ci-dessus est précisément ce que deviendrait l'équation du théorème général (19) si l'on y regardait le facteur (m, CD) devenu infini, comme simplement égal à l'unité.

41. Quand le côté CD du quadrilatère inscrit est tangent à la courbe, et que cette tangente est située à l'infini, la courbe est alors une parabole (*fig.* 23), l'équation devient, comme dans le cas de l'hyperbole,

$$(m,\ \text{AB}) = \lambda.(m,\ \text{AD}).(m, \text{BC});$$

c'est-à-dire que :

Le produit des distances de chaque point d'une parabole, à deux droites parallèles dirigées vers le point de la parabole situé à l'infini, et la distance du même point à la corde interceptée par ces deux parallèles, sont en raison constante.

§ III.

42. *Corollaires du théorème de Desargues.* — Remarquons d'abord que le théorème donne une construction de la conique déterminée par cinq points.

Soient a, b, c, d, e ces points. Les quatre premiers sont les sommets d'un quadrilatère qui se trouvera inscrit à la courbe. Que par le cinquième e on mène une droite quelconque, elle rencontrera les deux couples de côtés opposés de ce quadrilatère en deux couples de points et la conique en un point inconnu e'; ces deux couples de points et les deux e, e' forment une involution. Conséquemment le point e' est déterminé. On construit donc ainsi la courbe par points.

43. Si dans le théorème général (20) la transversale est tangente à la conique, le point de contact sera l'un des deux points doubles (*G. S.*, 205) de l'involution déterminée par les deux couples de points de rencontre des côtés du quadrilatère par cette tangente.

Cela donne la solution de la question suivante :

Construire la conique qui doit passer par quatre points et être tangente à une droite donnée.

On regarde les quatre points comme les sommets d'un quadrilatère dont les couples de côtés opposés rencontrent la droite en deux couples de points; et l'on cherche les points doubles de l'involution déterminée par ces deux couples de points. Chacun de ces points doubles appartient à une conique tangente en ce point à la droite et passant par les quatre points donnés; de sorte que la question admet deux solutions.

Si la droite donnée est à l'infini, la question se réduit à *contruire une parabole déterminée par quatre points* a, b, c, d.

Par un point pris arbitrairement, on mènera des droites parallèles aux couples de côtés opposés du quadrilatère *abcd*. Ces droites, conjuguées deux à deux, détermineront une involution, dont on cherchera les rayons doubles (*G.S.*, 244). Le point à l'infini sur chacun de ces rayons sera un cinquième point d'une parabole qui passera par les quatre points donnés. Ainsi la question admet deux solutions.

44. Ici, de même que dans le théorème de Pappus, on peut supposer que le quadrilatère inscrit dans une conique ait un ou deux de ses côtés infiniment petits et dirigés suivant des tangentes à la courbe. Dans le premier cas, il en résulte ce théorème :

Quand un triangle est inscrit à une conique, si l'on mène une transversale qui rencontre la courbe et deux côtés du triangle en deux couples de points, et le troisième côté et la tangente à la conique menée par le sommet opposé en deux autres points : ces six points sont en involution.

Remarque. — Cette proposition peut servir pour construire la tangente en un point donné d'une conique dont on connaît quatre autres points. Car a, b, c, d, e (*fig.* 24) étant les cinq points connus, la tangente à la courbe en son point e et la droite ab d'une part, et d'autre part les deux droites ae, be, rencontrent la corde cd en deux couples de points ε, φ; α, β, qui forment une involution avec les deux points c, d. Le point ε, appartenant à la tangente, est le seul inconnu dans cette involution, par conséquent on le détermine comme sixième point de l'involution (*G. S.*, 213).

45. Lorsque deux côtés opposés du quadrilatère inscrit sont infiniment petits, comme ci-dessus (39), le théorème de Desargues prend cet énoncé :

Quand un angle est circonscrit à une conique, une transversale quelconque rencontre ses deux côtés et la courbe en deux couples de points, et la corde de contact des deux côtés en un cinquième point qui est un des deux points doubles de l'involution déterminée par les deux couples de points.

46. Si la conique est une hyperbole, et qu'on prenne pour les côtés de l'angle circonscrit les deux asymptotes, la corde de contact est à l'infini. Par conséquent, si l'on mène une transversale quelconque qui rencontre l'hyperbole et les deux asymptotes en deux couples de points, un des points doubles de l'involution déterminée par ces deux couples de points est à l'infini : ce qui prouve que le second point double est le milieu de chacun des deux segments formés par ces deux couples de points (*G. S.*, 195). Ainsi :

Une hyperbole et ses deux asymptotes interceptent sur une transversale quelconque deux segments qui ont le même point milieu.

On peut dire encore que *si une droite quelconque rencontre une hyperbole en deux points* a, b *et les asymptotes en deux points* a′, b′, *les deux segments* aa′, bb′ *sont égaux.*

Corollaire. — Il suit de là que *le point de contact d'une tangente à une hyperbole est le milieu du segment formé sur cette tangente par les deux asymptotes.*

47. On conclut du théorème (45) la solution du problème suivant :

Étant donnés deux droites et trois points, construire une conique tangente aux deux droites et passant par les trois points.

Soient a, a', a'' (*fig.* 25) les trois points et SE, SE′ les deux droites. La droite aa' rencontre ces droites en deux points e, e'. Si l'on prend les points doubles de l'involution déterminée par les deux couples de points a, a' et e, e', la corde de contact des deux droites SE, SE′ avec la conique cherchée passera par l'un de ces points, d'après le théorème (45). On déterminera de même sur la droite aa'', deux points par l'un desquels passera la même corde de contact. Et chacune des quatre droites menées de ces deux points aux deux premiers, procure une solution de la question ; c'est-à-dire que chacune de ces quatre droites rencontre les deux droites SE, SE′ en deux points tels, que la conique menée par ces deux points et par les trois points donnés a, a', a'' est tangente aux deux droites. Ainsi le problème est résolu et admet quatre solutions qui s'obtiennent séparément.

Observation. — Il faut, pour que les solutions du problème soient réelles, que les trois points a, a', a'' soient situés ou dans un même angle des deux droites SE, SE′ ou dans deux angles opposés au sommet; auquel cas les deux segments tels que *ad′* et *ee′* n'empiètent pas l'un sur l'autre, et les deux points qui les divisent harmoniquement seront réels (*G. S.*, 210).

Mais si deux des trois points étaient situés dans deux angles contigus, les quatre solutions seraient imaginaires, parce que les deux segments *aa′* et *ee′* empiéteraient l'un sur l'autre, et les deux points qui les divisent harmoniquement seraient imaginaires.

Cas d'imaginarité des deux droites SE, SE′. — La construction précédente s'applique même lorsque les deux droites SE, SE′ sont imaginaires, mais déterminées par des éléments réels (*G. S.*, 98). Alors les deux points *e*, *e′* deviennent imaginaires, mais les éléments dont ils dépendent, résultant de ceux des deux droites, sont toujours réels. De sorte que les quatre solutions le sont aussi, parce que les deux points qui divisent harmoniquement les deux segments *aa′*, *ee′* sont réels (*G. S.*, 212).

Nous verrons plus tard comment on modifie la construction quand deux des trois points *a*, *a′*, *a″* sont imaginaires.

§ IV.

48. *Corollaires du théorème de Pascal.* — On peut supposer qu'un côté, ou deux, ou même trois de l'hexagone inscrit à une conique deviennent infiniment petits, et coïncident avec des tangentes à la courbe. On a alors des propriétés relatives à un pentagone, ou à un quadrilatère, ou à un triangle inscrit à une conique.

Le premier cas donne lieu à cet énoncé :

Quand un pentagone abcde (*fig.* 26) *est inscrit dans une conique, les points de section des côtés* ab, ae *par les deux côtés* de, cb *respectivement, et du cinquième côté* cd *par la tangente en* a, *sont trois points situés en ligne droite.*

Remarque. — Il est clair que ce théorème fournit une construction immédiate de la tangente en a, c'est-à-dire en un quelconque des cinq points donnés d'une conique. Problème déjà résolu différemment (**11**).

Dans le second cas, deux côtés opposés de l'hexagone deviennent infiniment petits; il en résulte que :

Dans tout quadrilatère abce *inscrit à une conique* (*fig.* 27), *les tangentes en deux sommets opposés* a, c *se coupent sur la droite qui joint les points de concours des côtés opposés.*

Enfin, dans le cas où l'hexagone a trois côtés infiniment petits, il s'ensuit que :

Quand un triangle est inscrit dans une conique, les tangentes menées par ses sommets rencontrent respectivement les côtés opposés en trois points situés en ligne droite.

§ V.

49. *Conséquences du théorème de Carnot.—Théorème de Newton.* —On peut supposer qu'un sommet du triangle soit à l'infini : alors les segments qui deviennent infinis disparaissent de l'équation, parce que leurs rapports se réduisent à l'unité. Si, par exemple, le point B (*fig.* 28) est à l'infini, l'équation se ramène à

$$\frac{Ab.Ab'}{Ac.Ac'} = \frac{Cb.Cb'}{Ca.Ca'}. \tag{1}$$

En effet, l'équation générale est

$$\frac{Ab.Ab'}{Ac.Ac'} \cdot \frac{Bc.Bc'}{Ba.Ba'} \cdot \frac{Ca.Ca'}{Cb.Cb'} = 1.$$

Le rapport des segments Bc, Ba se peut remplacer par

le rapport des sinus des angles que la corde ac fait avec les deux côtés AB, CB du triangle ABC; et quand le point B s'éloigne indéfiniment, ce rapport des sinus approche indéfiniment d'être égal à l'unité. Il en est de même du rapport des segments Ba', Bc'. De sorte que, à la limite quand le point B est à l'infini, l'équation générale devient la formule (1) ci-dessus.

Pareillement, si par un point D de la droite Caa' on mène à la droite AC une parallèle qui rencontre la conique en e et e', on aura la relation

$$\frac{De.De'}{Da.Da'} = \frac{Cb.Cb'}{Ca.Ca'}.$$

Comparant cette équation à la précédente, on en conclut

$$\frac{Ab.Ab'}{Ac.Ac'} = \frac{Da.Da'}{De.De'}; \tag{2}$$

c'est-à-dire que : *Si, dans le plan d'une conique on mène par un point quelconque deux droites parallèles à deux axes fixes, le rapport des produits des segments (réels ou imaginaires) que la courbe fait sur ces deux droites à partir de leur point commun, est constant.*

Ce théorème a été donné par Newton dans son *Énumération des courbes du troisième ordre* (*). C'est une expression générale de divers cas particuliers du rapport des produits de segments faits sur des ordonnées parallèles, qui ont été connus des Anciens.

Corollaires. — Dans l'équation (1), qui se rapporte au cas où le point B est à l'infini, on peut supposer qu'un des deux points b, b' de la droite AC, ou tous les deux soient à l'infini : ce qui donne lieu aux énoncés suivants :

(*) Sous le titre : *De ratione contentorum sub Parallelarum segmentis.*

I. *Si par chaque point* A (*fig.* 29) *d'une droite* AC, *parallèle à une asymptote d'une hyperbole, on mène une transversale dans une direction donnée* (*c'est-à-dire parallèlement à une droite fixe*); c, c' *étant les points où cette transversale rencontre la courbe, et* b *le point de la courbe situé sur la droite* AC : *on a la relation*

$$\frac{Ac.Ac'}{Ab} = \text{const.}$$

II. *Si par chaque point* A_1 (même figure) *d'une asymptote d'une hyperbole on mène dans une direction donnée une transversale qui rencontre la courbe en deux points* c, c', *le rectangle* $A_1c.A_1c'$ *reste constant.*

III. Le premier de ces théorèmes s'applique à la parabole, c'est-à-dire que :

Quand une droite AC (*fig.* 30) *ne rencontre une parabole qu'en un point* b (*l'autre point étant à l'infini*), *si par chaque point* A *de cette droite on mène, dans une direction donnée, une transversale qui rencontre la courbe en* c *et* c' : *on aura la relation*

$$\frac{Ac.Ac'}{Ab} = \text{const.}$$

50. Revenons au théorème de Carnot. Quand un côté du triangle est tangent à la conique, on en conclut une solution de ce problème : *Faire passer par quatre points une conique tangente à une droite donnée.*

Soient a, a' et b, b' (*fig.* 31) les quatre points et AB la droite. Cette droite et les deux aa', bb' forment le triangle ABC, dans lequel on a, en appelant c le point de contact de la conique cherchée avec la droite AB, l'équation

$$\frac{\overline{Ac}^2}{\overline{Bc}^2} \cdot \frac{Ba.Ba'}{Ca.Ca'} \cdot \frac{Cb.Cb'}{Ab.Ab'} = 1.$$

D'où

$$\frac{Ac}{Bc} = \pm\sqrt{\frac{Ab.Ab'}{Cb.C'b}\cdot\frac{Ca.Ca'}{Ba.Ba'}}.$$

Cette expression du rapport $\frac{Ac}{Bc}$ fait connaître le point de contact c de la conique demandée. A raison du double signe, on voit que deux coniques satisfont à la question, et que leurs points de contact divisent harmoniquement le segment AB.

Observation. — Cette solution permet de supposer que les deux couples de points a, a' et b, b' soient imaginaires ; parce qu'il n'entre dans l'équation que les rectangles $Ca.Ca'$, ..., qui sont toujours réels (*G. S.*, 89).

51. Si les trois côtés du triangle sont tangents à la conique en trois points a, b, c, l'équation du théorème devient

$$\frac{\overline{Ac}^2}{\overline{Bc}^2}\cdot\frac{\overline{Ba}^2}{\overline{Ca}^2}\cdot\frac{\overline{Cb}^2}{\overline{Ab}^2} = 1,$$

ou

$$\frac{Ac.Ba.Cb}{Bc.Ca.Ab} = \pm 1.$$

Le signe + ne peut convenir, parce que l'équation exprimerait que les trois points de contact a, b, c sont en ligne droite (*G. S.*, 355), ce qui n'est pas possible. C'est donc le signe — qu'il faut prendre ; et il exprime que les trois droites Aa, Bb, Cc passent par un même point (*Ibid.*, 358). Ainsi :

Dans un triangle circonscrit à une conique, les droites menées des sommets aux points de contact des côtés opposés passent par un même point.

52. Quand un sommet d'un triangle est situé sur une conique, deux des segments qui entrent dans l'équation générale (23) sont nuls; mais leur rapport reste connu, et l'équation alors peut servir à *mener la tangente en un point d'une conique dont on connaît quatre autres points.*

Quelle que soit en effet la position du point C du triangle, on peut remplacer dans l'équation le rapport des segments Ca', Cb' par le rapport des sinus des angles que la corde $a'b'$ fait avec les deux côtés CA, CB; et si le point C (*fig.* 32) s'approchant indéfiniment de la courbe, coïncide enfin avec un de ces points, cette corde devient la tangente à la courbe. On a dès lors, en appelant α et β les angles que cette tangente fait avec les deux côtés CA, CB du triangle, l'équation

$$\frac{Ac.Ac'}{Bc.Bc'}\cdot\frac{Ba}{Ca}\cdot\frac{Cb}{Ab}\cdot\frac{BC}{AC}\cdot\frac{\sin\alpha}{\sin\beta}=1,$$

qui fait connaître le rapport $\frac{\sin\alpha}{\sin\beta}$, et conséquemment la direction de la tangente.

On pourrait supposer pareillement que chacun des autres sommets du triangle fût situé sur la courbe.

53. *Cercle osculateur.* — Le théorème de Carnot fournit encore une solution de cette question :

Construire le cercle osculateur en un point d'une conique dont on connaît la tangente en ce point et trois autres points.

Considérons sur la conique trois points consécutifs infiniment voisins, b, c', b' (*fig.* 33) et trois autres points quelconques a, a', c. Le triangle ABC, dont les côtés sont les cordes, bb', $c'c$ et aa', donne lieu à l'équation

$$\frac{Ab.Ab'}{Cb.Cb'}\cdot\frac{Ca.Ca'}{Ba.Ba'}\cdot\frac{Bc.Bc'}{Ac.Ac'}=1 \quad (23).$$

Concevons le cercle qui passe par les trois points b, c', b', et soit ρ le point où il rencontrera la droite AB : on aura la relation

$$\mathrm{A}b.\mathrm{A}b' = \mathrm{A}c'.\mathrm{A}\rho,$$

ou

$$\mathrm{A}\rho = \frac{\mathrm{A}b.\mathrm{A}b'}{\mathrm{A}c'};$$

et, d'après l'équation précédente,

$$\mathrm{A}\rho = \mathrm{A}c \cdot \frac{\mathrm{B}a.\mathrm{B}a'}{\mathrm{C}a.\mathrm{C}a'} \cdot \frac{\mathrm{C}b.\mathrm{C}b'}{\mathrm{B}c.\mathrm{B}c'}.$$

Cette équation a lieu quelle que soit la position des trois points b, c', b'. Si ces points sont infiniment voisins, le cercle que nous considérons est le cercle *osculateur* à la courbe. Or à la limite où les trois points se confondent, le point A (*fig.* 34) coïncide avec c' sur la courbe, et la corde bb' devient la tangente en ce point; l'équation se réduit donc à

$$\mathrm{A}\rho = \mathrm{A}c \cdot \frac{\mathrm{B}a.\mathrm{B}a'}{\mathrm{C}a.\mathrm{C}a'} \cdot \frac{\overline{\mathrm{CA}}^2}{\mathrm{BA}.\mathrm{B}c}.$$

Le point ρ donné par cette équation dont le second membre est une quantité connue, suffit pour déterminer le cercle osculateur, car il est tangent à la courbe en A. Ainsi le problème est résolu (*).

Si l'on suppose le point C à l'infini, les rapports $\frac{\mathrm{CA}}{\mathrm{C}a}$, $\frac{\mathrm{CA}}{\mathrm{C}a'}$ (*fig.* 35) sont égaux à l'unité, de sorte que

$$\mathrm{A}\rho = \mathrm{A}c \cdot \frac{\mathrm{B}a.\mathrm{B}a'}{\mathrm{BA}.\mathrm{B}c}.$$

Si le point B, intersection des deux cordes Ac, aa', est le

(*) Cette construction du cercle osculateur s'applique aux courbes géométriques de tous les ordres. Nous l'avons donnée dans le t. XIII du *Bulletin des Sciences mathématiques* du baron de Férussac, p. 392; année 1830.

milieu de chacune d'elles,

$$A\rho = 2 \cdot \frac{\overline{Ba}^2}{BA}.$$

Soit R le rayon du cercle, AD son diamètre perpendiculaire à la tangente à la conique en A : on a

$$A\rho = 2R \cos \rho AD;$$

donc

$$R \cos \rho AD = \frac{\overline{Ba}^2}{BA}, \quad \text{ou} \quad R = \frac{\overline{Ba}^2}{Bp};$$

Bp étant la perpendiculaire abaissée du point B sur la tangente en A. Expression connue (*).

54. Le théorème de Carnot se transforme en un autre qui, au fond, est le même sous un énoncé différent, mais se prête à quelques corollaires particuliers. Voici ce nouvel énoncé :

Si par deux points fixes A, B (*fig.* 36) *on mène deux droites quelconques qui concourent en un point* C, *et rencontrent une conique en deux couples de points* a, a′ *et* b, b′ (*réels ou imaginaires*) : *on a la relation constante*

$$(1) \qquad \frac{Aa.Aa'}{Ca.Ca'} : \frac{Bb.Bb'}{Cb.Cb'} = \text{constante}.$$

Effectivement, d'après le théorème (23), le second membre de cette équation est égal à la quantité constante $\frac{Ac.Ac'}{Bc.Bc'}$, c et c' étant les points où la droite AB rencontre la conique.

55. Chacun des points fixes A, B peut être à l'infini. Alors *l'équation* (1) *subsiste comme si les segments infinis*

(*) Cette expression, donnée par M. Ch. Dupin dans les *Développements de Géométrie*, in-4°, 1813, p. 29, a été très-utile dans la *Théorie de la courbure des surfaces*, principal objet de ce grand ouvrage.

devenaient égaux à l'unité ; c'est-à-dire que si le point B, par exemple, est à l'infini, l'équation sera

$$(2) \qquad \frac{Aa.Aa'}{Ca.Ca'} : \frac{1}{Cb.Cb'} = \text{constante.}$$

En effet, l'équation (1) exprime que si par les deux points A, B on mène deux droites se coupant en un point quelconque C_1 et rencontrant la conique en deux couples de points α, α' et β, β', on aura la relation

$$\frac{Aa.Aa'}{Ca.Ca'} : \frac{Bb.Bb'}{Cb.Cb'} = \frac{A\alpha.A\alpha'}{C_1\alpha.C_1\alpha'} : \frac{B\beta.B\beta'}{C_1\beta.C_1\beta'}.$$

Quand le point B s'éloigne à l'infini, les rapports $\frac{Bb}{B\beta}$, $\frac{Bb'}{B\beta'}$ deviennent égaux à l'unité, comme on l'a prouvé au sujet du théorème de Newton (49). Il en résulte dès lors la démonstration de l'équation (2).

§ VI. — *Propriétés relatives aux tangentes d'une conique.*

56. *Corollaires du théorème fondamental.* — Puisque toutes les tangentes à une conique rencontrent deux tangentes fixes L, L', en des couples de points a, a' qui forment deux divisions homographiques, il existe sur ces deux tangentes deux points fixes I, J' tels, que l'on a $Ia.J'a' =$ constante (*G. S.*, 120).

Si les deux tangentes L, L' sont les asymptotes d'une hyperbole, les deux points I et J' coïncident avec le point d'intersection de ces deux droites. Donc :

Le rectangle des segments faits par chaque tangente à une hyperbole sur les deux asymptotes, à partir du point de rencontre de ces droites, est constant.

57. Si la conique est une parabole, elle a une tangente située à l'infini ; les deux divisions homographiques for-

mées sur deux tangentes fixes ont donc deux points homologues à l'infini; et par conséquent sont deux divisions semblables (*G. S.*, 118). Donc :

Toutes les tangentes à une parabole divisent deux tangentes fixes en parties proportionnelles.

Et réciproquement : *Quand deux droites sont divisées en parties proportionnelles, les droites qui joignent deux à deux les points homologues enveloppent une parabole tangente aux deux droites.*

Corollaire. — On conclut de là que : *Si de chaque point d'une droite on abaisse sur deux autres droites des perpendiculaires, la droite qui joint les pieds de ces perpendiculaires enveloppe une parabole tangente à ces deux droites.*

58. Quand les tangentes à une conique rencontrent deux tangentes fixes L, L' en des points a, b,... et a', b',... les droites menées d'un point fixe O aux points a', b',... correspondent anharmoniquement aux points a, b,..., c'est-à-dire que quatre rayons Oa', Ob',... ont leur rapport anharmonique égal à celui des quatre points a, b,.... Si la conique est une parabole et que L' soit la tangente située à l'infini, les rayons Oa', Ob',... sont parallèles aux tangentes aa', bb',...; le rapport anharmonique de quatre rayons est donc égal à la fonction semblable des sinus des angles que les quatre tangentes font entre elles. Nous n'appellerons pas cette fonction *rapport anharmonique* des quatre tangentes, puisque ces droites ne passent pas par un même point : nous l'appellerons *fonction anharmonique des sinus des angles de ces droites*. Alors on a cette propriété importante de la parabole :

Les points dans lesquels quatre tangentes à une parabole rencontrent une cinquième tangente, ont leur rapport anharmonique égal à la fonction anharmonique des sinus des angles de ces quatre tangentes.

Et réciproquement : *Si par quatre points en ligne droite on mène quatre droites (dont trois arbitrairement), telles, que la fonction anharmonique des sinus des angles qu'elles font entre elles, soit égale au rapport anharmonique des quatre points : ces quatre droites et celle sur laquelle sont pris les quatre points, sont cinq tangentes à une parabole.*

59. Ce théorème aura d'assez nombreuses applications; pour le moment nous citerons, comme conséquences immédiates, les deux propositions suivantes, dont la seconde est connue.

Si l'on fait tourner toutes les tangentes à une parabole, autour de leurs points de rencontre avec une tangente fixe, dans un même sens de rotation et d'un même angle : toutes ces droites dans leurs nouvelles positions envelopperont encore une parabole tangente à la droite fixe.

60. *Quand un angle de grandeur constante se meut de manière qu'un de ses côtés tourne autour d'un point fixe et que son sommet glisse sur une droite, son second côté enveloppe une parabole tangente à la droite.*

Car la fonction anharmonique de quatre positions du second côté est égale au rapport anharmonique des quatre positions du premier côté, parce que les angles sont les mêmes de part et d'autre; et ce rapport anharmonique est égal à celui des quatre sommets de l'angle mobile. Donc, etc.

61. *Quand deux triangles sont inscrits dans une conique, les six côtés sont tangents à une conique*

Soient abc, def (*fig.* 37) les deux triangles. Les deux faisceaux de quatre droites $a(b, c, e, f)$ et $d(b, c, e, f)$ ont le même rapport anharmonique (4). Conséquemment les deux séries de quatre points dans lesquels ces deux faisceaux rencontrent, respectivement, les deux côtés ef, bc, ont le même rapport anharmonique. Ainsi

$$(\beta, \gamma, e, f) = (b, c, \varepsilon, \varphi).$$

Donc les quatre droites $b\beta$, $c\gamma$, $e\varepsilon$, $f\varphi$ et les deux bc, ef sont tangentes à une même conique (9). C. Q. F. D.

On démontrera d'une manière analogue que réciproquement, *quand deux triangles sont circonscrits à une conique, leurs six sommets sont sur une autre conique* (*).

62. On conclut de l'un ou de l'autre de ces deux théorèmes que :

Quand un triangle abc *est inscrit à une conique* C *et circonscrit à une conique* C′, *on peut construire une infinité d'autres triangles inscrits à* C *et circonscrits à* C′.

En effet, que par un point a' de C on mène à C′ deux tangentes : elles intercepteront dans C une corde $b'c'$, formant avec ces droites le triangle $a'b'c'$ inscrit à C. Les deux triangles abc et $a'b'c'$ ont leurs six côtés tangents à une même conique (61). Mais cette conique ne peut être que C′, tangente aux trois côtés du premier triangle et à deux côtés du second. Donc le troisième côté $b'c'$ du second est tangent à C′. Donc, etc.

63. *Quand un triangle* ABC (*fig.* 38) *est inscrit dans une conique, si autour d'un point* O *de la courbe on fait tourner une droite qui rencontre les côtés du triangle en trois points* a, b, c *et la courbe en un quatrième point* e, *le rapport anharmonique de ces quatre points reste constant.*

C'est-à-dire que pour une autre droite Oe' on aura

$$(a, b, c, e) = (a', b', c', e').$$

(*) Ces deux théorèmes, qui se présentent ici comme conséquences directes des deux propriétés fondamentales des coniques, se peuvent conclure aussi des propriétés de l'hexagone inscrit ou circonscrit. *Voir* MÖBIUS, *Der barycentrische calcul, etc.*, art. 283.

En effet, qu'on mène la corde ee' : les deux triangles ABC, Oee' sont inscrits dans la conique; leurs six côtés sont donc tangents à une autre conique (61). Et, par conséquent, les deux systèmes de quatre points a, b, c, e et a', b', c', e' dans lesquels les quatre côtés CB, AC, BA et ee' rencontrent les deux côtés Oe, Oe', ont le même rapport anharmonique. Ce qu'il fallait démontrer.

Corollaire. — Le rapport anharmonique des quatre droites CA, CB, Cc', Ce' est constant quelle que soit la droite Oe', le point O restant fixe: car ce rapport est égal à celui des quatre points a', b', c', e'. Si l'on suppose que la droite Oe' passe par le point C, auquel cas la corde Ce' deviendra tangente à la conique, on aura une solution de ce problème :

Mener la tangente en un point C *d'une conique dont on connaît quatre autres points* A, B, O, e (*fig.* 38).

On mènera par le point C la droite CT, de manière que le rapport anharmonique des quatre droites CA, CB, CO, CT soit égal à celui des quatre points a, b, c, e : ce qui se réduit à prendre sur Oe le point T tel, que

$$(a,\ b,\ O,\ T) = (a,\ b,\ c,\ e).$$

La droite CT sera la tangente en C.

64. *Corollaires du théorème corrélatif de celui de Pappus.* — Soit (*fig.* 39) un quadrilatère ABCD circonscrit à une conique: un côté, CD par exemple, peut s'incliner sur le côté DA, de plus en plus jusqu'à ce que le sommet D qui s'approche continûment du point de contact du côté DA, vienne coïncider avec ce point. Alors les deux côtés consécutifs CD, DA du quadrilatère se confondent en direction, et le sommet D est le point de contact de ce côté double avec la courbe. Le théorème reçoit cet énoncé :

Quand un triangle est circonscrit à une conique, le pro-

duit des distances de chaque tangente à deux sommets du triangle, et le produit des distances de la même tangente au troisième sommet et au point de contact du côté opposé, sont en raison constante.

65. Les deux côtés DC, BC d'un quadrilatère circonscrit ABCD (*fig.* 40) peuvent s'incliner l'un et l'autre sur les côtés DA, BA, respectivement, et le sommet C s'approcher du sommet A. A la limite, où il y a coïncidence, le quadrilatère devient un angle DAB circonscrit à la conique. Les points de contact D, B des deux côtés de cet angle représentent deux sommets opposés du quadrilatère primitif, dont les deux autres sommets sont confondus en A. Le théorème prend alors cet énoncé :

Quand un angle DAB *est circonscrit à une conique, le produit des distances de chaque tangente aux deux points de contact* D, B *des côtés de l'angle, et le carré de la distance de la même tangente au sommet* A, *sont en raison constante.*

Observation. — La corde de contact BD des côtés de l'angle représente une diagonale du quadrilatère primitif : l'autre diagonale est nulle, se réduisant au point A. Nous pouvons dire aussi qu'elle est infiniment petite. Cette considération nous permettra dans la suite d'appliquer à ce simple point A, sommet de l'angle circonscrit, certaines propriétés appartenant aux diagonales d'un quadrilatère circonscrit.

§ VIII.

66. *Corollaires du théorème corrélatif de celui de Desargues.* — Le théorème (27) donne une nouvelle construction de la conique tangente à cinq droites.

Quatre de ces droites forment un quadrilatère. Que d'un point de la cinquième droite D on mène des rayons aux deux couples de sommets opposés du quadrilatère. Ces rayons, conjugués deux à deux, déterminent une involution; et le rayon conjugué à la droite D dans l'involution est tangent à la conique cherchée. On construira ainsi toutes les tangentes à la courbe.

67. Si, dans le théorème général, on suppose que le point par lequel on mène deux tangentes à la conique et des droites aux sommets d'un quadrilatère circonscrit, soit pris sur la courbe même, les deux tangentes coïncident et forment un rayon double de l'involution déterminée par les deux couples de droites. De là résulte une solution du problème suivant :

Décrire une conique tangente à quatre droites et passant par un point donné.

Les quatre droites forment un quadrilatère circonscrit à la conique cherchée. Du point donné on mène deux couples de droites aux sommets opposés de ce quadrilatère, et l'on construit les rayons doubles de l'involution déterminée par ces deux couples de droites (*G. S.*, 210) : chacun de ces deux rayons est la tangente à une conique satisfaisant à la question.

68. Si, comme précédemment (64), un triangle circonscrit à une conique représente un quadrilatère dont deux côtés se confondent, l'énoncé général (27) devient :

Quand un triangle est circonscrit à une conique, si d'un point pris arbitrairement on mène deux tangentes à la courbe et deux autres couples de droites dont les premières aboutissent à deux sommets du triangle et les deux autres au troisième sommet et au point de contact du côté opposé, ces trois couples de droites sont en involution.

69. Si le quadrilatère se réduit à un angle circonscrit à

la conique, comme il a été expliqué ci-dessus (65), le théorème général se particularise ainsi :

Quand un angle est circonscrit à une conique, si d'un point on mène deux tangentes à la courbe, et deux droites aux points de contact des côtés de l'angle, l'involution déterminée par ces deux couples de droites aura pour l'un de ses rayons doubles la droite menée du même point au sommet de l'angle.

70. Ce théorème donne immédiatement la solution du problème suivant :

Construire une conique tangente à trois droites et passant par deux points donnés.

Soient L, L′, L″ les trois droites et a, b les deux points. On déterminera les tangentes à la conique en ses deux points a, b ; ce qui se ramène à trouver le point de concours de ces tangentes.

A cet effet, que par le point d'intersection O des deux droites L, L′ on mène les droites Oa, Ob, et les rayons doubles de l'involution déterminée par les deux couples L, L′ et Oa, Ob : le point cherché sera sur l'un de ces deux rayons (69). Opérant de même avec les deux droites L, L″, on obtiendra deux autres droites sur chacune desquelles devra se trouver aussi le point cherché. Chacun des quatre points de rencontre de ces deux droites par les deux premières satisfera donc à la question, c'est-à-dire sera le point de concours des tangentes à la conique demandée, en ses deux points a, b. Ainsi le problème est résolu et admet quatre solutions.

Observation. — Pour que les solutions soient réelles, il faut que les deux points a, b soient, tous les deux à la fois, dans l'intérieur du triangle formé par les trois tangentes ; ou bien tous les deux extérieurs au triangle, mais alors situés l'un et l'autre dans un des trois angles du triangle, ou l'un dans un angle et l'autre dans l'opposé au sommet. La raison de cela est qu'il faut que l'angle des deux droites menées d'un sommet du triangle aux deux points a, b n'empiète pas sur l'angle du triangle (*G. S.*, 244 et 210).

Les deux points a, b peuvent être imaginaires; la construction subsiste encore et les quatre solutions sont toujours réelles.

On remarquera que la construction exige en outre que les trois droites soient réelles, puisqu'on les combine deux à deux. Nous donnerons plus tard une construction qui permettra de supposer deux des droites imaginaires aussi bien que les deux points.

§ IX.

71. *Corollaires du théorème de M. Brianchon.* — Quand un hexagone est circonscrit à une conique, un côté s'inclinant de plus en plus sur le côté suivant, le sommet qui est leur point d'intersection s'approchera indéfiniment de la courbe : et, à la limite, où les deux côtés ne seront qu'une même tangente, ce sommet deviendra le point de contact. Il s'ensuit qu'un pentagone circonscrit à une conique peut être considéré comme un hexagone circonscrit dont un des sommets est le point de contact d'un des côtés. Pareillement un quadrilatère circonscrit sera considéré comme un hexagone dont deux sommets sont les points de contact de deux côtés. Et enfin un triangle circonscrit sera considéré comme un hexagone dont trois sommets sont situés aux points de contact des trois côtés.

72. Si l'on réduit l'hexagone au pentagone, on obtient une solution très-simple de ce problème : *Étant données cinq tangentes d'une section conique, trouver le point de contact de chacune d'elles.*

Les cinq tangentes forment un pentagone *abcde* (*fig.* 41). Donc, en considérant le point de contact *f* de la cinquième tangente *ea* comme le sommet d'un hexagone, la droite menée de ce point au sommet opposé *c* passera par le point de concours des deux diagonales *ad*, *be*. Conséquemment ce point de contact sera déterminé.

73. Lorsque dans un quadrilatère circonscrit à une conique on regarde les points de contact de deux côtés opposés comme deux sommets d'un hexagone circonscrit, on en conclut que :

Quand un quadrilatère est circonscrit à une conique, les droites qui joignent les points de contact des côtés opposés passent par le point de rencontre des deux diagonales.

74. Les points de contact des côtés d'un triangle circonscrit à une conique peuvent être regardés comme les sommets d'un hexagone circonscrit ; il en résulte que :

Quand un triangle est circonscrit à une conique, les droites menées de ses sommets aux points de contact des côtés opposés passent par un même point.

§ X.

75. *Corollaires du théorème corrélatif de celui de Carnot.* — Si le sommet *c* opposé au côté C du triangle (29) est situé sur la conique, les deux tangentes γ, γ', coïncident avec la tangente en ce sommet, et l'équation devient

$$\frac{\sin(A, \beta).\sin(A, \beta')}{\sin(C, \beta).\sin(C, \beta')} \cdot \frac{\sin(C, \alpha).\sin(C, \alpha')}{\sin(B, \alpha).\sin(B, \alpha')} \cdot \frac{\sin^2(B, \gamma)}{\sin^2(A, \gamma)} = 1.$$

Cette équation fait connaître le rapport $\frac{\sin(A, \gamma)}{\sin(B, \gamma)}$, et par conséquent la direction de la tangente au point c de la conique, quand on connaît les quatre tangentes α, α', 6, $6'$. Ainsi elle résout ce problème :

Connaissant quatre tangentes et un point d'une conique, déterminer la tangente en ce point.

L'expression de $\frac{\sin(A\gamma)}{\sin(B\gamma)}$ a deux valeurs, par conséquent le problème admet deux solutions, comme nous l'avons déjà vu (67).

76. Cherchons ce que devient l'équation générale (29) quand le côté C ou ab du triangle est tangent à la conique.

Désignant par i dans le cas général (*fig.* 17) le point d'intersection des deux tangentes α' et $6'$, on voit que $\frac{\sin(C, 6')}{\sin(C, \alpha')} = \frac{ai}{bi}$; et l'équation peut se changer en celle-ci

$$\frac{\sin(A, 6).\sin(A, 6')}{\sin(B, \alpha).\sin(B, \alpha')} \cdot \frac{\sin(C, \alpha)}{\sin(C, 6)} \cdot \frac{\sin(B, \gamma).\sin(B, \gamma)}{\sin(A, \gamma).\sin(A, \gamma)} = \frac{ai}{bi}.$$

Mais ce point i, quand le côté C ou ab devient tangent à la conique, est précisément le point de contact. L'équation le fait connaître, car le premier membre est connu. Elle sert donc à résoudre ce problème :

Étant données cinq tangentes à une conique, déterminer le point de contact de chacune d'elles.

77. On peut supposer qu'un sommet, ou deux, du triangle abc soient à l'infini.

I. Soit le sommet a (*fig.* 42) à l'infini : les tangentes issues de ce sommet sont parallèles aux côtés B, C, et rencontrent la base A en deux points α, α'. On a, dans cette hypothèse,

$$\frac{\sin(A, 6).\sin(A, 6')}{\sin(C, 6).\sin(C, 6')} \cdot \frac{\sin(B, \gamma).\sin(B, \gamma')}{\sin(A, \gamma).\sin(A, \gamma')} \cdot \frac{c\alpha.c\alpha'}{b\alpha.b\alpha'} = 1.$$

II. Si les deux sommets a, b du triangle sont à l'infini (*fig.* 43), les tangentes issues de ces sommets rencontrent les côtés A et B respectivement en des points α, α' et 6, $6'$, et la relation se réduit à

$$\frac{\sin(B, \gamma).\sin(B, \gamma')}{\sin(A, \gamma).\sin(A, \gamma')} \cdot \frac{c\alpha . c\alpha'}{c6 . c6'} = 1.$$

Conséquences des deux théorèmes (23) et (29) considérés simultanément.

78. *Quand les trois côtés d'un triangle rencontrent une conique, les droites menées des sommets aux points de rencontre des côtés opposés sont six tangentes d'une même conique.*

En effet, une conique rencontrant les trois côtés d'un triangle ABC en des points a, a', b, b', c, c', les segments interceptés ont la relation

$$\frac{Ab.Ab'}{Cb.Cb'} \cdot \frac{Ca.Ca'}{Ba.Ba'} \cdot \frac{Bc.Bc'}{Ac.Ac'} = 1 \quad (23).$$

Mais les trois droites Aa, Bb, Cc entraînent celle-ci

$$\frac{Ab}{Cb} \cdot \frac{Ca}{Ba} \cdot \frac{Bc}{Ac} = \frac{\sin ABb}{\sin CBb} \cdot \frac{\sin CAa}{\sin BAa} \cdot \frac{\sin BCc}{\sin ACc} \quad (G.\ S.,\ 353).$$

Les trois droites Aa', Bb', Cc' donnent une relation semblable. On a donc

$$\frac{\sin ABb.\sin ABb'}{\sin CBb.\sin CBb'} \cdot \frac{\sin CAa.\sin CAa'}{\sin BAa.\sin BAa'} \cdot \frac{\sin BCc.\sin BCc'}{\sin ACc.\sin ACc'} = 1,$$

équation qui prouve que les six droites Aa, Aa',... sont tangentes à une même conique; car la réciproque du théorème (29) est évidente.

La réciproque du théorème actuel l'est également.

79. *Observation.* — Dans le théorème (23) la conique peut être l'ensemble de deux droites; et dans le théorème (29) la conique peut être infiniment aplatie, c'est-à-dire se réduire à une droite limitée à deux points (32).

Il suit de cette dernière hypothèse que :

Si de deux points pris arbitrairement on mène des droites aux trois sommets d'un triangle, les six points dans lesquels ces droites rencontrent les côtés, respectivement opposés aux sommets, sont situés sur une conique (*).

Ainsi, par exemple, *les points milieux des côtés d'un triangle et les pieds des perpendiculaires abaissées des sommets opposés sur ces côtés sont six points situés sur une conique.*

(*) Ce théorème a été démontré par M. Steiner dans les *Annales de Mathématiques* de M. Gergonne, t. XIX, p. 3, année 1828.

CHAPITRE IV.

EXTENSION DES THÉORÈMES GÉNÉRAUX. — DESCRIPTION ORGANIQUE DES CONIQUES. — THÉORÈMES DE NEWTON, DE MACLAURIN ET DE BRAIKENRIDGE. — GÉNÉRALISATION DE CES THÉORÈMES.

§ I.

80. *Quand un polygone d'un nombre pair de côtés est inscrit dans une conique, le produit des distances de chaque point de la courbe aux côtés de rang impair et le produit des distances du même point aux côtés de rang pair, sont en raison constante.*

Démontrons que si le théorème a lieu pour un polygone de $2m$ côtés, il aura lieu pour un polygone de deux côtés de plus.

Soit AB...EF (*fig.* 44) le polygone de $2m$ côtés; remplaçant le dernier côté FA par trois côtés consécutifs FG, GH, HA, on passe au polygone AB...FGHA de $2m+2$ côtés.

Appelons a, b,..., f, g, h, les distances d'un point m de la courbe aux côtés consécutifs AB, BC,..., FG, GH, HA; et φ sa distance à la diagonale FA. On a, par hypothèse, dans le premier polygone AB...FA, la relation

$$\frac{a.c\ldots e}{b.d\ldots\varphi} = \text{constante} = \lambda.$$

Mais on sait, par le théorème de Pappus, que dans le quadrilatère AFGH

$$\frac{\varphi . g}{f . h} = \text{constante} = \mu \ (19).$$

Multipliant membre à membre ces deux équations, on obtient

$$\frac{a . c \ldots e . g}{b . d \ldots f . h} = \lambda . \mu = \text{constante}.$$

Ce qu'il fallait démontrer.

81. Un côté du polygone, tel que AB, peut devenir infiniment petit et se confondre avec la tangente en A. Un autre côté CD, non contigu à AB, peut aussi se confondre avec la tangente; et ainsi des autres. De sorte que, par exemple, tous les côtés de rang impair peuvent devenir tangents à la courbe. Alors le théorème général exprime la propriété suivante :

Un polygone d'un nombre quelconque de côtés étant inscrit à une conique, le produit des distances de chaque point de la courbe aux côtés du polygone et le produit des distances du même point aux tangentes à la courbe menées par les sommets du polygone, sont en raison constante.

82. Le théorème de Desargues (20) admet la généralisation suivante :

Quand un polygone d'un nombre pair de côtés est inscrit dans une conique, si l'on mène une transversale qui rencontre la courbe en deux points : le produit des segments compris entre l'un de ces points et les côtés de rang pair est au produit des segments compris entre le même point et les côtés de rang impair, comme le produit des segments compris entre le second point de la courbe et les côtés de rang pair est au produit des segments compris entre ce point et les côtés de rang impair.

Ainsi soient ABCDEF le polygone, et α, β, γ, δ, ε, φ les points de rencontre de ses côtés consécutifs AB, BC,... par la transversale; m et m' les points de rencontre de la conique : on aura

$$\frac{m\alpha . m\gamma . m\varepsilon}{m\beta . m\delta . m\varphi} = \frac{m'\alpha . m'\gamma . m'\varepsilon}{m'\beta . m'\delta \; m'\varphi}.$$

Nous allons prouver que si le théorème a lieu pour un polygone de $2m$ côtés ABCD, il sera vrai pour un polygone de deux côtés de plus.

En effet, si dans le polygone de $2m + 2$ côtés on mène une diagonale AD qui retranche trois côtés AF, FE, ED, elle décompose le polygone en un polygone de $2m$ côtés, et un quadrilatère. Formant les deux équations qui ont lieu pour ce polygone par hypothèse, et pour le quadrilatère par le théorème de Desargues, et multipliant ces deux équations membre à membre, on trouvera l'équation à démontrer.

83. *Quand un polygone* ABCD... *est tracé dans le plan d'une conique qui rencontre ses côtés* AB, BC,... *en des couples de points* a, a'; b, b'; c, c';... *on a l'équation*

$$\frac{Aa . Aa'}{Ba . Ba'} \cdot \frac{Bb . Bb'}{Cb . Cb'} \cdot \frac{Cc . Cc' \ldots}{Dc . Dc' \ldots} = 1.$$

En effet, on voit aisément que si le théorème est vrai pour un polygone de n côtés, il le sera pour un polygone d'un côté de plus. Car celui-ci se divisera, au moyen d'une diagonale qui retranche deux côtés, en un polygone de n côtés et un triangle. Le théorème aura lieu pour ce polygone et pour le triangle; et en éliminant des deux équations relatives à ces deux figures, les segments faits sur la diagonale qui est leur côté commun, on obtiendra l'équation relative au polygone de $n+1$ côtés. Donc le théorème, étant vrai pour le triangle (23), l'est aussi pour le quadrilatère, puis pour le pentagone, et ainsi de suite. Du reste, c'est pour un polygone quelconque que Carnot a démontré le théorème dans sa *Géométrie de Position*.

On voit sans difficulté de quels énoncés sont susceptibles les deux derniers théorèmes, si l'on suppose que des côtés du polygone deviennent infiniment petits, ainsi que nous l'avons fait (81).

Théorèmes corrélatifs.

84. *Quand un polygone d'un nombre pair de côtés est circonscrit à une conique : le produit des distances d'une tangente quelconque aux sommets de rang pair et le produit des distances de la même tangente aux sommets de rang impair, sont en raison constante.*

85. *Quand un polygone d'un nombre quelconque de côtés est circonscrit à une conique : le produit des distances de chaque tangente aux sommets du polygone et le produit des distances de la même tangente aux points de contact des côtés du polygone, sont en raison constante.*

86. *Quand un polygone d'un nombre pair de côtés est circonscrit à une conique, si d'un point on mène des tangentes à la courbe, et des droites aux sommets du polygone : le produit des sinus des angles que l'une des tangentes fait avec les droites menées aux sommets de rang pair est au produit des sinus des angles que la même tangente fait avec les droites menées aux sommets de rang impair, dans un rapport qui reste le même quelle que soit celle des deux tangentes que l'on a prise.*

87. *Quand un polygone* ABC... F *est tracé dans le*

plan d'une conique, si de ses sommets A, B,... *on mène les couples de tangentes à la courbe*, α, α'; β, β';..., *on aura la relation*

$$\frac{\sin(\text{AB}, \alpha)\sin(\text{AB}, \alpha')}{\sin(\text{AF}, \alpha)\sin(\text{AF}, \alpha')} \cdot \frac{\sin(\text{BC}, \beta)\sin(\text{BC}, \beta')}{\sin(\text{BA}, \beta)\sin(\text{BA}, \beta')} \cdots = 1.$$

Ces propositions sont l'extension des théorèmes 26, 27 et 29. Leur démonstration est tout à fait semblable à celle des propositions précédentes (80-83), et conséquemment n'offre aucune difficulté.

§ II. — *Description des coniques considérées comme lieux géométriques.*

Description organique de Newton.

88. *Quand deux angles de grandeur constante a*OA, *a*O'A (*fig.* 45), *tournent autour de leurs sommets fixes* O, O', *de manière que leurs côtés* O*a*, O'*a* *se coupent toujours sur une ligne droite donnée* L : *les deux autres côtés* OA, O'A *se coupent sur une conique qui passe par les sommets* O, O' *des deux angles.*

En effet, quand le point *a* glisse sur la droite L, les deux droites O*a*, O'*a* forment deux faisceaux homographiques. Mais les droites OA, c'est-à-dire les positions du second côté de l'angle O, constituent un faisceau homographique au faisceau des droites O*a*; et pareillement, le faisceau des droites O'A est homographique à celui des droites O'*a*. Donc les deux faisceaux dont les rayons sont OA, O'A, sont homographiques. Donc ils se coupent sur une conique qui passe par les deux points O, O'. Ce qu'il fallait démontrer.

C'est ce théorème que Newton a donné sous le titre de *Description organique des coniques*, parce qu'au moyen d'un instrument formé de deux angles tournant autour de leurs sommets on décrit une conique d'un mouvement continu (*).

Quand cinq points d'une conique sont donnés, la grandeur des angles qu'il faut prendre pour construire la courbe se détermine ainsi :

Soient A, B, C, O, O′ (*fig.* 46) les cinq points; on prend les angles COO′, CO′O pour les deux angles mobiles; on les fait tourner autour de leurs sommets O, O′, de manière que leurs côtés OC, O′C soient dirigés sur le point A; alors leurs côtés OO′, O′O se coupent en un point a. On dirige ensuite les côtés OC, O′C sur le point B, et les côtés OO′, O′O se coupent en un point b. La droite ab est la droite directrice L sur laquelle glissera le point de rencontre des deux côtés qui se confondaient d'abord avec la ligne OO′.

Remarque. — Si, dans le théorème général, il existe une position des deux angles telle, que les côtés OA, O′A coïncident avec OO′, la courbe décrite n'est plus une conique, mais *une ligne droite;* parce que les deux faisceaux formés par ces côtés OA, O′A auront alors deux rayons homologues se confondant avec la droite qui joint leurs centres (*G. S.*, 105). On peut dire que la conique devient dans ce cas l'ensemble de deux droites, dont l'une est OO′; car chaque point de cette droite, étant commun aux deux côtés OA, O′A quand ils coïncident avec elle, appartient au lieu géométrique cherché.

Ce cas particulier a été remarqué par Newton.

Théorème de Maclaurin et de Braikenridge.

89. *Étant donnés trois points et deux droites fixes, si*

(*) Voir *Enumeratio linearum tertii ordinis, etc.*

l'on fait glisser sur les deux droites deux sommets d'un triangle de forme variable, dont les trois côtés tournent autour des trois points fixes : le troisième sommet décrira une conique.

En d'autres termes :

Si autour d'un point fixe ρ (*fig.* 47) *on fait tourner une transversale qui rencontre deux droites fixes* SL, SL′ *en deux points* a, a′, *et que par deux points fixes* O, O′ *on mène les droites* Oa, O′a′, *leur point d'intersection décrira une conique.*

En effet, les points a, a' forment sur les deux droites L, L′ deux divisions homographiques ; les droites Oa, O′a' forment donc deux faisceaux homographiques. Donc le point de concours m de ces droites a pour lieu géométrique une conique qui passe par les deux points O, O′.

Ce théorème a été démontré par Maclaurin (*) et Braikenridge (**), et a fait le sujet de quelques discussions de priorité entre ces deux géomètres.

De même que le théorème de Newton, il procure un moyen général de description d'une conique déterminée par cinq points.

En effet, la courbe ne passe pas seulement par les deux points O, O′; elle passe par le point de concours S des deux droites L, L′, et par les points b, c' où les deux droites ρO′, et ρO rencontrent ces droites L, L′ respectivement : de sorte que la courbe a cinq points O, O′, S, b, c', connus à priori. Si ces cinq points sont donnés, on en conclut la position du point ρ autour duquel il faut faire tourner la transversale $\rho aa'$ pour déterminer un sixième point m.

(*) Voir *Exercitatio Geometrica de descriptione linearum curvarum.* Auctore G. BRAIKENRIDGE. Londini, 1733 ; in-4°. — *Transactions philosophiques de la Société Royale de Londres*, année 1735.

(**) *Transactions philosophiques de la Société Royale de Londres*, année 1735.

90. Cette considération a conduit Maclaurin à une démonstration du théorème de Pascal.

En effet, les six points O, O', S, b, c' et m sont les sommets d'un hexagone $Oc'SbO'mO$ inscrit à la conique : les points de concours des côtés opposés de cet hexagone sont a (point de concours des deux côtés mO, Sb), ρ (point de concours de Oc' et bO') et a' (point de concours de $c'S$ et $O'm$). Ces trois points a, ρ, a' sont en ligne droite. On en conclut donc que :

Dans un hexagone inscrit à une conique, les trois points de concours des côtés opposés sont en ligne droite.

Autres théorèmes analogues à celui de Newton (88).

91. 1° On peut demander que les deux premiers côtés des angles O, O' rencontrent la droite L en des points a, a', toujours distants d'une même longueur aa' ; ou bien que ce segment aa' soit vu d'un point donné sous un angle donné : dans les deux cas *le point d'intersection* m *des deux autres côtés décrira une conique.*

2° Si les deux premiers côtés Oa, $O'a$, au lieu de se couper sur une droite, tournent autour des sommets O, O' en faisant entre eux un angle de grandeur constante, *le point d'intersection* m *des deux autres côtés décrira encore une conique.*

3° *Si l'on déforme un polygone, de manière que tous ses sommets, moins un, glissent sur des droites, et que tous ses côtés soient vus d'autant de points fixes sous des angles donnés : le dernier sommet du polygone décrit une conique qui passe par les deux points desquels on voit sous des angles donnés les deux côtés adjacents à ce sommet.*

D'après ce qui précède, la démonstration de ces théorèmes est bien facile ; car on voit sur-le-champ que la courbe décrite est, dans chaque cas, le lieu des points d'intersection de deux rayons qui tournent autour de deux points fixes en faisant des rapports anharmoniques égaux.

Généralisation du théorème de Maclaurin et de Braikenridge.

92. *Un polygone étant tracé dans un plan, si on le déforme de manière que tous ses côtés tournent autour d'autant de points fixes, et que tous ses sommets, moins un, glissent respectivement sur des droites fixes : le dernier sommet décrira une conique qui passera par les deux points fixes autour desquels tournent les deux côtés appartenant à ce sommet.*

Soit *abcdem* (*fig.* 48) le polygone dont les côtés *ma*, *ab*,..., *em* tournent autour des points P, Q,..., U, et dont les sommets *a*, *b*,..., *e* parcourent des droites fixes A, B,..., E. Il faut prouver que le dernier sommet *m* décrit une conique passant par les deux points P et U.

En effet, dans la déformation du polygone, les deux droites P*a*, Q*a* décrivent deux faisceaux homographiques, puisqu'elles se coupent sur la droite fixe A. Nous dirons donc que le second côté du polygone décrit un faisceau homographique au faisceau décrit par le premier côté. Par la même raison le troisième côté décrit autour du point R un faisceau homographique au second, et par conséquent au premier; et ainsi de suite. De sorte que le dernier côté U*m* décrit un faisceau homographique au faisceau décrit par le premier côté P*m*. Donc le sommet *m* décrit une conique qui passe par les deux points P et U (8). Ce qu'il fallait démontrer.

Remarquons que *le point d'intersection de deux côtés quelconques, non contigus, décrit aussi une conique qui passe par les points autour desquels tournent ces deux côtés.*

Cela résulte de ce que ces deux côtés décrivent deux faisceaux homographiques.

Cette proposition générale a été démontrée par Maclaurin et par Braikenridge, dans les *Transactions philosophiques de la Société Royale de Londres*, année 1735.

93. Les points fixes P, Q, ..., U sont les sommets d'un polygone de même nombre de côtés que le polygone *mabc... em*; et l'on peut dire que celui-ci est circonscrit à ce polygone PQR... U. Donc :

Étant donné un polygone, si on lui circonscrit un polygone d'un même nombre de côtés, dont tous les sommets moins un glissent, respectivement, sur des droites fixes, le dernier sommet décrira une conique.

Génération des coniques considérées comme enveloppes d'une série de tangentes (*).

94. *Étant données deux droites fixes, si l'on inscrit entre elles des cordes qui soient vues d'un point fixe sous des angles égaux, tournant dans le même sens : ces cordes enveloppent une conique tangente aux deux droites.*

95. *Étant données deux droites fixes* L, L′ (*fig.* 49), *si le sommet d'un angle dont les côtés tournent autour de deux points fixes* P, P′ *parcourt une troisième droite* M : *la droite* aa′ *qui joint les points de rencontre des deux droites* L, L′ *et des deux côtés de l'angle, enveloppera une conique tangente aux deux droites* L, L′.

Si la droite PP′ qui joint les deux points fixes passe par le point de concours S des deux droites L, L′, les droites *aa′* n'enveloppent plus une conique; *elles passent toutes par un même point* ρ (*G. S.*, 38). On peut dire que la conique se réduit au système des deux points S et ρ (32), parce que

(*) Nous omettons ici les démonstrations, tout à fait conformes à celles des théorèmes précédents, et qui ne peuvent présenter aucune difficulté.

toutes les droites qu'on peut mener par chacun de ces points satisfont aux conditions de la question.

Remarque. — La droite PP' est une tangente à la conique; car lorsque le point m, qui glisse sur la droite M, se trouve sur le prolongement de PP' la droite aa' coïncide avec cette droite PP'.

Soient b et c' les points d'intersection des deux droites L, L' par la droite M : les deux droites P'b, Pc' sont deux autres tangentes à la conique. On a donc les six tangentes ab, bP', P'P, Pc', $c'a'$, $a'a$, qui forment un hexagone abP'P$c'a'$ circonscrit à la conique. Les sommets opposés sont b et c', a et P, a' et P'. Les deux droites aP, a'P' se croisent sur la droite M ou bc'. On en conclut donc que :

Quand un hexagone est circonscrit à une conique, les trois diagonales qui joignent les sommets opposés passent par un même point. Théorème déjà démontré (28).

96. *Si tous les sommets d'un polygone sont assujettis à se mouvoir sur autant de droites fixes, tandis que tous ses côtés, un seul excepté, tournent autour de points fixes : le côté libre du polygone roulera sur une conique, tangente aux deux droites sur lesquelles glissent les deux sommets appartenant à ce côté* (*).

Remarque. — Tous les sommets du polygone divisent homographiquement les droites sur lesquelles ils glissent; on en conclut que *la diagonale qui joint deux sommets quelconques du polygone enveloppe une conique tangente aux deux droites sur lesquelles glissent les deux sommets.*

97. *Quand on déforme un polygone en faisant glisser tous ses sommets sur autant de droites fixes, de manière*

(*) Ce théorème a été démontré par M. Poncelet (*Traité des Propriétés projectives, etc.*, p. 298).

que tous ses côtés, moins le dernier, soient vus, respectivement, de certains points fixes sous des angles donnés : le dernier côté enveloppe une conique tangente aux deux droites sur lesquelles glissent les deux sommets qui appartiennent à ce côté.

Chacune des diagonales du polygone enveloppe aussi une section conique.

Une partie des angles peuvent être nuls, de sorte que les côtés correspondants du polygone tourneront autour de points fixes représentant les sommets de ces angles.

CHAPITRE V.

THÉORIE DES POLES ET POLAIRES. — POINTS CONJUGUÉS; DROITES CONJUGUÉES. — QUADRILATÈRES INSCRITS OU CIRCONSCRITS. — CORDES ISSUES D'UN MÊME POINT. — ANGLES INSCRITS AYANT LEURS SOMMETS SUR UNE MÊME DROITE.

§ I. — *Polaire d'un point.*

98. *Quand plusieurs cordes d'une conique passent par un même point :*

1° *Les points de rencontre des droites qui joignent deux à deux les extrémités de deux cordes quelconques sont situés sur une même droite;*

2° *Les tangentes aux extrémités de chaque corde se coupent sur cette droite;*

3° *Cette droite est le lieu des points conjugués harmoniques du point de concours des cordes par rapport aux extrémités de chaque corde.*

Soient aa', bb' (*fig.* 50) deux des cordes; ρ leur point de concours. Nous allons prouver d'abord que les deux points de rencontre m et n des droites qui joignent les extrémités de ces deux cordes, et le point de concours p des tangentes aux extrémités a, a', de l'une d'elles, sont trois points en ligne droite.

En effet, les quatre droites qui partent du point a, savoir la tangente ap, et les trois droites ab, ab', aa' ont le même rapport anharmonique que les quatre droites qui partent du point a' : $a'a$, $a'b$, $a'b'$ et la tangente $a'p$ (6).

Changeant l'ordre de celles-ci, nous dirons que les deux faisceaux de quatre droites ap, ab, ab', aa' et $a'p$, $a'b'$, $a'b$, $a'a$ ont le même rapport anharmonique (*G. S.*, 40); et comme les deux rayons homologues aa' et $a'a$ coïncident, les trois points d'intersection p, n, m des autres rayons, deux à deux, sont en ligne droite (*G. S.*, 43).

Maintenant observons que dans le quadrilatère $ama'n$ le point α, intersection des deux diagonales mn, aa', est le conjugué harmonique par rapport aux deux sommets a, a' du point ρ dans lequel la droite qui joint les points de concours b, b' des côtés opposés du quadrilatère rencontre la diagonale aa' (*G. S.*, 341).

D'après cela, la droite mn se trouve déterminée au moyen d'une seule corde aa', puisqu'elle passe par le point de rencontre des tangentes en a et a' et par le point α, conjugué harmonique de ρ par rapport à ces deux points a, a'. Donc, quelle que soit l'autre corde bb', les points m, n, le point de concours de deux tangentes en b et b', et le point β conjugué harmonique du point ρ par rapport à b et b', sont situés sur la même droite.

Ainsi le théorème est démontré.

On peut remarquer toutefois, à l'égard de la troisième partie du théorème, que la démonstration suppose réels les deux points de rencontre de chaque transversale et de la conique; qu'elle laisse donc quelque chose à désirer. La démonstration suivante s'applique au cas où ces points sont imaginaires.

Autrement. Ayant pris les deux droites $\rho aa'$, $\rho bb'$ de manière à former le quadrilatère $aa'b'b$, qu'on mène par le point ρ une troisième droite qui rencontre la courbe en deux points ε, ε' (réels ou imaginaires), les deux côtés ab, $a'b'$ en c, c', et la droite nm en γ. D'après le théorème de Desargues, les deux couples de points c, c' et ε, ε', et le point ρ, considéré comme point double, forment trois couples en involution (20); en d'autres termes, le point ρ est un des deux points doubles de l'involution déterminée par les deux couples c, c' et ε, ε'. Or le point γ est le conjugué harmonique de ρ par rapport aux deux points c, c', à cause de l'angle ana' coupé par les deux transversales ρab, $\rho a'b'$ (*G. S.*, 110). Il est donc aussi le conjugué harmonique de ρ par rapport aux deux points ε, ε' (*G. S.*, 205). Donc quand une transversale tourne autour du point ρ, le conjugué harmonique de ce point par rapport aux points de la conique (réels ou imaginaires) situés sur la transversale, décrit une droite; et les points de concours, tels que m et n, des droites qui joignent deux à deux les extrémités de deux cordes aa', bb' sont sur cette droite. Ce qui constitue la première et la troisième partie du théorème. Pour la seconde partie, relative aux points de rencontre des tangentes, il suffit de remarquer qu'elle est une conséquence de la première; car si la transversale $\rho bb'$ est supposée infiniment voisine de $\rho aa'$, les droites ab, $a'b'$ deviennent les tangentes à la conique en a et a'.

Ainsi le théorème est démontré complétement.

La droite mn est appelée la *polaire* du point ρ, et ce point, le *pôle* de la droite.

Remarque. — Quand la polaire rencontre la courbe, il est clair que la droite menée du pôle à chaque point de rencontre est la tangente en ce point à la courbe. Effectivement si cette droite rencontrait la courbe en un second point différent de celui-là, le conjugué harmonique de ρ par rapport à ces deux points ne coïnciderait pas avec le premier, comme on le suppose.

99. D'après ce qui précède, on peut déterminer la polaire d'un point ρ de cinq manières :

1° En menant par ce point deux transversales et en prenant sur chacune d'elles le conjugué harmonique de ρ par rapport aux deux points où cette droite rencontre la conique : la droite qui joint les deux points ainsi déterminés est la polaire ;

2° En menant les tangentes aux points de rencontre de chaque transversale ; leur point d'intersection est sur la polaire ;

3° En joignant deux à deux par des droites les points de rencontre des deux transversales ; les points de concours de ces droites sont sur la polaire ;

4° En menant une seule transversale ; le point conjugué harmonique du point ρ par rapport aux deux points de rencontre de la conique, et le point de concours des tangentes en ces points déterminent la polaire ;

5° Enfin, en menant par le point ρ deux tangentes à la conique ; la droite qui joint les deux points de contact est la polaire.

Le premier de ces cinq modes de construction est le plus général, en ce qu'il subsiste lors même que les points d'intersection des transversales et de la conique sont *imaginaires*.

Pôle d'une droite.

100. *Si de chaque point d'une droite* L *on mène deux tangentes à une conique et la droite* Λ *conjuguée harmonique de* L *par rapport aux deux tangentes :*

1° *Toutes les droites* Λ *passent par un même point ;*

2° *Les diagonales du quadrilatère formé par les quatre tangentes issues de deux points de la droite* L *passent par ce point ;*

3° *Les cordes qui joignent les points de contact des tangentes issues de chaque point de la droite* L *passent aussi par ce point ;*

4° *Ce point est le* pôle *de la droite* L.

Soit ABCD (*fig.* 51) le quadrilatère formé par les tangentes à la conique menées par deux points E, F de la droite L. Nous allons prouver que si par un troisième point quelconque I de cette droite on mène la droite Λ conjuguée harmonique de L par rapport aux deux tangentes (réelles ou imaginaires) partant du point I, cette droite Λ passera par le point de rencontre G des deux diagonales du quadrilatère ABCD.

En effet, les deux tangentes menées par le point I, et les deux droites menées de ce point aux deux sommets opposés A, C du quadrilatère déterminent une involution dans laquelle la droite IE, ou L, est un des rayons doubles (27). Cette droite et le second rayon double sont conjugués harmoniques par rapport aux deux IA, IC (*G. S.*, 244); donc ce second rayon double est la droite IG. Car dans le quadrilatère ABCD, les deux sommets opposés A, C sont conjugués harmoniques par rapport au point G et au point G′ où la diagonale AC rencontre la droite EF (*G. S.*, 341). Donc cette droite IG et la première IE sont conjuguées harmoniques, par rapport aux deux tangentes à la conique. Ce qui démontre la première partie du théorème. La seconde partie se trouve établie en même temps, puisque le point, par lequel passent toutes les droites Λ, est le point de rencontre des diagonales du quadrilatère formé par les tangentes issues de deux points E, F pris arbitrairement sur la droite L.

La troisième partie du théorème est évidemment une conséquence de la seconde; car si les deux points E, F sont infiniment voisins, une des diagonales du quadrilatère devient la corde de contact de ses deux côtés issus du point E. D'ailleurs on a déjà vu que dans le quadrilatère circonscrit ABCD les droites qui joignent les points de contact des côtés opposés passent par le point de rencontre des deux diagonales (73).

Il reste à prouver que la droite L est la *polaire* du point

G. Or cela résulte de ce que les tangentes à la courbe aux extrémités des cordes menées par le point G se croisent en E, F,... sur la droite.

Donc, etc.

Observation. — On voit aisément que quand la droite L rencontre la conique en deux points, le *pôle* de la droite est le point de concours des tangentes en ces points.

101. On peut déterminer le pôle d'une droite L de cinq manières :

1° On mène par deux points de cette droite des tangentes à la courbe et les deux droites conjuguées harmoniques de L par rapport aux deux couples de tangentes, respectivement : le point de rencontre de ces deux droites est le pôle cherché ;

2° Le point de concours des deux diagonales du quadrilatère formé par les quatre tangentes est le pôle cherché ;

3° Le point de rencontre des deux cordes de contact des deux couples de tangentes est aussi le pôle cherché ;

4° On mène par un seul point de la droite L les deux tangentes à la courbe, et la droite conjuguée harmonique de L par rapport à ces deux tangentes : le point de rencontre de cette droite et de la corde de contact des deux tangentes est le pôle cherché ;

5° Enfin, on mène les tangentes à la courbe par les points où la droite la coupe : le point de rencontre de ces deux tangentes est le pôle.

Le premier de ces cinq modes de construction satisfait à tous les cas ; que les deux couples de tangentes menées à la conique par deux points pris sur la droite donnée soient, ou non, *imaginaires*.

Propriété relative à un point et à sa polaire.

102. *Les polaires des différents points d'une droite passent toutes par le pôle de cette droite;*

Et réciproquement : *Quand des droites passent par un même point, leurs pôles sont tous sur une droite qui est la polaire de ce point.*

Soit une droite L et ρ son pôle (*fig.* 52). Je dis d'abord que la polaire d'un point α de la droite L passe par le point ρ. Car la droite $\alpha\rho$ rencontre la conique en deux points a, a' (réels ou imaginaires); et les deux points ρ et α sont conjugués harmoniques par rapport à ces points a, a' (98, 3°). Donc la polaire du point α passe par le point ρ. Donc, etc.

En second lieu, je dis que le pôle de toute droite $\rho\alpha$ menée par un point ρ se trouve sur la polaire de ce point. Car soit p ce pôle; la droite ρp rencontre la conique en deux points m, m', relativement auxquels les deux ρ, p sont conjugués harmoniques (98, 3°). Donc le point p appartient à la polaire du point ρ. Donc, etc.

§ II. — *Points conjugués.*

103. Nous appellerons *points conjugués* par rapport à une conique, deux points tels, que la polaire de l'un passe par l'autre (*).

On peut encore dire que deux points *conjugués* par rapport à une conique, sont deux points *conjugués harmoniques* par rapport aux deux points d'intersection (réels ou imaginaires) de la conique et de la droite sur laquelle sont pris les deux points *conjugués* (98, 3°).

(*) Cette dénomination de *points conjugués* se trouve dans l'excellent Mémoire de M. O. Hesse, *De Curvis et Superficiebus secundi ordinis* (Voir *Journal de Mathématiques* de Crelle, t. XX; année 1840). M. Poncelet dit *points réciproques*, dans le *Traité des propriétés projectives*; p. 44, 198.

Observation. — Quand la droite qui joint deux points conjugués par rapport à une conique rencontre la courbe, l'un de ces points est toujours situé intérieurement à la courbe, et l'autre extérieurement.

104. *Trois systèmes de deux points conjugués pris sur une même droite forment une involution.*

Les deux points de chaque système sont conjugués harmoniques par rapport aux deux points de la conique (réels ou imaginaires) situés sur la droite; donc les six points forment une involution dont ces deux points de la conique sont les points *doubles* (*G. S.*, 205).

105. Il suit de là que plusieurs couples de points conjugués, sur une même droite, forment *deux divisions homographiques en involution* (*G. S.*, 236).

Conséquemment : *Quatre points en ligne droite ont le même rapport anharmonique que les quatre points de la même droite qui leur sont conjugués respectivement.*

Si la droite ne rencontre pas la conique, les points doubles de l'involution seront imaginaires, et alors *il existera, de part et d'autre de la droite, un point d'où l'on verra chaque couple de points conjugués sous un angle droit* (*G. S.*, 204).

106. Le théorème (104) donne lieu à une solution très-simple du problème suivant, qui, par ses conséquences théoriques, nous sera souvent utile :

Trouver les points d'intersection d'une conique et d'une droite.

On prendra les polaires de deux points a, b de la droite : elles rencontreront cette droite en deux points a', b', et on cherchera les *points doubles* de l'involution déterminée par les deux couples de points conjugués a, a' et b, b'. Ces points doubles seront les points de la conique.

Droites conjuguées.

107. Deux droites telles, que le pôle de l'une, par rapport à une conique, se trouve sur l'autre, seront dites *droites conjuguées* par rapport à la conique.

On peut encore dire que deux *droites conjuguées* par rapport à une conique sont deux droites *conjuguées harmoniques* par rapport aux deux tangentes à la conique (réelles ou imaginaires) menées par le point de concours des deux droites. Car si le pôle d'une droite L est situé sur une droite L', celle-ci sera la conjuguée harmonique de L par rapport aux deux tangentes à la conique menées par le point d'intersection S des deux droites (100, 1°).

Remarque. — Une des deux droites conjuguées L, L' rencontre toujours la courbe. Effectivement, si l'une, L', ne la rencontre pas, son pôle est intérieur à la courbe, et conséquemment la droite L, qui passe par ce point, rencontre nécessairement la courbe.

108. *Trois systèmes de deux droites conjuguées menées par un même point, forment une involution.*

Les deux droites de chaque système sont conjuguées harmoniques par rapport aux deux tangentes à la conique menées par le point de concours des six droites (107) : elles sont donc en involution. Les deux tangentes (réelles ou imaginaires) sont les rayons doubles de l'involution.

109. Il suit de là que plusieurs couples de droites conjuguées menées par un même point forment *deux faisceaux homographiques en involution* (*G. S.*, 248).

Conséquemment : *Quatre droites menées par un même point ont leur rapport anharmonique égal à celui des droites conjuguées passant par ce point.*

110. On sait (*G. S.*, 249) que dans deux faisceaux en

involution il existe toujours deux rayons conjugués rectangulaires. Donc :

Par un point pris dans le plan d'une conique passent toujours deux droites conjuguées rectangulaires.

111. Le théorème (108) donne une solution du problème suivant, qui, au point de vue théorique, sera utile :

Mener les tangentes à une conique par un point donné.

On mènera par ce point deux droites quelconques A, B et leurs conjuguées A', B'. Et l'on cherchera les *rayons doubles* de l'involution déterminée par les deux couples A, A' et B, B'. Ces rayons doubles (réels ou imaginaires) seront les deux tangentes à la conique.

Systèmes de trois points conjugués et de trois droites conjuguées.

112. *Quand deux points* a, b (*fig.* 53) *sont conjugués par rapport à une conique, le pôle* c *de la droite* ab *forme avec chacun d'eux un système de deux points conjugués.*

Cela résulte de la définition des points conjugués (103), puisque les deux points *a*, *b* sont situés sur la polaire du point *c*.

On peut encore dire que : *Les trois points* a, b, c *forment un triangle dans lequel chaque côté a pour pôle le sommet opposé.*

113. Il est clair que deux côtés quelconques du triangle *abc* sont *deux droites conjuguées* (107). De sorte que *deux droites conjuguées et la polaire de leur point d'intersection sont trois droites conjuguées deux à deux.*

114. *Quand trois points sont conjugués deux à deux, il y en a un nécessairement dans l'intérieur de la courbe et les deux autres au dehors.*

Car, en ne considérant que deux des trois points, il y en

a toujours un des deux au dehors de la courbe (103, *Obs.*). La polaire de ce point rencontre la courbe; par conséquent, des deux autres points conjugués qui se trouvent sur cette droite, l'un est situé dans l'intérieur de la courbe. Donc, etc.

Par suite : *Quand trois droites sont conjuguées deux à deux, il y en a toujours deux qui rencontrent la courbe et une qui ne la rencontre pas.*

115. *Si par deux points* B, C (*fig.* 54) *conjugués par rapport à une conique, on mène deux droites qui se coupent en un point* a *de la courbe : la corde* bc, *que ces droites interceptent dans la conique, passé par le pôle* A *de la droite* BC.

En effet, les droites Ba, Ca rencontrent CA, CB, respectivement, en β et γ. La droite CA étant la polaire du point B, on a

$$\frac{Ba}{Bb} : \frac{\beta a}{\beta b} = -1 \ (98,\ 3^{o}).$$

On a aussi

$$\frac{\gamma a}{\gamma c} : \frac{Ca}{Cc} = -1.$$

Les deux systèmes de quatre points a, β, b, B et a, C, c, γ, situés sur les deux droites aB, aC, ont donc le même rapport anharmonique; et comme le point a, intersection des deux droites, est commun aux deux systèmes, il s'ensuit que les trois droites bc, Cβ et Bγ passent par un même point (*G. S.*, 38); c'est-à-dire que la corde bc passe par le point A. Ce qu'il fallait prouver.

116. *Si par les points de rencontre* b, c, (*fig.* 55) *d'une tangente à une conique et de deux droites conjuguées* AB, AC, *on mène deux autres tangentes : le point de concours* a *de celles-ci sera sur la polaire du point* A.

En effet, le point B étant le pôle de la droite AC, les deux tangentes ca, cb sont conjuguées harmoniques par rapport aux deux droites cA, cB (100). Ce qu'on exprime en écrivant

$$(cB,\ cA,\ ca,\ cb) = -1.$$

Pareillement

$$(bB,\ bC,\ ba,\ bc) = -1.$$

Ainsi les deux faisceaux de quatre droites ont le même rapport anharmonique. Mais ils ont un rayon commun bc; donc les points d'intersection des trois autres rayons du premier par les rayons homologues du second sont en ligne droite (*G. S.*, 43). C'est-à-dire que le point a est situé sur la droite BC. Ce qu'il fallait prouver.

§ III. — *Propriété des polaires de quatre points situés en ligne droite.*

117. *Lorsque quatre points sont en ligne droite, leurs polaires forment un faisceau de quatre droites dont le rapport anharmonique est égal à celui des quatre points.*

En effet, soient a, b, c, d, les quatre points situés en ligne droite; les polaires respectives passent par le pôle de cette droite (102), et la rencontrent en quatre points a', b', c', d', qui sont les *conjugués* des quatre a, b, c, d (103). Le rapport anharmonique des quatre premiers points est donc égal à celui des quatre derniers (105). Mais celui-ci est égal à celui des quatre polaires, puisque ces droites passent par un même point. Donc, etc.

Ce théorème sera d'une bien grande utilité.

§ IV. — *Quadrilatère inscrit à une conique.*

118. *Dans un quadrilatère inscrit à une conique, le point de rencontre des deux diagonales est le pôle de la droite qui joint les points de concours des côtés opposés.*

Car pour déterminer la polaire du point G (*fig.* 56), intersection des deux diagonales du quadrilatère ABCD, il faut mener par ce point deux transversales telles que AC et BD, etc. (98).

On peut dire aussi que : *Le point de concours de deux côtés opposés est le pôle de la droite qui joint le point de concours des deux autres côtés, au point de rencontre des deux diagonales.*

Car il est évident, d'après la même construction, que la droite FG est la polaire du point E.

119. Il résulte de là que : *Les points de concours des côtés opposés et le point de rencontre des deux diagonales de tout quadrilatère inscrit forment un système de trois points conjugués* (112).

120. *Dans un quadrilatère inscrit à une conique, les points de concours des tangentes menées par les sommets opposés sont sur la droite qui joint les points de concours des côtés opposés, et ils divisent cette droite harmoniquement.*

En effet, soit ABCD (*fig.* 57) le quadrilatère. Les points de concours t, t' des tangentes aux sommets opposés sont, de même que les points de concours E, F des côtés opposés, sur la polaire du point d'intersection G des deux diagonales (98).

Les deux points t, t' divisent harmoniquement le segment EF. Car le point de concours p des tangentes en A et en D est sur la droite FG, parce que cette droite est la polaire du point E (118). Il en est de même du point de concours q des tangentes en B et en C. Dès lors la diagonale pq du quadrilatère $prqs$ formé par les quatre tangentes passe par le point F ; et pareillement l'autre diagonale passe par le point E. Mais ces deux diagonales divisent harmoniquement la droite qui joint les points de concours t, t' du quadrilatère (*G. S.*, 341). Donc, etc.

121. Il résulte de la démonstration précédente qu'on peut donner au théorème cet énoncé plus complet :

Quand un quadrilatère inscrit à une conique a pour sommets consécutifs les points de contact consécutifs d'un quadrilatère circonscrit :

1° *Les diagonales des deux quadrilatères passent par un même point et forment un faisceau harmonique ;*

2° *Les points de concours des côtés opposés des deux quadrilatères sont en ligne droite et en rapport harmonique ;*

3° *Les diagonales du quadrilatère circonscrit passent par les points de concours des côtés opposés du quadrilatère inscrit.*

122. *Quand un quadrilatère est inscrit à une conique, si d'un point de la droite qui joint les points de concours des côtés opposés on mène deux tangentes à la courbe et deux couples de droites aux sommets opposés du quadrilatère : ces six droites sont en involution.*

Soit ABCD (*fig.* 58) le quadrilatère ; E, F les points de concours des côtés opposés ; G le point de rencontre des deux diagonales. Les tangentes menées par un point I de la droite EF sont conjuguées harmoniques par rapport aux deux droites IE, IG, parce que celles-ci sont conjuguées par rapport à la conique (119). Mais les deux droites IA, IC, ainsi que les deux IB, ID sont conjuguées harmoniques par rapport aux deux mêmes IF, IG, parce que ces deux-ci divisent harmoniquement les diagonales AC, BD (*G. S.*, 341). Donc les trois couples de droites menées par le point I sont en involution. Ce qu'il fallait démontrer.

Corollaire. — *Quand un quadrilatère est inscrit à une conique, si d'un point de la droite qui joint les points de concours des côtés opposés, on mène deux tangentes à la courbe, ces droites seront tangentes à une conique inscrite dans le quadrilatère.*

Cette proposition est une conséquence évidente du théorème actuel en vertu du théorème (27).

Quadrilatère circonscrit.

123. *Quand un quadrilatère est circonscrit à une conique, la droite qui joint les points de concours des côtés opposés est la polaire du point de rencontre des deux diagonales.*

Cela résulte de la seconde partie du théorème (100).

Pareillement : *Une diagonale* BD (*fig.* 59) *est la polaire du point de rencontre de l'autre diagonale* AC *et de la droite* EF *qui joint les points de concours des côtés opposés.*

Car on peut considérer les deux droites AC, EF comme les diagonales du quadrilatère AFCE, dont les points de concours des côtés opposés sont B et D : et, d'après l'énoncé précédent, la droite BD est la polaire du point H.

124. Il suit de là que : *Les deux diagonales et la droite qui joint les points de concours des côtés opposés forment un triangle* GHK *dans lequel chaque sommet a pour polaire le côté opposé; et, par conséquent, ces trois droites sont conjuguées deux à deux* (113).

125. Ainsi les points K, H (*fig.* 59) sont les pôles des deux diagonales AC, BD. Les points F, E sont aussi les pôles des deux cordes de contact *ac*, *db*. Ces droites passent par le même point que les deux diagonales (73). Le rapport anharmonique des quatre droites est donc égal à celui des quatre points K, H, F, E (117). Or celui-ci est égal à — 1, parce que les deux diagonales d'un quadrilatère divisent harmoniquement la droite qui joint les points de concours des côtés opposés. Le rapport anharmonique des quatre droites AC, BD, *ac*, *bd* est donc aussi égal à — 1. C'est-à-dire, que *ac*, *bd* sont conjuguées harmoniques par rapport à AC, BD. Donc :

Quand un quadrilatère est circonscrit à une conique, les droites qui joignent les points de contact des côtés opposés passent par le point de rencontre des deux diagonales et sont conjuguées harmoniques par rapport à ces deux droites.

126. *Quand un quadrilatère est circonscrit à une conique, une transversale menée par le point d'intersection des deux diagonales rencontre les côtés opposés et la courbe en trois couples de points en involution.*

Soient ABCD (*fig.* 60) le quadrilatère; G le point d'intersection des deux diagonales; *a*, *c*; *b*, *d* et *e*, *f* les trois couples de points que l'on considère sur la transversale; et G′ le point où cette droite rencontre EF qui joint les points de concours des côtés opposés. Les deux points G, G′ divisent harmoniquement le segment *ef*, parce que la droite EF est la polaire du point G (124 et 98, 3°). Ils divisent aussi harmoniquement chacun des deux segments *ac*, *bd*, parce que les deux droites FG, FG′ sont conjuguées harmoniques par rapport aux deux côtés AB, CD qui concourent en F (*G. S.*, 346). Donc les trois couples de points *e*, *f*; *a*, *c*; *b*, *d* sont en involution. C. Q. F. D.

Corollaire. — On conclut de là, en vertu du théorème de Desargues (20), que :

Quand un quadrilatère est circonscrit à une conique, par deux points de cette courbe en ligne droite avec le point d'intersection des deux diagonales, on peut mener une conique circonscrite au quadrilatère.

Quadrilatère inscrit ou circonscrit imaginaire.

127. Il est essentiel de bien saisir ce qu'on doit entendre par un *quadrilatère imaginaire, inscrit* ou *circonscrit* à une conique. Voici deux questions qui conduisent naturellement aux idées qu'on doit s'en faire, lorsque les quadrilatères qu'elles exigent, viennent à disparaître.

L'idée du quadrilatère inscrit *imaginaire* s'introduit dans la solution de la question suivante :

On donne deux droites que l'on considère comme les diagonales d'un quadrilatère inscrit dans une conique, et l'on demande de trouver les points de concours des côtés opposés du quadrilatère, et de mener ces côtés, sans se servir des points de rencontre de la conique par les deux diagonales.

Les points cherchés sont sur la polaire du point de rencontre des deux diagonales (**118**), et divisent harmoniquement deux segments faits sur cette droite : le premier par les deux diagonales (*G. S.*, **341**) ; le second par la conique, puisque les deux points sont conjugués par rapport à cette courbe (**119**). On saura donc construire les deux points cherchés (*G. S.*, **272**).

Ensuite on construira les deux côtés du quadrilatère qui se croisent en un de ces points S, par cette considération, qu'une transversale quelconque rencontre la courbe, les deux diagonales, et les deux côtés en trois couples de points a, a'; b, b' et c, c' en involution (**20**). De sorte que les deux droites cherchées Sc, Sc' sont en involution avec les deux couples de droites Sa, Sa' et Sb, Sb'. Menant une autre transversale, on aura deux autres couples de droites avec lesquelles Sc, Sc' seront de même en involution. Dès lors ces deux droites sont déterminées (*G. S.*, **271**).

128. Quand les deux droites données rencontrent la

conique en quatre points réels, il existe un quadrilatère inscrit dont ces droites sont les diagonales; et les deux points de concours des côtés opposés sont réels.

Quand une seule des deux droites rencontre la courbe, les deux points cherchés sont *imaginaires*. Effectivement les deux segments qu'ils doivent diviser harmoniquement, empiètent l'un sur l'autre. Pour s'en convaincre, il suffit d'observer que le point de rencontre des deux droites données est dans ce cas au dehors de la courbe. La polaire de ce point, sur laquelle sont les deux segments, coupe la courbe en deux points réels a, a', et les deux droites données en deux points b, b', dont un est dans l'intérieur de la courbe, et conséquemment situé entre les deux points a, a', et l'autre au dehors de la courbe, sur le prolongement du segment aa'.

Alors il n'existe pas de quadrilatère inscrit; et l'on dit que le quadrilatère est *imaginaire*.

Quand aucune des deux droites ne rencontre la conique, le quadrilatère est encore *imaginaire*. Mais les deux points cherchés, qui, dans le cas du quadrilatère réel, sont les points de concours de ses côtés opposés, restent encore *réels* : parce que les deux segments qu'ils doivent diviser harmoniquement sont complétement séparés, ou bien l'un est entièrement compris sur l'autre. Ce dont on se rend compte sans difficulté.

129. Les deux droites que l'on regarde comme les diagonales d'un quadrilatère inscrit à une conique peuvent être imaginaires. La droite sur laquelle se trouvent les deux points de concours des côtés opposés est toujours réelle, puisque c'est la polaire du point d'intersection des deux droites imaginaires, lequel est réel. Les deux points de concours sont aussi toujours réels, parce qu'ils divisent harmoniquement deux segments dont un est imaginaire, celui qui est formé par les deux diagonales. Le quadrilatère est imaginaire; mais nous verrons plus tard (chap. XIII) qu'il a toujours deux côtés opposés de directions réelles.

130. L'idée d'un quadrilatère imaginaire circonscrit se présente dans la solution de ce problème.

Étant donnés deux points pris pour points de concours des côtés opposés d'un quadrilatère circonscrit à une conique, on demande de construire les diagonales et les sommets du quadrilatère, sans mener les tangentes à la conique par les deux points donnés.

Appelons E, F les deux points de concours donnés; G le pôle de la droite EF : les deux diagonales cherchées passent par ce point (121). De plus elles sont conjuguées harmoniques par rapport aux deux droites GE, GF (*G. S.*, 346); et elles sont conjuguées par rapport à la conique (122), et dès lors conjuguées harmoniques par rapport aux deux tangentes menées par le point G. D'après cela les deux diagonales sont déterminées.

On construira les deux sommets du quadrilatère situés sur une diagonale L, en considérant que si d'un point P pris arbitrairement on mène des tangentes à la conique et des droites aux deux points E, F et aux deux sommets cherchés, ces six droites seront en involution (27), et par conséquent rencontreront la diagonale L en six points en involution. Les deux derniers de ces points sont les deux sommets cherchés. Ces deux points font donc partie d'une involution dont on connaît deux couples de points conjugués. Pour un autre point P′ on aura deux autres couples de points déterminant une seconde involution dont les deux points cherchés feront encore partie. Ces deux points sont donc déterminés (*G. S.*, 271).

Ainsi le problème est résolu.

131. Quand les deux points donnés E, F sont au dehors

de la conique, les deux diagonales construites sont réelles, et il existe un quadrilatère circonscrit pour lequel ces points sont les points de concours des côtés opposés.

Quand un seul des deux points est au dehors de la courbe, et l'autre dans son intérieur, les deux diagonales cherchées sont *imaginaires*, parce que les deux angles qu'elles doivent diviser harmoniquement empiètent l'un sur l'autre. Par conséquent, il n'y a pas de *quadrilatère circonscrit* à la conique. On dit alors que le quadrilatère circonscrit demandé est *imaginaire*.

Quand les deux points donnés sont intérieurs à la conique, le quadrilatère circonscrit est encore *imaginaire* : mais *ses deux diagonales sont réelles*; parce que les deux systèmes de droites par rapport auxquelles elles doivent être conjuguées harmoniques forment deux angles réels dont l'un EGF est entièrement compris sur l'autre.

Ainsi un quadrilatère circonscrit à une conique peut être *imaginaire*, et avoir néanmoins certaines parties réelles; savoir, les deux diagonales et les points de concours des côtés opposés.

Au lieu de regarder les deux points donnés comme les points de concours des côtés opposés du quadrilatère demandé, on peut les considérer comme deux sommets opposés sur une diagonale connue. Alors la construction reste la même : on détermine la seconde diagonale et la droite qui joint les points de concours des côtés opposés; puis, sur ces deux droites, les deux autres sommets du quadrilatère et les deux points de concours des côtés opposés.

132. Enfin, les deux points donnés peuvent être *imaginaires ;* le point de concours des deux diagonales est toujours réel, puisque c'est le pôle de la droite sur laquelle sont les deux points imaginaires. Les deux diagonales sont elles-mêmes toujours réelles, parce qu'elles divisent harmoniquement le segment imaginaire formé par les deux points donnés (*). Nous verrons plus tard (chap. XIV) que dans ce cas deux sommets opposés du quadrilatère sont toujours réels, et les deux autres évidemment imaginaires.

§ V. — *Quadrilatère, et Triangle, dans le plan d'une conique.*

133. *Si, sur les deux diagonales et la droite qui joint les points de concours des côtés opposés d'un quadrilatère, on prend trois couples de points qui divisent harmoniquement les trois droites, ces six points seront sur une conique.*

En effet, soit ABCD (*fig.* 61) le quadrilatère; E, F les points de concours des côtés opposés; et m, m'; n, n'; p, p' les trois couples de points qui divisent harmoniquement la droite EF et les deux diagonales BD, AC. Soient de plus G, H, I les points d'intersection des trois droites. Les deux points m, m' divisent harmoniquement le segment EF; ainsi que les deux points H, I. Par conséquent, les deux segmets mm', HI déterminent une involution dont les deux points doubles sont E et F. On a donc

$$\frac{\mathrm{H}m\,.\,\mathrm{H}m'}{\mathrm{I}m\,.\,\mathrm{I}m'}=\frac{\overline{\mathrm{HE}}^2}{\overline{\mathrm{IE}}^2}.$$

On a de même sur les deux diagonales

$$\frac{\mathrm{G}n\,.\,\mathrm{G}n'}{\mathrm{H}n\,.\,\mathrm{H}n'}=\frac{\overline{\mathrm{GD}}^2}{\overline{\mathrm{HD}}^2}\quad \text{et}\quad \frac{\mathrm{I}p\,.\,\mathrm{I}p'}{\mathrm{G}p\,.\,\mathrm{G}p'}=\frac{\overline{\mathrm{IC}}^2}{\overline{\mathrm{GC}}^2}.$$

Et multipliant membre à membre

$$\frac{\mathrm{H}m\,.\,\mathrm{H}m'}{\mathrm{I}m\,.\,\mathrm{I}m'}\cdot\frac{\mathrm{G}n\,.\,\mathrm{G}n'}{\mathrm{H}n\,.\,\mathrm{H}n'}\cdot\frac{\mathrm{I}p\,.\,\mathrm{I}p'}{\mathrm{G}p\,.\,\mathrm{G}p'}=\frac{\overline{\mathrm{HE}}^2}{\overline{\mathrm{IE}}^2}\cdot\frac{\overline{\mathrm{GD}}^2}{\overline{\mathrm{HD}}^2}\cdot\frac{\overline{\mathrm{IC}}^2}{\overline{\mathrm{GC}}^2}.$$

(*) Deux points conjugués harmoniques par rapport à deux points imaginaires sont toujours réels (*G. S.*, **77**).

Le second membre est égal à l'unité, parce que les trois points E, D, C sont en ligne droite. Donc le premier membre est aussi égal à l'unité. Donc les six points m, m', n, n', p, p' sont sur une conique (23). Ce qu'il fallait démontrer.

Corollaire. — Il suit de ce théorème que *si une conique divise harmoniquement les deux diagonales d'un quadrilatère, elle divise aussi harmoniquement la droite qui joint les points de concours des côtés opposés.*

En d'autres termes :

Si les deux couples de sommets opposés d'un quadrilatère sont conjugués par rapport à une conique, les deux points de concours des côtés opposés sont aussi deux points conjugués (*).

134. *Si par chaque point de concours, soit de deux côtés opposés d'un quadrilatère, soit des deux diagonales, on mène deux droites conjuguées harmoniques par rapport aux deux côtés, ou aux deux diagonales, les trois couples de droites ainsi déterminées sont tangentes à une conique.*

Soit $abcd$ (*fig.* 62) le quadrilatère; E, F, G les points de concours des côtés opposés et des diagonales; Ee, Ee'; Ff, Ff', et Gg, Gg' les couples de droites menées par ces trois points, comme il est prescrit par l'énoncé du théorème.

Les deux droites EG, EF sont conjuguées harmoniques par rapport aux deux côtés Ea, Ec (*G. S.*, 346), ainsi que les deux droites Ee, Ee'. Conséquemment Ea, Ec sont les rayons doubles de l'involution déterminée par les deux couples de droites EF, EG, et Ee, Ee' (*G. S.*, 244).

(*) Ce théorème et le suivant sont dus à M. O. Hesse, qui les a démontrés, différemment, dans son Mémoire intitulé : *De Curvis et Superficiebus secundi ordinis.* (*Voir* le *Journal de Mathématiques de Crelle*, t. XX, p. 301, année 1840.)

On a donc l'équation

$$\frac{\sin GEe . \sin GEe'}{\sin FEe . \sin FEe'} = \frac{\sin^2 GEa}{\sin^2 FEa}.$$

Et pareillement

$$\frac{\sin EFf . \sin EFf'}{\sin GFf . \sin GFf'} = \frac{\sin^2 EFa}{\sin^2 GFa},$$

$$\frac{\sin FGg . \sin FGg'}{\sin EGg . \sin EGg'} = \frac{\sin^2 FGa}{\sin^2 EGa}.$$

Multipliant membre à membre, on obtient une équation dont le second membre est égal à l'unité, parce que les trois droites Ea, Fa, Ga qui partent des trois sommets du triangle EFG passent par un même point a (*G.S.*, 357); et l'équation résultante exprime que les trois couples de droites Ee, Ee'; Ff, Ff' et Gg, Gg', qui partent des trois sommets du triangle EFG, sont tangentes à une conique (29).

Ainsi le théorème est démontré.

Corollaire. — Il résulte de là que *si les deux couples de côtés opposés d'un quadrilatère sont conjugués par rapport à une conique, les deux diagonales sont aussi conjuguées par rapport à la conique.*

135. *Un triangle étant tracé dans le plan d'une conique, les droites qui joignent les sommets aux pôles des côtés opposés passent par un même point;*

Et les côtés du triangle rencontrent les polaires des sommets opposés en trois points situés en ligne droite.

Soit ABC (*fig.* 63) le triangle, et a, b, c les pôles des côtés BC, CA, AB. Soient α, β, γ les points dans lesquels ces côtés rencontrent respectivement les côtés bc, ca, ab du triangle abc.

Prouvons d'abord que ces trois points sont en ligne droite : et pour cela considérons le quadrilatère $ab\alpha\beta$. Le point de concours des deux côtés opposés $a\beta$, $b\alpha$ est le point c; appelons γ' celui des deux autres côtés ab, $\alpha\beta$. Il faut montrer que ce point γ' n'est autre que γ. Or la polaire du sommet a, qui est la droite BC, passe par le sommet α; par conséquent a et α sont deux points conjugués par rapport à la conique; et de même les deux autres sommets b et β. Donc les deux points de concours des côtés opposés, c et γ', sont aussi deux points conjugués (133, *Coroll.*). Donc le point γ' est situé sur la droite AB, polaire du point c. Donc γ' n'est autre que γ. Ce qu'il fallait démontrer.

Prouvons maintenant que les trois droites Aa, Bb, Cc, concourent en un même point. Soit o le point de concours des deux premières Aa, Bb. Considérons le quadrilatère $ACBo$. Le côté BC a son pôle a sur le côté opposé Ao : conséquemment les deux côtés sont conjugués par rapport à la conique (107); et de même les deux autres côtés AC et oB. Il s'ensuit que les deux diagonales AB et Co sont aussi conjuguées (134, *Coroll.*). Conséquemment la seconde Co passe par le pôle c de la première. Ainsi le sommet c est sur la droite Co; c'est-à-dire que la droite Cc passe par le point de concours des deux droites Aa, Bb. Ce qu'il fallait prouver.

§ VI. — *Propriétés relatives aux cordes d'une conique, qui passent par un même point.*

136. NOTIONS PRÉLIMINAIRES. — *Si quatre couples de points en ligne droite sont en involution, les conjugués harmoniques d'un point de la droite, pris à volonté, relatifs aux quatre couples de points, ont toujours le même rapport anharmonique, quel que soit ce point.*

En effet, soient m, m' deux points conjugués de l'involution à laquelle appartiennent les quatre couples donnés, et P un point arbitraire. L'involution s'exprime par l'équation

$$Pm.Pm' + \lambda.(Pm + Pm') + \nu = 0,$$

ou, en appelant μ le milieu du segment mm',

$$Pm.Pm' + 2\lambda.P\mu + \nu = 0 \quad (G.\ S.,\ 241);$$

λ et ν étant deux constantes.

Soit p le conjugué harmonique de P par rapport aux deux points m, m'; on a

$$Pm.Pm' = Pp.P\mu \quad (G.\ S.,\ 70).$$

L'équation précédente devient donc

$$Pp.P\mu + 2\lambda.P\mu + \nu = 0.$$

Celle-ci exprime que les points p et μ relatifs à chaque segment mm' de l'involution forment deux divisions homographiques (*G. S.*, 151). Quatre points p ont donc le même rapport anharmonique que les quatre points μ. Mais ces quatre points μ sont les milieux des quatre segments que l'on considère : ils sont donc indépendants du point P, ainsi que leur rapport anharmonique. Le théorème est donc démontré.

137. *Quand les côtés de quatre angles, de même sommet, sont en involution, les polaires d'un point relatives aux quatre angles ont un rapport anharmonique constant, quel que soit ce point.*

Nous appelons *polaire d'un point relative à un angle* la droite conjuguée harmonique de celle qui joint le point au sommet de de l'angle, par rapport aux deux côtés de l'angle. C'est effectivement la polaire de ce point, en regardant ces deux côtés comme une section conique (31).

D'après cela, la proposition résulte de la précédente; car une transversale menée par le point donné P coupera les côtés des angles en quatre couples de points en involution, et les polaires du point P en quatre points qui seront les conjugués harmoniques de P relativement aux quatre couples de points. Mais ces quatre points sur les polaires ont un rapport anharmonique constant, quel que soit le point P de la transversale : donc le rapport anharmonique des quatre polaires, égal à celui des points, est aussi constant. Ce qu'il fallait prouver.

138. Nous appellerons *rapport anharmonique* de quatre segments en involution le rapport anharmonique de quatre points conjugués harmoniques d'un point fixe relativement aux deux extrémités de chacun des quatre segments.

Pareillement, lorsque les côtés de quatre angles, de même sommet, sont en involution, nous appellerons *rapport anharmonique* des quatre angles, ou des quatre couples de droites qui forment leurs côtés, le rapport anharmonique des polaires d'un point fixe relatives aux côtés des quatre angles respectivement.

Quand des segments en involution correspondent à des points situés en ligne droite, de manière que le rapport anharmonique de quatre segments soit égal à celui des quatre points correspondants, nous dirons que les segments et les points se correspondent *anharmoniquement*.

De même, quand des angles en involution correspondent à des droites partant toutes d'un point unique, de manière que le rapport anharmonique de quatre angles soit égal à celui des quatre droites correspondantes, nous dirons que les angles et les droites se correspondent *anharmoniquement*; ou bien encore que les couples de droites qui forment les côtés des angles correspondent *anharmoniquement* aux droites simples.

Ces notions vont recevoir une application immédiate et seront souvent utiles dans la suite.

139. *Quand plusieurs cordes d'une conique passent par un même point, les couples de droites menées d'un point de la courbe aux extrémités de chaque corde, sont en involution et correspondent anharmoniquement aux cordes.*

Soient aa', bb', cc',... (*fig.* 64), les cordes qui passent par un même point p, et m un point quelconque de la courbe; il faut prouver d'abord que trois couples de droites ma, ma'; mb, mb'; mc, mc' sont en involution.

Menons la droite pm qui rencontre la conique en un second point m'. Les droites ma, mb, mc, ma' rencontrent respectivement les droites $m'a'$, $m'b'$, $m'c'$, $m'a$ en quatre points situés sur la polaire du point ρ (98, 1°). Donc

$$m(a, b, c, a') = m'(a', b', c', a).$$

Mais

$$m'(a', b', c', a) = m(a', b', c', a) \quad (4).$$

Donc

$$m(a, b, c, a') = m(a', b', c', a):$$

ce qui établit que les trois couples de droites ma, ma'; mb, mb'; mc, mc' sont en involution (*G. S.*, 243).

Il reste à prouver que le rapport anharmonique des quatre angles ama', bmb',... est égal à celui des quatre droites aa', bb',... qu'ils sous-tendent. Le rapport anharmonique des angles est celui des polaires d'un point quelconque, par exemple du point ρ, relatives aux angles (138). Ces polaires sont les droites $m\alpha$, $m\beta$,... qui passent par les points α, β,... conjugués harmoniques du point ρ relativement aux couples de points a, a'; b, b';.... Ces polaires ont leur rapport anharmonique égal à celui des points α, β,..., lequel est égal à celui des cordes aa', bb',.... Donc, les couples de droites ma, ma'; mb, mb';... correspondent anharmoniquement aux cordes $\rho aa'$, $\rho bb'$,....

Ainsi le théorème est démontré.

Réciproquement : *Quand des angles qui ont leur sommet commun en un point d'une conique sont en involution, les cordes qu'ils interceptent dans la courbe passent par un même point.*

Cela résulte sans difficulté de la proposition directe.

Corollaire. — Les droites menées du point m aux points de contact des tangentes qui passent par le point ρ, sont les rayons doubles de l'involution formée par les couples de droites ma, ma'; mb, mb'; .... Il résulte de là cet énoncé :

Lorsqu'un angle est circonscrit à une conique, si par son sommet on mène une transversale qui coupe la courbe en deux points, les droites menées d'un point quelconque de la courbe à ces points sont conjuguées harmoniques par rapport aux droites menées du même point aux points de contact des deux côtés de l'angle.

140. Exemples. — I. *Si autour d'un point d'une conique, comme sommet, on fait tourner un angle droit, la corde que ses côtés interceptent dans la courbe passe toujours par un même point.*

En effet, les deux côtés de l'angle décrivent deux faisceaux en involution (*G. S.*, 246).

II. *Si par un point d'une conique on mène deux droites quelconques également inclinées sur un axe fixe, la corde comprise dans la conique entre ces deux droites passe par un point fixe.*

Car les deux droites sont conjuguées harmoniques par rapport à la droite fixe et à une perpendiculaire à cette droite. Donc elles décrivent deux faisceaux en involution (*G. S.*, 247). Donc, etc.

141. Si dans le théorème (139) on suppose que la troisième corde cc' s'approche infiniment près du point m, et passe, à la limite, par ce point, la droite mc' deviendra $m\rho$, et mc deviendra la tangente à la conique au point m; il en résulte ce théorème :

Si par un point d'une conique on mène des droites aux extrémités de deux cordes de la courbe, une droite au point de rencontre de ces deux cordes, et la tangente à la courbe : ces six droites seront en involution.

En d'autres termes :

Quand un quadrilatère est inscrit dans une conique, si par un point de la courbe on mène deux couples de droites à ses sommets opposés, la tangente en ce point et la droite qui aboutit au point de rencontre des deux diagonales : ces six droites seront en involution.

142. De là résulte une solution de ce problème :

Étant donnés cinq points d'une conique, mener la tangente en l'un de ces points.

Solution assez remarquable, en ce qu'elle subsiste dans le cas où les quatre points de la conique, autres que celui auquel on veut mener la tangente, sont imaginaires.

143. *Quand des cordes d'une conique passent par un point ρ, les couples de droites menées d'un point quelconque* I *pris sur la polaire du point ρ, aux extrémités de ces cordes, sont en involution.*

Les droites menées du point I aux extrémités de chaque corde sont conjuguées harmoniques par rapport à deux droites fixes, savoir la polaire du point ρ et la droite $I\rho$. Donc, etc.

144. *Si autour d'un point ρ on fait tourner une transversale qui rencontre une conique en deux points, la somme algébrique des distances de ces points à une droite fixe* M, *divisées respectivement par les distances des mêmes points à la polaire du point fixe, est une quantité constante.*

En effet, soit m (*fig.* 65) le point où la transversale $\rho a a'$ rencontre la droite M, et ρ' celui où elle rencontre la polaire du point ρ ; on a

$$\frac{2.m\rho}{\rho'\rho} = \frac{ma}{\rho' a} + \frac{ma'}{\rho' a'} \text{ (G. S., 63).}$$

Les trois segments $m\rho$, ma, ma' sont proportionnels aux distances ρQ, aq, $a'q'$ des points ρ, a, a' à la droite M. Semblablement, les segments $\rho'\rho$, $\rho' a$, $\rho' a'$ sont proportionnels aux distances ρP, ap, $a'p'$ des mêmes points ρ,

a, a' à la polaire du point ρ, sur laquelle est le point ρ'. L'équation ci-dessus donne donc celle-ci :

$$\frac{aq}{ap} + \frac{a'q'}{a'p'} = 2 \cdot \frac{\rho Q}{\rho P} = \text{const.},$$

ce qui démontre le théorème.

Corollaire. — Si la droite fixe est à l'infini, les perpendiculaires aq, $a'q'$, ρQ deviennent infinies et disparaissent de l'équation, parce que les rapports $\frac{aq}{\rho Q}$, $\frac{a'q'}{\rho Q}$ sont égaux à l'unité; et il reste

$$\frac{1}{ap} + \frac{1}{a'p'} = \text{const.}$$

C'est-à-dire que : *La somme des valeurs inverses des distances des deux points* a, a' *à la polaire du point* ρ *est constante.*

Il s'agit de la somme algébrique, de même que dans l'énoncé du théorème; les distances des points a, a' à la polaire du point ρ ayant le même signe quand les perpendiculaires qui les mesurent ont la même direction, et des signes différents dans le cas contraire.

§ VII. — *Propriétés relatives à des angles circonscrits à une conique, dont les sommets sont en ligne droite.*

145. *Quand des angles circonscrits à une conique ont leurs sommets en ligne droite, les segments qu'ils interceptent sur une tangente quelconque à la courbe sont en involution et correspondent anharmoniquement aux sommets des angles.*

En effet, soient A, B,... (*fig.* 66) les sommets des angles situés sur une droite L ; aa', bb',... les segments interceptés par ces angles sur une tangente M. Que par le point d'intersection de cette tangente et de la droite L on mène une seconde tangente M′ qui rencontre les côtés des angles en des couples de points α, α'; β, β'; ....

Les deux angles A et (M, M′) étant circonscrits à la conique, les diagonales $a\alpha'$, $\alpha a'$ du quadrilatère formé par leurs côtés passent par le pôle de la droite L (100, 2°). Il en est de même des droites $b\beta'$, $\beta b'$ et des droites $c\gamma'$, $\gamma c'$. Puisque ces droites passent par un même point, il s'ensuit que

$$(a, b, c, a') = (\alpha', \beta', \gamma', \alpha).$$

Mais

$$(\alpha', \beta', \gamma', \alpha) = (a', b', c', a) \quad (5).$$

Donc

$$(a, b, c, a') = (a', b', c', a).$$

Donc les trois segments aa', bb', cc' sont en involution (*G. S.*, 182).

Il reste à prouver que le rapport anharmonique de quatre segments aa', bb',.... est égal à celui des quatre points A, B,.... Or le rapport anharmonique des quatre segments est celui des quatre points conjugués harmoniques d'un même point de la tangente M relatifs à ces segments (138). Prenons le point P, intersection de M et de la droite L; les conjugués harmoniques sont sur les polaires de ce point relatives aux quatre angles; et ces polaires passant par un même point (pôle de la droite L relatif à la conique), leur rapport anharmonique est égal à celui des sommets A, B,... des angles.

Le théorème est donc démontré.

Réciproquement : *Quand des angles circonscrits à une conique interceptent sur une tangente à la courbe des segments en involution, ces angles ont leurs sommets en ligne droite.*

Cela résulte immédiatement du théorème.

Corollaire. — Si la droite L rencontre la conique en

deux points, les tangentes en ces points marqueront sur la tangente M les points doubles de l'involution. Il s'ensuit que :

Quand un angle est circonscrit à une conique, ses côtés et les deux tangentes menées par un point de la corde de contact rencontrent une autre tangente quelconque en deux couples de points qui sont en rapport harmonique.

146. Supposons que, dans le théorème (145), un des angles circonscrits ait son sommet infiniment voisin du point P où la droite L rencontre la tangente M. Un des côtés de cet angle est la tangente infiniment peu différente de M, et rencontre cette droite en un point infiniment voisin de son point de contact avec la conique. A la limite, où le sommet de l'angle est en P, le point de rencontre coïncide avec le point de contact.

De là résulte ce théorème :

Quand deux angles sont circonscrits à une conique, les segments qu'ils interceptent sur une tangente à la courbe, et le segment compris sur cette tangente entre son point de contact et la droite qui joint les sommets des deux angles, sont en involution.

En d'autres termes : *Quand un quadrilatère est circonscrit à une conique, si l'on mène une tangente à la courbe, les points où elle rencontre les deux couples de côtés opposés du quadrilatère, son point de contact et le point où elle rencontre la droite qui joint les points de concours des côtés opposés du quadrilatère, sont six points en involution.*

On déduira de là une construction de ce problème :

Une conique doit être tangente à cinq droites données : trouver le point de contact d'une de ces droites.

La construction qui résulte du théorème subsistera quand

les quatre droites, autres que celle dont on demande le point de contact, seront imaginaires.

147. *Quand des angles circonscrits à une parabole ont leurs sommets sur une même droite, leurs côtés sont parallèles à des couples de droites en involution.*

C'est-à-dire que si l'on mène par un même point des couples de droites parallèles aux côtés de ces angles, ces droites seront en involution. Cela résulte du théorème (145) dans lequel on prend pour la tangente M la tangente située à l'infini.

148. *Quand des angles circonscrits à une conique ont leurs sommets sur une même droite* L, *leurs côtés rencontrent une transversale quelconque menée par le pôle de cette droite, en des couples de points qui sont en involution.*

Car les deux côtés d'un angle circonscrit à la conique sont conjugués harmoniques par rapport à la droite L et à la droite qui joint le sommet de l'angle au pôle de cette droite (107). Par conséquent, les deux côtés de l'angle rencontrent la transversale en deux points qui sont conjugués harmoniques par rapport au pôle de la droite L et au point où la transversale rencontre cette droite. Donc, etc.

149. *Si de chaque point d'une droite on mène deux tangentes à une conique, la somme des distances de ces tangentes à un point fixe, divisées respectivement par les distances des mêmes tangentes au pôle de la droite, est constante.*

En effet, soit ρ (*fig.* 67) le pôle de la droite donnée L, et O le point fixe. La droite ρO rencontre la droite L en un point ρ' et les deux tangentes menées par un point S de cette droite, en deux points a, a'. Ces quatre points ρ, ρ', a, a' sont conjugués harmoniques, parce que la droite L est la conjuguée harmonique de la droite ρS relativement aux deux tangentes Sa, Sa'. On a donc la relation

$$\frac{\mathrm{O}a}{\rho a} + \frac{\mathrm{O}a'}{\rho a'} = 2 \cdot \frac{\mathrm{O}\rho'}{\rho\rho'} = \text{const.} \quad (G.\ S., 63).$$

Or le rapport $\frac{\mathrm{O}a}{\rho a}$ est égal au rapport des distances de la tangente Sa aux deux points O et ρ; et de même, $\frac{\mathrm{O}a'}{\rho a'}$ est égal au rapport des distances de la tangente Sa à ces deux points. Donc, etc.

§ VIII. — *Problèmes divers.*

Problèmes relatifs à deux involutions sur une même droite.

150. Les deux théorèmes (139) et (145) fournissent chacun une solution différente du problème suivant :

Étant données sur une même droite deux séries de segments en involution, trouver le segment commun aux deux involutions.

Première solution. — Qu'on prenne une conique quelconque (un cercle par exemple) et un point fixe sur cette courbe. Les droites menées de ce point aux extrémités de deux segments de la première involution intercepteront dans la conique deux cordes qui se couperont en un point P; et de même les droites menées du point fixe aux extrémités de deux segments de la seconde involution intercepteront deux cordes qui se couperont en un point P'. La droite PP' résout la question : les droites menées du point fixe aux deux points où cette droite rencontre la conique interceptent sur la droite des deux involutions le segment qui leur est commun (139).

Deuxième solution. — Qu'on prenne une conique quelconque tangente à la droite sur laquelle sont les deux séries de segments en involution. Que par les extrémités de deux segments de la première involution on mène des tangentes à la conique, formant deux angles circonscrits dont les sommets déterminent une droite L. Qu'avec deux segments appartenant à la deuxième involution on détermine semblablement une seconde droite L'. L'angle circonscrit à la conique, qui aura pour sommet le point d'intersection de ces deux droites, interceptera le segment cherché (145).

Observation. — Chacune de ces deux constructions peut s'appliquer, comme on va le voir, à diverses autres questions.

151. *Étant donnés sur une droite trois couples de points quelconques* a, a'; b, b'; c, c' : *on demande de trouver les points doubles des deux divisions homographiques déterminées par ces trois couples de points.*

Soient *e*, *f* ces deux points doubles; le segment *ef* appartient à deux involutions déterminées, l'une par les deux couples de points *a*, *b'* et *b*, *a'*, et l'autre par les deux couples de points *a*, *c'* et *c*, *a'* (*G. S.*, 259). Le problème se ramène donc au précédent.

152. *Étant donnés sur une droite deux couples de points* a, a' *et* b, b', *trouver les deux points* e, f *qui divisent harmoniquement les deux segments* aa', bb'.

En d'autres termes : *Étant donnés deux couples de points conjugués d'une involution, trouver les deux points doubles de l'involution.*

Qu'on prenne une conique quelconque, et que d'un point O de cette courbe, on mène les couples de droites O*a*, O*a'*; O*b*, O*b'* qui intercepteront deux cordes $\alpha\alpha'$, $\beta\beta'$. Par le point de concours de ces deux cordes on mènera deux tangentes à la conique, et par le point O deux droites aux points de contact. Ces droites marqueront sur la droite *aa'* les deux points cherchés (139, *Coroll.*).

153. *Étant donnés sur une droite* L *deux couples de*

points conjugués d'une involution a, a'; b, b', *et deux autres points quelconques* e, f : *on demande de trouver deux points conjugués de l'involution, qui soient conjugués harmoniques par rapport aux deux* e, f.

On mène par les deux points e, f, une conique quelconque sur laquelle on prend un point O. Les couples de droites Oa, Oa'; Ob, Ob', interceptent dans la courbe deux cordes $\alpha\alpha'$, $6 6'$. On joint par une droite le point d'intersection de ces cordes et le point de concours des tangentes à la conique en e, f. Cette droite rencontre la conique en deux points; les droites menées du point O à ces derniers détermineront sur L les deux points cherchés (139 et *Coroll.*).

Construction d'une conique.

154. *Construire la conique déterminée par cinq points dont quatre sont imaginaires.*

Désignons par a, a' et b, b' les deux couples de points imaginaires, situés sur deux droites réelles aa', bb' (*fig.* 68) qui se coupent en ρ, et soit O le cinquième point. On construit immédiatement la tangente à la conique en ce point, par le théorème (142).

Qu'on détermine ensuite la polaire du point ρ, au moyen des points conjugués harmoniques de ρ, par rapport aux deux couples a, a' et b, b' (99, 1°). Cette polaire rencontre la droite $O\rho$ en un point ω, qui permet de déterminer le point O' de la conique cherchée sur la droite $O\rho$; car O, O' sont conjugués harmoniques par rapport aux deux points ω, ρ.

On détermine le pôle de la droite $\rho aa'$, lequel est à l'intersection α de la polaire du point ρ et de la polaire du point de rencontre d de la tangente en O et de la droite $\rho aa'$. Cette polaire du point d passe par le point O, et par le conjugué harmonique δ du point d par rapport aux deux points donnés a, a'; elle est donc déterminée. Par conséquent on peut aussi déterminer le point O″ où elle rencontre la conique cherchée; ce point est le conjugué harmonique du point O par rapport aux deux α et δ. La droite dO″ est la tangente en ce point.

Ainsi l'on connaît trois points de la conique cherchée, O, O′, O″ et les tangentes en deux de ces points, O, O″; ce qui suffit pour construire la courbe.

155. *Construire la conique qui doit passer par quatre points* a, b, c, d, *et diviser harmoniquement un segment donné* ef.

Les quatre points forment un quadrilatère $abcd$ inscrit à la conique demandée. La droite ef rencontre les côtés opposés de ce quadrilatère en deux couples de points qui déterminent une involution. Les deux points de la conique sur cette droite seront deux points conjugués de l'involution (20); en outre, ces points doivent être conjugués harmoniques par rapport aux deux e, f. On les déterminera donc par la question résolue ci-dessus (153).

Les deux points donnés e, f peuvent être imaginaires.

156. *Observation.* — Dans tous les cas, la question n'admet qu'une solution; par conséquent on peut dire que quand on demande qu'une conique divise harmoniquement un segment donné ef, cette condition équivaut à celle de mener la courbe par un point donné. Et, effectivement, si le segment ef devient nul et se réduit à un point, la conique cherchée passe par ce point.

La condition de diviser un segment ef harmoniquement s'exprime encore en disant que la polaire du point e doit passer par le point f. Il s'ensuit que : dans la construction d'une conique, quand on demande qu'un point donné ait pour polaire une droite donnée, cela équivaut à la condition de mener la courbe par deux points donnés.

157. *On donne quatre points* a, b, c, O, *et une droite* L : *et l'on demande de construire une conique, de manière que les trois premiers points soient conjugués relativement à cette courbe, et que le quatrième devienne le pôle de la droite* L.

La droite Oa (*fig.* 69) rencontre la droite bc en un point a', et la droite L en O'. Les deux couples de points a, a' et O, O' sont conjugués par rapport à la conique demandée. Par conséquent les points de cette courbe situés sur la droite Oa divisent harmoniquement les deux segments aa', OO', et sont dès lors déterminés (152). On déterminera de même les points de la conique situés sur les deux droites Ob, Oc. On connaîtra donc six points de cette courbe, qui serviront à la construire complétement.

158. Par des considérations analogues aux précédentes (154, 155) on résoudra les problèmes corrélatifs suivants :

Construire une conique tangente à cinq droites dont quatre sont imaginaires.

Construire une conique tangente à quatre droites, et par rapport à laquelle deux droites données soient conjuguées.

Le problème (157) ne diffère point du problème corrélatif.

CHAPITRE VI.

DIAMÈTRES ET CENTRE D'UNE CONIQUE. — DIAMÈTRES CONJUGUÉS.

§ I. — *Diamètres et centre.*

159. *Dans une conique, des cordes parallèles entre elles ont leurs milieux sur une même droite.*

En effet, ces points milieux sont sur la polaire du point situé à l'infini dans la direction commune des cordes.

On appelle *diamètre* toute droite qui est le lieu des milieux d'une série de cordes parallèles entre elles.

On peut encore dire qu'un *diamètre* est la polaire d'un point situé à l'infini.

160. *Les tangentes aux extrémités d'un diamètre sont parallèles.*

Car elles passent par le point, situé à l'infini, qui est le pôle du diamètre.

Réciproquement : *Quand deux tangentes sont parallèles, la corde de contact est un diamètre.*

Car le pôle de cette droite est à l'infini.

161. *Le point d'intersection de deux diamètres a sa polaire située à l'infini ; toute autre droite menée par ce point est aussi un diamètre ; et ce point est le milieu de chaque diamètre.*

En effet, les deux diamètres ont leurs pôles à l'infini (**160**) ; donc la polaire de leur point d'intersection est à l'infini.

Donc toute droite menée par ce point a son pôle à l'infini, et conséquemment est un *diamètre.*

Chacun de ces diamètres rencontre la polaire en un point situé à l'infini. Ce point est le conjugué harmonique du point commun d'intersection, par rapport aux extrémités du diamètre; donc ce point d'intersection est le milieu du diamètre.

162. *Tous les diamètres passent par un même point.*

En effet, tous les diamètres ont leurs pôles sur la droite située à l'infini; ils passent donc par le pôle de cette droite.

163. On appelle *centre* d'une section conique le point par lequel passent tous les diamètres de la courbe.

On peut encore dire que *le centre d'une conique est le pôle de la droite située à l'infini.*

Il s'ensuit que les tangentes menées par le centre ont leurs points de contact situés à l'infini, et sont par conséquent les *asymptotes* de la conique (asymptotes réelles ou imaginaires).

164. *Si le point d'intersection de deux cordes est le milieu de chacune d'elles, ces cordes sont des diamètres.*

En effet, la polaire de ce point passe par les points situés à l'infini sur les deux cordes, et est par conséquent à l'infini. Les pôles des deux cordes, lesquels sont sur cette polaire (102), sont donc à l'infini; et conséquemment les cordes sont des diamètres (160).

165. *Deux tangentes parallèles sont également éloignées du centre de la conique, et font sur un diamètre, de part et d'autre du centre, deux segments égaux.*

Car la droite de contact est un diamètre (160) et passe par le centre de la conique (163) : conséquemment les deux tangentes, puisqu'elles sont parallèles, sont également éloignées de ce point; et, par suite, elles font des segments égaux sur toute autre droite menée par ce point. Donc, etc.

166. *Par trois points on peut faire passer une conique qui aït son centre en un point donné.*

En effet, soient A, B, C les trois points de la courbe, et O le centre; qu'on prenne $OA' = OA$, $OB' = OB$; la conique passera par les deux points A′ et B′ qui avec les trois A, B, C, suffisent pour la décrire. Le point O sera le centre de la courbe, puisque c'est le point d'intersection de deux diamètres AA′, BB′ (164).

167. *Dans la parabole, tous les diamètres sont parallèles entre eux, et conséquemment la courbe n'a pas de centre.*

En effet, la parabole a un point à l'infini, et la tangente en ce point est la droite située à l'infini (13). La polaire d'un point de cette tangente, polaire qui est un *diamètre* (159), passe par le point de contact. Ainsi tous les diamètres de la parabole passent par le point de la courbe situé à l'infini, et sont donc parallèles entre eux. Par suite, la courbe n'a pas de centre.

Les cordes perpendiculaires à la direction commune des diamètres ont leurs milieux sur un diamètre (159). Il est clair que la courbe est symétrique par rapport à ce diamètre; par cette raison ce diamètre est appelé l'*axe* de la parabole; et le point où il rencontre la courbe est appelé le *sommet* de la parabole.

§ II. — *Diamètres conjugués.*

168. On appelle *diamètres conjugués* deux diamètres tels, que le pôle de l'un se trouve sur l'autre.

Ces pôles sont à l'infini; il s'ensuit que *chacun des deux diamètres est le lieu des milieux des cordes parallèles à l'autre.*

Car toutes ces cordes, passant par un même point situé à l'infini, ont leurs milieux sur la polaire de ce point, c'est-à-dire sur le diamètre conjugué.

169. *La polaire d'un point pris sur un diamètre est parallèle au diamètre conjugué.*

Car cette polaire passe par le pôle du diamètre sur lequel est le point (102); et ce pôle, situé à l'infini (159), est sur le diamètre conjugué (168). La polaire est dès lors parallèle à ce diamètre conjugué.

Il suit de là que la corde menée par le point, parallèlement à la polaire, a son milieu en ce point.

170. Deux diamètres conjugués sont *conjugués harmoniques* par rapport aux deux tangentes à la conique menées par le centre (107), c'est-à-dire par rapport aux deux *asymptotes* de la courbe (réelles ou imaginaires).

Il suit de là que : *Dans l'hyperbole équilatère deux diamètres conjugués font des angles égaux avec une même asymptote* (*G. S.*, 80).

171. *Les tangentes menées par les extrémités d'un diamètre sont parallèles au diamètre conjugué.*

Car leur point de rencontre situé à l'infini est le pôle du diamètre, et conséquemment est situé sur le diamètre conjugué.

172. *Trois systèmes de deux diamètres conjugués sont en involution.*

Cela résulte du théorème général (108).

173. *Il existe toujours un système de deux diamètres conjugués rectangulaires; et il n'en existe qu'un.*

Conséquence du théorème (110).

On appelle *axes* d'une conique les deux diamètres conjugués rectangulaires.

Ces axes sont déterminés en direction quand on connaît en direction deux systèmes de diamètres conjugués (*G. S.*, 249).

174. *Les couples de diamètres conjugués font deux faisceaux homographiques en involution.*

Conséquence du théorème (109).

Par conséquent : *Quatre diamètres ont le même rapport anharmonique que les quatre diamètres conjugués.*

175. Dans la parabole on dit que des cordes parallèles sont *conjuguées* au diamètre sur lequel sont les milieux de ces cordes. La tangente au point où le diamètre rencontre la parabole est évidemment parallèle aux cordes. Cela posé :

Quatre cordes quelconques d'une parabole ont leur fonction anharmonique (*) *égale au rapport anharmonique des quatre diamètres conjugués à ces cordes respectivement.*

En effet, concevons les quatre tangentes parallèles aux quatre cordes : les points de contact seront sur les quatre diamètres conjugués. La fonction anharmonique des quatre tangentes est égale au rapport anharmonique des points dans lesquels elles coupent une cinquième tangente quelconque (58). Mais ce rapport anharmonique est égal à celui des droites menées d'un point de la parabole aux quatre points de contact (2), et par conséquent est égal au rapport anharmonique des quatre diamètres, puisqu'ils passent par le point de la parabole situé à l'infini. Donc, etc.

176. *Quand un angle est circonscrit à une conique, la droite menée par le sommet de l'angle et le milieu de la corde de contact passe par le centre de la courbe.*

(*) Nous avons nommé (58) *fonction anharmonique* de quatre droites qui ne passent pas par un même point, la fonction de sinus qui exprimerait le *rapport anharmonique* des quatre droites si elles partaient d'un point unique.

En effet, cette droite est la polaire du point de la corde de contact situé à l'infini (99, 4°); donc cette droite est un diamètre, et conséquemment passe par le centre de la courbe.

177. *Les cordes menées des extrémités d'un diamètre d'une conique, à un point quelconque de la courbe, sont parallèles à deux diamètres conjugués.*

Soient Am, A$'m$ (*fig.* 70) les deux cordes; p, p' leurs milieux, et O, milieu de AA', le centre. Op et Op' sont parallèles à A$'m$ et Am respectivement. Or Op est le lieu des milieux des cordes parallèles à Op'; par conséquent Op est le diamètre conjugué à Op'. Donc, etc.

Corollaire. — Il suit de là, d'après le théorème (170), que : *Dans l'hyperbole équilatère les droites menées des extrémités d'un diamètre à un point de la courbe font des angles égaux avec une asymptote.*

178. *Les cordes menées des extrémités d'un diamètre à un point de la conique font, à partir du centre, sur le diamètre conjugué deux segments dont le rectangle est constant et égal au carré du demi-diamètre conjugué.*

En effet, les deux cordes Am, A$'m$ (*fig.* 71) tournant autour des points A, A' extrémités du diamètre AA', rencontrent le diamètre conjugué OB en des points n, n' qui forment deux divisions homographiques. Les points doubles de ces divisions sont évidemment les points de la courbe B, B' (réels ou imaginaires) situés sur ce diamètre. De plus, quand le point n d'une division coïncide avec le centre O, le point n' de l'autre division est à l'infini. Pareillement, quand n' coïncide avec O, le point n est à l'infini : de sorte que les deux divisions s'expriment par l'équation

$$On.On' = \text{constante} \quad (G.\ S.,\ 120).$$

Et, puisque B et B′ sont les points doubles,

$$On.On' = \overline{OB}^2 = \overline{OB'}^2.$$

Ce qui démontre le théorème.

Remarque. — Cette relation prouve que les deux points n, n' sont conjugués harmoniques par rapport aux deux B, B′, et conséquemment *conjugués* par rapport à la conique (103).

179. Les diamètres parallèles aux deux cordes $A'm$, Am font sur les tangentes en A et A′ deux segments Aa, $A'a'$ égaux le premier à On', le second à On respectivement. La relation précédente donne dès lors

$$Aa.A'a' = \overline{OB}^2.$$

Donc :

Le produit des segments que deux diamètres conjugués font respectivement sur deux tangentes parallèles, à partir des points de contact de ces tangentes, est égal au carré du demi-diamètre parallèle aux tangentes.

180. Le diamètre Oa' rencontre la tangente Aa en α; le segment $A\alpha$ est égal à $A'a'$, et de signe contraire. Ainsi

$$Aa.A\alpha = -\overline{OB}^2.$$

Donc :

Le produit des segments que deux diamètres conjugués font sur une tangente fixe, à partir du point de contact de cette tangente, est constant et égal au carré du demi-diamètre parallèle à la tangente, mais de signe contraire.

Dans l'hyperbole OB est imaginaire, $\overline{OB}^2$ négatif; conséquemment on a

$$Aa.A\alpha = \overline{OB}^2 \quad (fig.\ 72),$$

et les points a, α sont d'un même côté du point A.

181. On en conclut la direction des asymptotes d'une

conique. Car les asymptotes sont les tangentes menées par le centre; ce sont donc les rayons doubles de l'involution formée par les couples de diamètres conjugués (170, 172). Ces rayons doubles passent par les points e, f de la tangente en A déterminés par l'équation

$$\overline{Ae}^2 = \overline{Af}^2 = Aa . A\alpha = -\,OB^2.$$

Conséquemment

$$\frac{\sin eOA}{\sin eOB} = \frac{\sin eOA}{\sin OeA} = \frac{eA}{OA} = \frac{OB\sqrt{-1}}{OA};$$

expression imaginaire dans l'ellipse, et réelle dans l'hyperbole.

182. Les cordes $A'm$, Am (*fig.* 71) font sur les deux tangentes en A et A', respectivement, deux segments Ab, $A'b'$ doubles de Aa et $A'a'$. On a donc

$$Ab . A'b' = \overline{BB'}^2 .$$

C'est-à-dire que :

Si autour des extrémités d'un diamètre on fait tourner deux cordes qui se coupent toujours sur la courbe, le produit des segments qu'elles font sur les tangentes aux mêmes extrémités du diamètre, à partir de ces points, est constant et égal au carré du diamètre conjugué.

183. Le théorème (178) donne la solution de ce problème : *Construire par points une conique dont on connaît deux diamètres conjugués, en grandeur et en direction.*

Soient AA' et BB' (*fig.* 71) ces deux diamètres. Qu'on prenne sur BB' deux points n, n' tels, que $On . On' = \overline{OB}^2$: les deux droites An, $A'n'$ se couperont sur la conique.

184. *Étant donnés en direction deux systèmes de diamètres conjugués et un point d'une conique, construire la courbe.*

On cherche le conjugué du diamètre qui passe par le point donné, en s'appuyant sur ce que trois systèmes de deux diamètres conjugués forment une involution (172).

Soit donc (*fig.* 73) OA′ le conjugué du diamètre AB, qui passe par le point donné A; soient OE, OE′ les directions de deux autres diamètres conjugués. On mènera, parallèlement aux diamètres OE, OE′, les droites $A\alpha$, $B\beta$ qui rencontrent le diamètre OA′ en α, β. Elles se coupent en un point de la courbe (177); conséquemment le produit $O\alpha.O\beta$ sera le même pour deux autres diamètres conjugués quelconques (178). De sorte qu'en prenant deux points α', β' tels, que $O\alpha'.O\beta' = O\alpha.O\beta$, les deux droites $A\alpha'$, $B\beta'$ se couperont sur la courbe.

Le produit $O\alpha.O\beta$ est égal au carré du demi-diamètre OA′ conjugué de OA (178).

185. *Quand deux tangentes parallèles sont rencontrées par une troisième, les droites menées du centre aux points de rencontre sont deux diamètres conjugués.*

En effet, la droite Oa (*fig.* 74) passe par le milieu de la corde Am (176), et par conséquent est parallèle à la corde $A'm$. De même Oa' est parallèle à Am. Mais les deux cordes Am, $A'm$ sont parallèles à deux diamètres conjugués (177). Donc les deux diamètres Oa, Oa' sont conjugués.

186. *Le produit des segments que chaque tangente à une conique fait sur deux tangentes fixes parallèles, à partir de leurs points de contact, est constant, et égal au carré du demi-diamètre parallèle aux deux tangentes fixes.*

En effet, les deux droites Oa, Oa' sont deux diamètres conjugués (185). Donc

$$Aa.A'a' = \text{const.} = \overline{OB}^2 \quad (179).$$

187. Soit la tangente $\alpha\alpha'$ (*fig.* 75) parallèle à aa'; on

a $A\alpha = A'a'$. Car les deux tangentes aa', $\alpha\alpha'$ font sur le diamètre AA', deux segments égaux $A'c$, $A\gamma$ (165); d'où résulte, par les triangles égaux, $A\alpha = A'a'$. Donc

$$Aa \cdot A\alpha = \text{const.} = -\overline{OB}^2,$$

C'est-à-dire que :

Deux tangentes parallèles quelconques font sur une tangente fixe, à partir de son point de contact, deux segments dont le produit est constant et égal, mais de signe contraire, au carré du demi-diamètre parallèle à la tangente fixe.

188. *Si par les extrémités* a, b (*fig.* 76) *de deux diamètres conjugués, on mène deux cordes parallèles quelconques* aa', bb', *leurs extrémités* a', b' *appartiendront à deux diamètres conjugués.*

En effet, les milieux des deux cordes aa', bb' sont sur un diamètre OX' qui est le conjugué du diamètre OX parallèle aux cordes. Les deux droites Oa, Oa' sont conjuguées harmoniques par rapport à ces deux diamètres OX, OX'; et de même les deux droites Ob, Ob'. En d'autres termes, les deux couples de droites Oa, Oa' et Ob, Ob' appartiennent à une involution dont les rayons doubles sont les deux diamètres OX, OX'. Donc les trois couples de droites, Oa, Ob; Oa', Ob', et OX, OX', forment une involution (*G. S.*, 207). Mais OX et OX' sont deux diamètres conjugués, ainsi que Oa et Ob. Donc Oa' et Ob' sont aussi deux diamètres conjugués (172). C. Q. F. P.

189. Il suit de là que *la corde* aa' *comprise entre deux diamètres d'une conique est parallèle à la corde* bb' *comprise entre les deux diamètres conjugués respectifs.*

On peut dire que : *La corde de contact de deux tangentes est parallèle à la corde comprise entre les deux diamètres parallèles aux tangentes.*

Car les diamètres Oa, Oa' (*fig.* 77) conjugués à Ob, Ob' respectivement, sont parallèles aux tangentes en b et b'.

Sous cet énoncé le théorème se conclut de l'équation

$$\frac{Pb}{Pb'} = \frac{Oa}{Oa'} \quad (49);$$

car cette proportion prouve que les deux triangles bPb' et aOa' sont semblables, et par conséquent que aa' est parallèle à bb'.

§ III. — *Équation d'une conique rapportée à deux diamètres conjugués. — Relations métriques des diamètres conjugués.*

190. Soient deux diamètres conjugués OA, OB (*fig.* 78); mm' une corde parallèle à OB et dont le milieu par conséquent est en p sur OA. On a

$$\frac{\overline{pm.pm'}}{pA.pA'} = \frac{\overline{OB}.OB'}{\overline{OA}.OA'} = \frac{\overline{OB}^2}{\overline{OA}^2} \quad (49).$$

Or

$$pm' = -pm, \quad \text{et} \quad pA.pA' = \overline{pO}^2 - \overline{OA}^2.$$

En faisant

$$OA = a, \quad OB = b,$$

il vient

$$\frac{\overline{mp}^2}{a^2 - \overline{Op}^2} = \frac{b^2}{a^2}, \quad \text{ou} \quad \frac{\overline{Op}^2}{a^2} + \frac{\overline{mp}^2}{b^2} = 1;$$

ou, en représentant Op par x et pm par y,

$$\frac{x^2}{a^2} + \frac{y^2}{b^2} = 1.$$

Cas de l'hyperbole.

191. En désignant par β, β' les points imaginaires communs au diamètre conjugué du diamètre AA′ (*fig.* 79) et à l'hyperbole, la relation subsiste, et l'on écrira

$$\frac{pm.pm'}{O\beta.O\beta'} = \frac{pA.pA'}{OA.OA'},$$

ou

$$\frac{-\overline{pm}^2}{O\beta.O\beta'} = \frac{\overline{Op}^2 - \overline{OA}^2}{-\overline{OA}^2},$$

$$\frac{-y^2}{O\beta.O\beta'} = \frac{x^2 - a^2}{-a^2}.$$

Le produit $O\beta.O\beta'$ est positif (*G.S.*, 89); représentons-le par b^2; les deux demi-diamètres imaginaires $O\beta$, $O\beta'$ auront pour expression $b\sqrt{-1}$ et $-b\sqrt{-1}$; il en résultera

$$\frac{-y^2}{b^2} = \frac{x^2 - a^2}{-a^2},$$

ou

$$\frac{x^2}{a^2} - \frac{y^2}{b^2} = 1.$$

Équation entre les segments qu'une tangente fait sur deux diamètres conjugués.

192. La tangente au point m (*fig.* 80) rencontre le diamètre OA en α; ce point est le pôle de la droite mp (169); conséquemment

$$O\alpha.Op = \overline{OA}^2;$$

d'où

$$O\alpha = \frac{a^2}{x}.$$

De même

$$O\beta = \frac{b^2}{y}.$$

On a donc entre $O\alpha$, $O\beta$ la relation

$$\frac{a^2}{\overline{O\alpha}^2} + \frac{b^2}{\overline{O\beta}^2} = 1.$$

Relations entre les coordonnées des extrémités de deux demi-diamètres conjugués.

193. Soient (*fig.* 81) deux diamètres conjugués, Om', Om''; x', y' et x'', y'' les coordonnées de leurs extrémités m', m''; et d', d'' les points où ils rencontrent la tangente en A. Nous avons vu que

$$Ad'.Ad'' = -b^2 \quad (180).$$

Or

$$\frac{Ad'}{y'} = \frac{a}{x'}, \quad \frac{Ad''}{y''} = \frac{a}{x''}.$$

Donc

$$\frac{a^2 y' y''}{x' x''} = -b^2$$

et

$$(1) \qquad \frac{x' x''}{a^2} + \frac{y' y'}{b^2} = 0.$$

Pour l'hyperbole, on trouvera

$$\frac{x' x''}{a^2} - \frac{y' y''}{b^2} = 0.$$

Désignant par D′, D″ les directions des deux diamètres Om', Om'', on a

$$\frac{x'}{y'} = \frac{\sin(D', b)}{\sin(D', a)}, \quad \frac{x''}{y''} = \frac{\sin(D'', b)}{\sin(D'', a)};$$

et l'équation (1) devient

$$\frac{\sin(D', a)}{\sin(D', b)} \cdot \frac{\sin(D'', a)}{\sin(D'', b)} = -\frac{b^2}{a^2}:$$

relation entre les directions de deux diamètres conjugués.

Si l'on suppose que les deux diamètres coïncident, ils deviendront les asymptotes de la conique, qui sont les rayons doubles de l'involution déterminée par les couples de diamètres conjugués (170); et l'on retrouve ainsi l'expression de la direction des asymptotes déjà obtenue (181).

194. L'équation (1) ci-dessus donne

$$\frac{x'^2}{a^2} \cdot \frac{x''^2}{a^2} = \frac{y'^2}{b^2} \cdot \frac{y''^2}{b^2}.$$

Or on a

$$\frac{x'^2}{a^2} + \frac{y'^2}{b^2} = 1, \qquad \frac{x''^2}{a^2} + \frac{y''^2}{b^2} = 1.$$

Qu'on tire de là les expressions de $\frac{x'^2}{a^2}$ et $\frac{y''^2}{b^2}$, et qu'on les substitue dans l'équation précédente, on trouve

$$\frac{x''^2}{a^2}\left(1 - \frac{y'^2}{b^2}\right) = \frac{y'^2}{b^2}\left(1 - \frac{x''^2}{a^2}\right),$$

ou simplement

$$\frac{x''^2}{a^2} = \frac{y'^2}{b^2},$$

ou encore

$$\frac{x''^2}{y'^2} = \frac{a^2}{b^2}.$$

Pareillement

$$\frac{x'^2}{y''^2} = \frac{a^2}{b^2}.$$

Ces expressions conviennent à l'hyperbole comme à l'ellipse.

Pour le cas de l'ellipse écrivons

$$\frac{x''}{y'} = \pm \frac{a}{b}, \quad \frac{x'}{y''} = \mp \frac{a}{b}:$$

ou

$$x'' = \pm \frac{a}{b} y', \quad y'' = \mp \frac{b}{a} x'.$$

La différence des signes de x'' et y'' est nécessitée par l'équation

$$\frac{x'x''}{a^2} + \frac{y'y''}{b^2} = 0.$$

Pour l'hyperbole, on trouve

$$\frac{x'x''}{a^2} - \frac{y'y''}{b^2} = 0, \quad x'' = \pm \frac{a}{b\sqrt{-1}} y', \quad y'' = \mp \frac{b\sqrt{-1}}{a} x',$$

Ces expressions très-simples des coordonnées de l'extrémité d'un demi-diamètre, en fonction des coordonnées de l'extrémité du demi-diamètre conjugué, vont permettre des démonstrations faciles des diverses propriétés des diamètres conjugués (*).

Relations entre les grandeurs de deux diamètres conjugués.

195. On a

$$x'^2 + x''^2 = x'^2 + \frac{a^2}{b^2} y'^2 = a^2 \left(\frac{x'^2}{a^2} + \frac{y'^2}{b^2} \right) = a^2.$$

Donc :

Si l'on projette deux demi-diamètres conjugués quelconques sur un autre diamètre fixe, par des droites parallèles au conjugué de celui-ci, la somme des carrés des projections est constante, et égale au carré du demi-diamètre sur lequel on projette.

196. Si l'on conçoit un diamètre perpendiculaire aux lignes projetantes, la projection orthogonale sur ce diamètre sera égale à la projection primitive multipliée par un cosinus constant. On en conclut que :

La somme des carrés des projections orthogonales de deux demi-diamètres conjugués, sur un diamètre fixe, est constante.

197. Si l'on fait les projections sur les deux diamètres conjugués rectangulaires, on en conclura que :

La somme des carrés de deux demi-diamètres conjugués est constante.

(*) Ces expressions ont été données pour la première fois dans l'*Aperçu historique*, p. 822.

198. Dans l'équation

$$x'^2 + x''^2 = a^2,$$

on peut regarder x', x'' comme les obliques abaissées sur le diamètre b parallèlement à son conjugué a; on peut donc dire que :

La somme des carrés des obliques abaissées des extrémités de deux demi-diamètres conjugués sur un diamètre fixe, parallèlement à son conjugué, est constante.

Aires des parallélogrammes construits sur deux diamètres. — Aires des secteurs.

199. *L'aire du parallélogramme construit sur deux demi-diamètres quelconques est égale à l'aire du parallélogramme construit sur les deux demi-diamètres conjugués.*

En effet, on a (194)

$$bx'' = ay',$$

ou

$$bx'' \sin(a, b) = ay' \sin(a, b).$$

Or le produit $bx'' \sin(a, b)$ exprime le double de l'aire du triangle p''OB, ou du triangle m''OB, ou l'aire du parallélogramme construit sur les deux demi-diamètres OB, Om''. Pareillement, $ay' \sin(a, b)$ exprime l'aire du parallélogramme construit sur les deux demi-diamètres OA, Om'. Donc, etc.

200. *L'aire du parallélogramme construit sur deux demi-diamètres conjugués* Om', Om'' *est égale à l'aire du parallélogramme construit sur deux autres demi-diamètres conjugués* OA, OB (*fig.* 82).

L'aire du triangle m''Om' formé par les deux demi-diamètres conjugués Om', Om'', est égale à l'aire du trapèze $m'm''p''p'$ moins la somme des aires des deux triangles

$m'Op'$, $m''Op''$, savoir

$$(y'+y'')\frac{(x'+x'')}{2}\sin AOB - \frac{1}{2}(x'y'+x''y'')\sin AOB$$
$$= \frac{x'y''+y'x''}{2}\sin AOB.$$

Or

$$x'' = y'\cdot\frac{a}{b} \quad \text{et} \quad y'' = x'\cdot\frac{b}{a} \quad (194).$$

Il vient donc

$$\frac{x'y''+y'x''}{2} = x'^2\frac{b}{a} + y'^2\frac{a}{b} = ab\left(\frac{x'^2}{a^2}+\frac{y'^2}{b^2}\right) = ab.$$

D'où résulte le théorème énoncé.

Autrement : Les deux triangles $m'OA$, $m''OB$ sont équivalents (199). Ajoutant aux deux le triangle BOm', on a les deux quadrilatères $OAm'B$ et $Om''Bm'$, équivalents. Retranchant, respectivement, de ces deux quadrilatères les deux triangles BAm', $Bm''m'$ qui sont équivalents, parce que la droite Am'', sur laquelle sont leurs sommets A, m'', est parallèle à leur base commune Bm' (189), on conclut que les deux triangles BOA, $m''Om'$ sont équivalents. Ce qu'il fallait démontrer (*).

Les deux théorèmes précédents peuvent être compris sous un seul énoncé, savoir :

Étant pris deux systèmes de diamètres conjugués, le parallélogramme construit sur deux quelconques de ces quatre diamètres est équivalent au parallélogramme construit sur les deux autres.

201. Si l'on suppose deux demi-diamètres infiniment voisins, on peut prendre la surface du triangle qu'ils déter-

(*) Cette démonstration m'a été communiquée par M. Lecoq, capitaine d'état-major.

minent, pour celle du secteur qu'ils interceptent dans l'ellipse; et si l'on regarde la surface d'un secteur compris entre deux demi-diamètres quelconques, comme formée d'une infinité de triangles dont les bases seraient les éléments de l'arc du secteur, on en conclut que :

Le secteur elliptique compris entre deux demi-diamètres quelconques est équivalent au secteur compris entre les deux demi-diamètres conjugués.

Il s'ensuit que *les segments sont aussi équivalents.*

202. Les relations

$$\frac{x'}{a} = \frac{y''}{b} \quad \text{et} \quad \frac{y'}{b} = \frac{x''}{a}$$

donnent

$$x'y' = x''y''.$$

Donc : *Dans une conique, le produit des distances de l'extrémité d'un diamètre à deux diamètres conjugués est égal au produit des distances de l'extrémité du diamètre conjugué aux deux mêmes diamètres.*

De sorte qu'une hyperbole qui a pour asymptotes deux diamètres conjugués d'une conique, coupe la courbe sur deux autres diamètres conjugués.

203. D′ et D″ étant deux demi-diamètres conjugués, ainsi que a, b, on a (199) l'équation

$$a.\mathrm{D}'.\sin(\mathrm{D}', a) = b.\mathrm{D}''\sin(\mathrm{D}'', b),$$

qui s'écrit

$$\frac{\mathrm{D}'}{\mathrm{D}''} = \frac{b}{a}\cdot\frac{\sin(\mathrm{D}'', b)}{\sin(\mathrm{D}', a)}.$$

Ce qui fait connaître le rapport de deux demi-diamètres conjugués, quand on connaît leur direction relativement à deux autres demi-diamètres conjugués dont le rapport est connu.

204. *Expression de la perpendiculaire abaissée du centre d'une conique sur une tangente.*

La perpendiculaire abaissée du centre sur une tangente est égale à la projection, sur sa direction, du demi-diamètre qui aboutit au point de contact. Le carré de cette projection est égal à la somme des carrés des projections de deux demi-diamètres conjugués quelconques (196). Prenons pour ces deux demi-diamètres les demi-axes de la courbe, que nous appellerons a et b; on aura

$$p^2 = a^2 \cos^2\alpha + b^2 \cos^2 6,$$

α et 6 étant les angles que la normale fait avec les deux axes.

205. *Étant donnés deux diamètres conjugués d'une ellipse, construire en direction et en grandeur les deux axes de la courbe.*

Soient Oa, Ob (*fig.* 83) les deux diamètres conjugués: qu'on mène par l'extrémité du premier la parallèle au second, ce sera la tangente à la courbe; et deux diamètres conjugués quelconques rencontreront cette tangente en deux points E, F tels, qu'on aura $a\text{E}.a\text{F} = -\overline{\text{O}b}^2$ (180). Donc si sur la normale en a on prend deux segments aG, aG' égaux à Ob, tout cercle mené par les deux points G, G' rencontrera la tangente en a, en deux points E, F appartenant à deux diamètres conjugués; et si ce cercle passe par le centre O de la courbe, ces diamètres seront les axes de la courbe.

Or, si le cercle passe par le point O, les deux angles GOE, G'OE seront égaux. Donc l'un des axes cherchés divise en deux également l'angle des droites OG, OG', et l'autre divise en deux également le supplément de cet angle.

Quant aux grandeurs A, B des deux demi-axes, leur expression est

$$A = \frac{OG + OG'}{2} \quad \text{et} \quad B = \frac{OG - OG'}{2}.$$

En effet, on a (197 et 200) les deux équations

$$A^2 + B^2 = \overline{Oa}^2 + \overline{Ob}^2 \quad \text{et} \quad A.B = Oa.Ob.\sin aOb.$$

Or

$$\overline{OG}^2 = \overline{Oa}^2 + \overline{aG}^2 - 2\,Oa.aG.\cos OaG,$$
$$\overline{OG'}^2 = \overline{Oa}^2 + \overline{aG'}^2 - 2\,Oa.aG'.\cos OaG'.$$

Mais

$$aG = aG' = Ob, \quad \cos OaG' = \sin aOb,$$
$$\cos OaG = -\cos OaG' = -\sin aOb.$$

Par conséquent les expressions de $\overline{OG}^2$ et $\overline{OG'}^2$ deviennent

$$\overline{OG}^2 = \overline{Oa}^2 + \overline{Ob}^2 + 2\,Oa.Ob.\sin aOb,$$
$$\overline{OG'}^2 = \overline{Oa}^2 + \overline{Ob}^2 - 2\,Oa.Ob.\sin aOb.$$

D'où

$$\overline{OG}^2 + \overline{OG'}^2 = 2\left(\overline{Oa}^2 + \overline{Ob}^2\right)$$
$$\overline{OG}^2 - \overline{OG'}^2 = 4.Oa.Ob.\sin aOb.$$

Il en résulte

$$\frac{\overline{OG}^2 + \overline{OG'}}{2} = A^2 + B^2,$$

$$\frac{\overline{OG}^2 - \overline{OG'}^2}{2} = 2A.B.$$

De là

$$\overline{OG}^2 = (A + B)^2 \quad \text{et} \quad \overline{OG'}^2 = (A - B)^2,$$

ou bien

$$OG = A + B, \quad OG' = A - B.$$

Et finalement

$$A = \frac{OG + OG'}{2} \quad \text{et} \quad B = \frac{OG - OG'}{2}. \qquad \text{C. Q. F. D.}$$

206. *Construire une section conique dont on connaît, en direction, deux systèmes de diamètres conjugués,* $O\alpha$, $O\beta$; $O\alpha'$, $O\beta'$, et un point a.

Que sur le prolongement de aO (*fig.* 84), on prenne $Oa' = Oa$, et que par les points a, a' on mène aux deux diamètres conjugués $O\alpha$, $O\beta$ des parallèles qui se coupent en b; et pareillement à $O\alpha'$, $O\beta'$ des parallèles qui se coupent en c : les deux points b, c appartiennent à la conique demandée (177). On connaît donc le centre et trois points a, b, c de cette courbe, qui dès lors est déterminée (166).

La question a déjà été résolue différemment (184).

207. *Étant donnés, en direction, deux systèmes de diamètres conjugués* $O\alpha$, $O\beta$; $O\alpha'$, $O\beta'$ *d'une conique, trouver le rapport des deux diamètres de chaque système.*

Par un point a du diamètre $O\alpha$ (*fig.* 85), on peut mener une conique qui ait pour diamètres conjugués les deux systèmes $O\alpha$, $O\beta$; $O\alpha'$, $O\beta'$. Soit Ob son demi-diamètre conjugué à Oa. Il s'agit de trouver le rapport $\frac{Oa}{Ob}$.

La tangente en a est la parallèle à $O\beta$. Les deux diamètres $O\alpha'$, $O\beta'$ rencontrent cette tangente en deux points c, c'; et l'on a

$$ac.ac' = -\overline{Ob}^2 \quad (180).$$

Donc

$$\frac{\overline{Oa}^2}{\overline{Ob}^2} = -\frac{\overline{Oa}^2}{ac.ac'}.$$

Ce qui résout la question.

Pour un autre point a de $O\alpha$, on aurait une autre conique : mais le rapport $\frac{\overline{Oa}^2}{ac \cdot ac'}$ resterait le même. Et en effet, il est évident, d'après la construction du numéro précédent, que les deux coniques seraient semblables et semblablement placées.

Il est clair qu'on obtiendrait le rapport des diamètres suivant les directions $O\alpha'$, $O\beta'$ par le même procédé.

Équation de la parabole.

208. Si de chaque point m d'une parabole (*fig.* 86) on abaisse sur un *diamètre* AX (167) l'oblique mp parallèle à la tangente en A, on conclut, soit de (41), soit de (49, *Coroll.* III), la relation

$$\frac{\overline{mp}^2}{Ap} = \text{const}.$$

Prenant le diamètre et la tangente pour axes coordonnés des x et des y, cette relation devient

$$y^2 = p.x;$$

p représente la constante, qui ne dépend que de la position du point A sur la parabole, et qui varie avec ce point.

Quelques auteurs appellent cette constante p le *paramètre* relatif au diamètre AX.

CHAPITRE VII.

CONSÉQUENCES DE L'ÉGALITÉ DU RAPPORT ANHARMONIQUE DE QUATRE POINTS EN LIGNE DROITE ET DE CELUI DES POLAIRES DE CES POINTS. — NORMALES ET OBLIQUES A UNE CONIQUE, MENÉES D'UN MÊME POINT.

§ I. — *Génération d'une conique.*

209. *Un point* ρ, *une droite* L, *et une conique, sont donnés : une transversale, tournant autour du point, coupe la droite en un point* m, *et la conique en deux points* a, a'; *si l'on prend le point* μ *conjugué de* m *par rapport à* a *et* a', *le lieu de ce point sera une conique, qui passera par le point* ρ; *par le pôle de la droite* L; *par les points d'intersection de cette droite et de la conique; et enfin par les points de contact des tangentes menées du point* ρ *à la conique.*

En effet, soit P (*fig.* 87) le pôle de la droite L : la polaire du point m sera la droite $P\mu$, car elle doit passer par le pôle de la droite L (102) et par le point μ de la transversale ρm (99, 1°). Quatre points $m, m', \ldots$, donneront quatre droites $P\mu, P\mu', \ldots$, qui auront leur rapport anharmonique égal à celui des quatre points (117), et égal par conséquent à celui des quatre droites $\rho m, \rho m', \ldots$. Donc le lieu du point μ sera une conique qui passera par le point ρ et par le point P (8). Cette conique passera évidemment aussi par les points d'intersection de la droite L et de la conique proposée, et par les points de contact des tangentes à cette courbe partant du point ρ.

Corollaire. — Si la droite L est à l'infini, le point μ est le milieu de la corde aa'. Donc :

Si autour d'un point fixe on fait tourner une droite et qu'on prenne le milieu des deux points où elle rencontre une conique, ce point milieu est sur une autre conique, qui passe par le point fixe, par les points de contact des tangentes menées de ce point, et par les deux points de la conique proposée (réels ou imaginaires), situés à l'infini.

210. *Étant pris dans le plan d'une conique, un point fixe* O (*fig.* 88) *et une droite* L, *par chaque point* m *de cette droite on mène la droite* mO *et sa conjuguée dans la conique : cette droite conjuguée* mμ *enveloppe une conique qui est tangente à la droite* L, *à la polaire du point* O, *aux deux tangentes à la conique proposée, issues du point* O, *et aux deux tangentes menées par les points de rencontre de cette conique et de la droite* L.

La démonstration sera calquée exactement sur celle du théorème précédent.

Corollaire. — Si le point O est le centre de la courbe, l'énoncé général devient :

Étant pris une droite fixe dans le plan d'une conique, si par chaque point de cette droite on mène un diamètre de la courbe et une parallèle au diamètre conjugué : toutes ces parallèles envelopperont une parabole tangente aux deux asymptotes (réelles ou imaginaires) de la conique proposée, ainsi qu'aux tangentes aux points de rencontre de cette courbe et de la droite fixe.

211. *Étant données une conique et deux droites fixes, si sur ces droites on prend deux points conjugués par rapport à la conique, la droite qui joint ces points enveloppe une conique tangente aux deux droites et aux quatre tangentes à la conique proposée menées par les points où ces droites la rencontrent.*

En effet, soient a, b, ..., des points de la première droite : leurs polaires relatives à la conique rencontrent la seconde droite en des points a', b',..., qui sont les conjugués des premiers (103). Ces polaires passent par un même point; le rapport anharmonique de quatre points a, b,... est égal à celui de leurs polaires (117), lequel est égal à celui des quatre points a', b',... Donc les droites aa', bb',..., enveloppent une conique (9). Il est évident que cette conique satisfait aux conditions énoncées dans le théorème.

Corollaire. — Si l'une des droites est à l'infini, on en conclut que :

Si par chaque point d'une droite on mène une parallèle à la polaire de ce point, toutes ces parallèles enveloppent une parabole tangente à la droite.

La parallèle à la polaire d'un point, menée par ce point, est une corde qui a son milieu en ce point (169) : cette dernière proposition peut donc prendre cet énoncé : *Si par tous les points d'une droite on mène les cordes d'une conique qui ont leurs milieux en ces points, ces droites enveloppent une parabole tangente à la droite.*

212. On démontrera sans difficulté le théorème corrélatif suivant :

Si autour de deux points fixes on fait tourner deux droites conjuguées par rapport à une conique, le point d'intersection de ces droites décrit une conique qui passe par les deux points fixes et par les quatre points de contact des tangentes à la conique proposée, menées par les deux points fixes.

213. *Quand deux angles sont circonscrits à une conique, les quatre points de contact de leurs côtés et leurs sommets sont six points appartenant à une même conique.*

Soient O, O′ (*fig.* 89) les sommets des deux angles ; a, b et c, d les points de contact de leurs côtés respectifs. Il suffit de prouver que les deux faisceaux de quatre droites

Oa, Ob, Oc, Od, et $O'a$, $O'b$, $O'c$, $O'd$ ont le même rapport anharmonique (8). Or les quatre premières droites ont un rapport anharmonique égal à celui de leurs pôles a, b, γ, δ ; γ et δ étant les points où les côtés $O'c$, $O'd$ du second angle rencontrent la corde ab. Mais le rapport anharmonique des quatre points a, b, γ, δ est égal à celui des quatre droites $O'a$, $O'b$, $O'\gamma$, $O'\delta$. Donc, etc.

Observation. — On exprime la même proposition en disant : *Quand un quadrilatère est circonscrit à une conique, les points de contact des côtés et deux sommets opposés sont six points d'une même conique.*

Le théorème, que nous venons de démontrer directement, peut se conclure aussi, comme conséquence, du théorème (209).

214. *Quand deux angles sont circonscrits à une conique, les quatre côtés et les deux cordes de contact sont six droites tangentes à une même conique.*

Soient O, O′ (*fig.* 90) les sommets des deux angles ; ab, cd les deux cordes de contact, que les côtés des angles rencontrent respectivement en γ, δ et α, β. Il suffit de prouver que les deux séries de quatre points a, b, γ, δ et α, β, c, d ont leurs rapports anharmoniques égaux (9). Or le rapport anharmonique des quatre derniers points est égal à celui des polaires de ces points, lesquelles sont les droites Oa, Ob, Oc, Od ; et le rapport anharmonique de ces droites est égal à celui de leurs points a, b, γ, δ, situés sur la corde ab. Donc, etc.

Observation. — Ce théorème s'exprime aussi de cette manière : *Lorsqu'un quadrilatère est inscrit dans une conique, les tangentes aux quatre sommets, et deux côtés opposés, sont six tangentes à une même conique.*

Le théorème peut être considéré comme une conséquence de la proposition (210).

§ II. — *Deux systèmes de trois points conjugués par rapport à une conique.*

215. *Si l'on prend dans le plan d'une conique deux systèmes de trois points conjugués, ces six points seront situés sur une conique; et les six côtés des deux triangles dont ces deux systèmes de points sont les sommets, sont tangents à une autre conique.*

Soient a, b, c (*fig.* 91) et a', b', c' les deux systèmes de points. Pour démontrer la première partie du théorème, nous allons prouver que les deux faisceaux de quatre droites menées des deux points c, c' aux quatre autres, ont le même rapport anharmonique.

En effet, le rapport anharmonique des quatre droites $c(a, b, a', b')$ est égal à celui de leurs pôles, qui sont les points b, a, β' intersection de ab par $c'b'$, et α' intersection de ab par $c'a'$. D'ailleurs, le rapport anharmonique de ces quatre points est égal à celui des quatre droites $c'(b, a, b', a')$, ou, en changeant l'ordre de celles-ci, au rapport anharmonique des quatre $c'(a, b, a', b')$. Ce qu'il fallait prouver.

Pour la seconde partie du théorème, nous allons démontrer que les deux séries de quatre points dans lesquels les deux droites ab, $a'b'$ sont rencontrées par les quatre autres, ont leurs rapports anharmoniques égaux, savoir : que $(a, b, \alpha', \beta') = (\alpha, \beta, a', b')$.

En effet, les quatre premiers points a, b, α', β' ont leur rapport anharmonique égal à celui de leurs polaires (**117**). Ces polaires sont les droites cb, ca, cb', ca', dont le rapport anharmonique est égal à celui des points β, α, b', a' dans lesquels elles rencontrent la droite $a'b'$, ou *invertendo* à celui des points α, β, a', b'. Ce qu'il fallait prouver.

Donc, etc.

Ce théorème donne lieu à deux propositions réciproques qui suivent.

216. *Quand deux triangles ont leurs six sommets sur une conique, ces points forment deux systèmes de trois points conjugués par rapport à une autre conique.*

Soient abc, $a'b'c'$ les deux triangles. On peut construire une conique dans laquelle les trois points a, b, c seront conjugués deux à deux, et le point a' sera le pôle de la droite $b'c'$ (157). Cette courbe satisfait à la question. En effet, appelons γ le point qui sur $b'c'$ sera le conjugué de b' par rapport à cette conique. Les six points a, b, c, a', b', γ, seront sur une même conique (215). Le point γ coïncide donc avec le point c' ; et, conséquemment, les trois points a', b', c' sont conjugués par rapport à la conique construite. Ce qui démontre le théorème.

217. *Quand deux triangles sont circonscrits à une conique, leurs sommets forment deux systèmes de points conjugués par rapport à une autre conique.*

La démonstration sera calquée sur la précédente. Du reste on remarquera que cette seconde proposition se conclut de la première, puisqu'on a vu que, quand deux triangles sont circonscrits à une conique, ils sont inscrits à une autre conique (61).

218. *Quand trois points* a, b, c, *situés sur une conique* Σ, *sont conjugués par rapport à une autre conique* C, *on peut déterminer sur la première courbe une infinité d'autres systèmes de trois points* a', b', c' *conjugués par rapport à la seconde.*

Qu'on prenne a' arbitrairement sur la conique Σ ; la polaire de ce point par rapport à C rencontre Σ en deux points b', c' qui satisfont à la question, c'est-à-dire que les trois points a', b', c' sont conjugués par rapport à la conique C.

En effet, la droite $b'c'$ étant la polaire du point a', il existe sur cette droite un point c'' qui forme avec les deux points a', b' un système de trois points conjugués : et les points a, b, c, a', b', c'' sont sur une même conique (215). Mais cette courbe ne peut être que Σ qui passe par les cinq premiers points. Donc c'' coïncide avec c'. Ce qui démontre le théorème.

Corollaire.—Il résulte de ce théorème que : *Étant données deux coniques quelconques* C, Σ, *on ne peut pas, en général, déterminer sur l'une un système de trois points qui soient conjugués par rapport à l'autre.*

Car si un tel système existait, il y en aurait une infinité d'autres; et il faudrait qu'un point a étant pris à volonté sur Σ, la polaire de ce point par rapport à C rencontrât Σ en deux points b, c conjugués par rapport à C. Ce qui évidemment n'a pas lieu en général.

§ III. — *Normales et obliques à une conique, menées par un point donné.*

219. *Si d'un point fixe on abaisse une perpendiculaire sur chaque diamètre d'une conique, et qu'on prenne le point d'intersection de cette droite et du diamètre conjugué : le lieu de ce point sera une hyperbole équilatère passant par le point fixe, par le centre de la conique donnée et par les pieds des normales abaissées du point fixe sur la conique, et dont les asymptotes sont parallèles aux axes de cette courbe.*

En effet, considérons des diamètres A, B, C,..., comme formant un premier faisceau : leurs conjugués A', B', C',..., constitueront un faisceau homographique (174). Les perpendiculaires abaissées du point fixe, sur les premiers diamètres, formeront un faisceau homographique au premier, et par conséquent au second. Donc elles rencontreront respectivement les diamètres A', B', C',..., en des points n, n', n'',..., situés sur une conique passant par le point fixe et le centre de la conique proposée (8). Ce lieu des points n, n',... est évidemment une hyperbole équilatère ayant ses asymptotes parallèles aux axes de la conique donnée.

Concevons maintenant une normale abaissée du point P sur la conique, c'est-à-dire une droite perpendiculaire à la tangente au point où elle rencontre la conique. Cette droite est perpendiculaire au conjugué du diamètre qui passe par ce point : donc ce point est sur l'hyperbole. Donc, etc.

220. Réciproquement : *Si une hyperbole équilatère passe par le centre d'une conique, et a ses asymptotes parallèles aux axes de la conique, les normales à celle-ci, menées par les points où l'hyperbole la rencontre, concourent en un même point de l'hyperbole.*

En effet, soit m un des points d'intersection des deux courbes ; et a le point où la normale à la conique en m rencontre l'hyperbole. Si du point a on abaisse sur la conique trois autres normales, leurs pieds seront sur l'hyperbole équilatère passant par les points a, m, et le centre de la conique, et ayant ses asymptotes parallèles aux axes de la conique. Cette hyperbole se confond avec l'hyperbole proposée. Donc, etc.

221. Si, au lieu de perpendiculaires, on abaisse du point donné sur les diamètres A, B, . . ., des obliques sous un angle constant, dans un même sens de rotation, *les pieds de ces obliques sur les diamètres conjugués seront encore sur une conique passant par le point donné, par le centre de la conique proposée, et par les pieds des obliques abaissées sur cette courbe sous l'angle donné.*

La conique aura deux points à l'infini (réels ou imaginaires) sur les diamètres conjugués de la conique proposée dont l'angle est égal à celui des obliques.

La démonstration de ce théorème général est absolument la même que pour le cas des perpendiculaires : et le théorème donne la solution de ce problème : *Abaisser d'un point donné sur une conique des obliques sous un angle donné, dans un sens de rotation donné.*

Le problème admet quatre solutions; et huit quand le sens de rotation dans lequel doivent être menées les obliques n'est pas indiqué. Dans le cas des perpendiculaires les deux systèmes de solutions se confondent (*).

222. *Les perpendiculaires abaissées d'un point donné* P *sur les tangentes d'une parabole rencontrent les diamètres menés par les points de contact de ces tangentes, en des points situés sur une hyperbole équilatère qui passe par le point* P *et dont une asymptote est parallèle à l'axe de la parabole.*

En effet, quatre tangentes en quatre points a, b,..., ont leur fonction anharmonique égale au rapport anharmonique des quatre points dans lesquels ces tangentes rencontrent une autre tangente fixe (58); celui-ci est égal au rapport anharmonique des droites menées des quatre points a, b,..., à un point de la parabole (2), et par conséquent au rapport anharmonique des diamètres partant des quatre points a, b,.... Les perpendiculaires abaissées du point P

(*) Ce problème des normales, qui se résout, comme on le voit, avec une extrême facilité, est une des questions qui présentaient le plus de difficultés dans la Géométrie des Grecs. Apollonius l'a résolu dans le Ve Livre de son *Traité des sections coniques* (propositions 58-63), en se servant de l'hyperbole équilatère. Il détermine la position des asymptotes, ce qui suffit pour construire la courbe, puisqu'elle passe par le point donné, d'où l'on mène les normales.

Cette hyperbole, que nous avons considérée comme le lieu des points d'intersection des rayons homologues de deux faisceaux homographiques, peut être considérée de plusieurs autres manières. Elle est, par exemple, le lieu des milieux des cordes que des cercles décrits du point donné, comme centre, interceptent dans la conique proposée. De nombreuses propriétés des coniques dérivent de là. On peut consulter à ce sujet un Mémoire *sur les lignes conjointes dans les coniques*, inséré dans le tome III du *Journal de Mathématiques* de M. Liouville, année 1838; *voir* p. 410-430.

sur les quatre tangentes ont donc leur rapport anharmonique égal à celui des quatre diamètres. Donc les points d'intersection sont sur une conique qui passe par le point P et par le point de la parabole situé à l'infini.

Cette conique est une hyperbole équilatère. Effectivement, elle a deux points à l'infini. Car d'abord, si le point a est au sommet de la parabole, le point de la courbe situé sur la perpendiculaire menée du point P à la tangente en a est à l'infini sur l'axe de la parabole. Ensuite, si la perpendiculaire menée du point P sur une tangente est perpendiculaire à l'axe, la tangente est située à l'infini et se confond avec le diamètre qui part du point de contact. Donc le point situé à l'infini sur la perpendiculaire à l'axe de la parabole appartient à la conique. Donc cette courbe est une hyperbole; et cette hyperbole est équilatère.

Elle rencontre la parabole en trois points, autres que leur point commun situé à l'infini, et chacun de ces points est le pied d'une normale abaissée du point P sur la parabole. *On peut donc mener par un point trois normales à une parabole.*

Les mêmes considérations s'appliquent au cas des obliques partant d'un point, sous un angle de grandeur donnée.

223. *Si autour d'un point pris dans le plan d'une conique, on fait tourner une transversale, et que par son pôle on mène une perpendiculaire à cette droite : ces perpendiculaires successives enveloppent une parabole qui est tangente à la polaire du point fixe et aux tangentes à la conique menées par les pieds de ses normales abaissées de ce point.*

Car à quatre transversales répondent quatre pôles, qui ont leur rapport anharmonique égal à celui des quatre transversales (117), et par conséquent à la fonction anharmonique des quatre perpendiculaires (58). Donc ces quatre droites sont tangentes à une parabole tangente à la polaire du point fixe (*ibid.*).

Quand la transversale est normale à la conique en un point, la tangente en ce point est la perpendiculaire à la transversale. Conséquemment les tangentes communes à la parabole et à la conique proposée touchent celle-ci en des points qui sont les pieds des normales abaissées du point donné.

De là résulte une nouvelle solution du problème de *mener des normales à une conique par un point donné.*

224. Si, au lieu de mener, par les pôles des transversales, des perpendiculaires à ces droites, on menait des obliques faisant un angle constant, dans un sens de rotation déterminé, on prouverait de même que *ces obliques enveloppent une parabole dont les tangentes communes à la conique proposée, ont pour points de contact sur celle-ci les pieds des obliques abaissées du point donné sur cette conique.*

CHAPITRE VIII.

DIVISIONS HOMOGRAPHIQUES SUR UNE CONIQUE.

§ I.

225. Nous appellerons *divisions homographiques sur une conique,* deux séries de points pris sur cette courbe, tels, que les droites menées de ces points à un autre point de la courbe, forment deux faisceaux homographiques.

Les rayons doubles de ces deux faisceaux marquent sur la conique deux points que nous appellerons les *points doubles* des deux divisions.

226. Si les deux faisceaux sont en *involution* (*G. S.*, 248), on pourra dire que les deux divisions homographiques sont elles-mêmes en *involution*. Alors les cordes qui joignent deux à deux les points homologues des deux divisions concourent en un même point (139).

Et réciproquement : *Quand une transversale tourne autour d'un point fixe, les couples de points dans lesquels elle rencontre une conique forment deux divisions homographiques en involution.*

227. *Les droites menées des points de deux divisions homographiques sur une conique, à un point quelconque de la courbe, forment toujours deux faisceaux homographiques dont les rayons doubles aboutissent aux points doubles des deux divisions.*

Soient a, b, c,... et a', b', c',... (*fig.* 92) les deux séries de points qui forment les deux divisions homographiques, et e, f les deux points doubles. Par hypothèse, les droites menées à tous ces points, d'un certain point O de la conique, constituent deux faisceaux homographiques dont les rayons doubles sont Oe, Of. Il faut démontrer qu'il en est de même des droites menées d'un autre point O' de la courbe. Or, par hypothèse,

$$O(a, b, e, f) = O(a', b', e, f).$$

Mais les deux membres de cette égalité sont égaux respectivement à $O'(a, b, e, f)$ et $O'(a', b', e, f)$ (4). Donc

$$O'(a, b, e, f) = O'(a', b', e, f).$$

Ce qui prouve que les rayons $O'a$, $O'b$ et $O'a'$, $O'b'$ appartiennent à deux faisceaux homographiques dont $O'e$, $O'f$ sont les rayons doubles. Donc, etc.

228. *Quand on a sur une conique deux divisions homographiques, les droites menées de deux points quelconques de la conique aux points des deux divisions, respectivement, forment deux faisceaux homographiques.*

En effet, soient a, b, c,... et a', b', c',... les points des deux divisions, et O, O' deux autres points quelconques de la courbe. Les deux faisceaux $O(a, b,...)$ et $O(a', b',...)$ sont homographiques; ce qui vient d'être prouvé. Mais les deux faisceaux $O(a', b',...)$ et $O'(a', b'...)$ le sont aussi (4). Donc les deux faisceaux $O(a, b,...)$ et $O'(a', b'...)$ sont homographiques. Donc, etc.

Réciproquement : *Quand deux faisceaux homographiques ont leurs centres en deux points d'une conique, les points de rencontre de la conique et des rayons de chaque faisceau forment sur cette courbe deux divisions homographiques.*

Par exemple : *Si autour de deux points d'une conique on fait tourner deux cordes parallèles, leurs extrémités forment deux divisions homographiques.*

229. *Si autour de deux points fixes* P, Q (*fig.* 93), *on* *fait tourner deux droites qui se coupent sur une conique, et rencontrent la courbe en deux autres points* a, a′, *ces deux points forment deux divisions homographiques dont les points doubles sont les deux points* e, f *de la courbe situés sur la droite* PQ.

En effet, soit m le point de concours des deux droites Pa, Qa'. Les deux points a et m forment deux divisions homographiques (226) ; de même les deux points a' et m. Donc a et a' forment deux divisions homographiques. Quand le point m se trouve en e, a et a' coïncident en f, qui par conséquent est un point double des deux divisions. Et de même, le point e. Donc, etc.

230. *Quand deux divisions homographiques sont formées sur une conique, les droites menées des deux points doubles et de deux points homologues, à un même point de la courbe, ont un rapport anharmonique constant, quel que soit ce point de la courbe, et quels que soient les deux points homologues pris dans les deux divisions.*

Soient a, a' (*fig.* 94) deux points homologues des deux divisions, e, f les deux points doubles, et m un autre point de la conique. Je dis que le rapport anharmonique des quatre droites ma, ma', me, mf est constant, quels que soient les deux points homologues a, a' des deux divisions, et le point m de la courbe.

En effet, les droites menées du point m aux points des deux divisions forment deux faisceaux homographiques (227) : conséquemment le rapport anharmonique des quatre droites ma, ma', me, mf est constant, quels que soient les deux points homologues a, a' (*G. S.*, 153, 176). Mais les droites menées d'un autre point de la conique, aux quatre mêmes points a, a', e, f, ont le même rapport anharmonique que les quatre droites ma, ma', me, mf (4). Donc, etc.

231. *Quand on a deux divisions homographiques sur*

une conique, les droites menées d'un point pris sur la courbe aux points des deux divisions forment, sur la corde qui joint les deux points doubles, deux divisions homographiques dont ces deux points sont aussi les points doubles; et ces deux divisions restent les mêmes, quel que soit le point pris sur la conique.

En effet, soient e, f (*fig.* 94) les points doubles des deux divisions homographiques; a, a' deux points homologues; et α, α' les points où les deux droites ma, ma', menées d'un point m, rencontrent la droite ef. Les quatre droites ma, ma', me, mf ont un rapport anharmonique constant, quels que soient les deux points homologues a, a', et quel que soit aussi le point m (230). Or ce rapport est le même que celui des quatre points α, α', e, f. Donc celui-ci est constant. Donc les deux points variables α, α' forment deux divisions homographiques dont les points doubles sont e, f (*G. S.*, 153). Ce qu'il fallait prouver.

232. *Lorsqu'une conique passe par les points doubles de deux divisions homographiques* (α, α') *faites sur une droite* L, *si autour de deux points homologues α, α' on fait tourner deux droites dont le point de concours glisse sur la conique, et qui rencontrent cette courbe en deux autres points* a, a' : *les deux divisions homographiques, formées par ces couples de points* a, a' (229), *seront toujours les mêmes, quels que soient les deux points homologues α, α' des deux divisions rectilignes, autour desquels on fait tourner les deux droites.*

En effet, les droites menées d'un point quelconque de la conique aux deux points a, a' des deux divisions formées sur cette courbe par les droites qui tournent autour des deux points α, α', rencontrent la droite L en deux points qui appartiennent à deux divisions homographiques (227). Ces divisions sont les mêmes que les deux divisions proposées, parce que les points doubles sont les mêmes, et que les deux points homologues α, α' sont communs aux deux systèmes. Donc, etc.

233. *Si l'on a sur la droite qui joint deux points d'une conique* (*fig.* 95) *deux divisions homographiques* (α, α') *dont les points doubles soient les deux points de la conique, et que d'un point fixe* P *on mène à chaque point* α *de la première division une droite qui rencontre la conique en deux points* a, a_1; *puis, que d'un de ces points* a_1 *on mène au point* α' *de la seconde division une droite qui rencontre la conique en un point* a' : *les deux points* a, a' *forment deux divisions homographiques, ainsi que les deux points* a_1 *et* a'.

En effet, les deux points a et a' forment deux divisions homographiques (232). Mais la droite aa_1 passant par un point fixe P, les deux points a, a_1 forment aussi deux divisions homographiques (226). Donc les deux points a et a' forment deux divisions homographiques; et par conséquent aussi les deux points a_1, a'. Donc, etc.

Corollaire. — *Si le sommet* a_1 (*fig.* 96) *d'un angle de grandeur constante, dont un côté tourne autour d'un point fixe* P, *glisse sur une conique, ce point* a_1 *et les deux points* a *et* a', *dans lesquels les côtés de l'angle rencontrent la conique, forment sur la courbe trois divisions homographiques.*

En effet, les deux droites a_1P, a_1a', faisant un angle de grandeur constante, leurs parallèles, menées par un point fixe, forment deux faisceaux homographiques, et par conséquent rencontrent la droite située à l'infini en des points qui appartiennent à deux divisions homographiques. Or ces points sont aussi sur les droites a_1P, a_1a'. Donc, etc.

234. *Étant données, sur une conique, deux divisions homographiques* a, b, c ... *et* a', b', c' ... (*fig.* 97), *les* *deux droites menées de deux points quelconques de la première division aux deux points homologues de la seconde division pris inversement, comme* ab′ *et* ba′, *se coupent sur la droite qui joint les points doubles des deux divisions.*

En effet, soient e, f les deux points doubles. Les quatre droites $a'(a, b, e, f)$ et les quatre droites $a(a', b', e, f)$ ont le même rapport anharmonique (228). Or les deux droites $a'a$ et aa' coïncident; donc le point de rencontre des deux droites $a'b$, ab' est en ligne droite avec les deux points e, f qui sont les points de concours des couples ae, $a'e$ et af, $a'f$ (*G. S.*, 108). Donc, etc.

Autrement. Soit O, un point de la conique. Les rayons $O(a, b, c, \ldots)$ et $O(a', b', c', \ldots)$ forment deux faisceaux homographiques dont les rayons doubles sont Oe, Of (227). Les trois couples Oa, Ob'; Ob, Oa', et Oe, Of sont en involution (*G. S.*, 259). Donc les trois droites ab', ba' et ef passent par un même point (139). Ce qu'il fallait prouver.

Corollaire I. — Deux systèmes de trois points a, b, c et a', b', c', pris arbitrairement sur une conique, et qu'on fait correspondre deux à deux respectivement, déterminent deux divisions homographiques. Par conséquent, les points d'intersection des trois couples de droites ab', ba'; bc', cb' et ca', ac' sont en ligne droite. Ce qu'on exprime en disant que : *Dans tout hexagone inscrit à une conique, les points de concours des côtés opposés sont en ligne droite.* Théorème de Pascal (22).

Corollaire II. — Puisque cette droite, sur laquelle se coupent les trois couples de droites ab', ba',... passe par les deux points doubles des deux divisions homographiques $a, b, c, \ldots, a', b', c', \ldots$, il en résulte une solution fort simple de ce problème : *Construire les points doubles de deux divisions homographiques sur une conique, connaissant trois couples de points homologues.*

On remarquera que cette construction s'applique à la recherche des rayons doubles de deux faisceaux homographiques déterminés par trois couples de rayons homologues, et qu'elle ne diffère point de celle que nous avons déjà donnée de cette question (151).

235. *Quand deux séries de points* a, b, ... *et* a', b', ..., *pris sur une conique* (*fig.* 98), *forment deux divisions homographiques, les tangentes en ces points rencontrent la corde qui joint les points doubles des deux divisions, en deux séries de points* α, β ...; α', β' ..., *qui forment deux divisions homographiques, et ont pour points doubles les deux points de la courbe situés sur cette corde.*

En effet, les deux cordes ab', ba' se coupent en un point i de la corde ef, qui joint les points doubles des deux divisions (234); par conséquent, le point de concours des tangentes en a et b', et le point de concours des tangentes en b et a' sont en ligne droite avec le point de concours des tangentes en e et f (98, 2°). Cette ligne droite est la polaire du point i.

Donc les trois couples de points α, β'; β, α', et e, f sont en involution (148). Ce qu'on peut exprimer par l'égalité de rapports anharmoniques :

$$(\alpha, \alpha', e, f) = (\beta', \beta, f, e).$$

Changeant l'ordre des points de la seconde série, on en conclut :

$$(\alpha, \alpha', e, f) = (\beta, \beta', e, f). \quad (G.\ S.,\ 40.)$$

Donc α, α' font avec e, f le même rapport anharmonique que β, β'. Ce qui prouve que les deux couples de points α, β et α', β' appartiennent à deux divisions homographiques dont e, f sont les points doubles (*G. S.*, 153). Donc, etc.

Réciproquement : *Quand deux tangentes à une conique roulent sur la courbe, de manière que leurs traces sur une droite fixe forment deux divisions homographiques ayant pour points doubles les deux points de rencontre de la conique et de la droite, les points de contact des deux tangentes forment sur la conique deux divisions homographiques qui ont aussi pour points doubles ces deux points de rencontre.*

236. *Étant données deux divisions homographiques sur une conique, si, du pôle de la corde qui joint les points doubles, on mène des droites aux points des deux divisions : ces droites forment deux faisceaux homographiques dont les rayons doubles passent par les points doubles des deux divisions.*

En effet, soient a, b (*fig.* 99) deux points de la première division, a', b' les points homologues de la seconde division; e, f les deux points doubles, et O le pôle de la corde ef. Les deux droites ab', ba' se coupent en i sur la droite ef (234). La polaire de ce point i est la droite qui joint les points de concours des côtés opposés du quadrilatère inscrit $aa'b'b$ (118), et le point O se trouve sur cette droite (102). Donc les deux tangentes Oe, Of, et les deux couples de droites Oa, Ob' et Ob, Oa' menées aux sommets opposés du quadrilatère sont en involution (122). Ce qu'on exprime par l'égalité de rapports anharmoniques :

$$(Oa, Oa', Oe, Of) = (Ob', Ob, Of, Oe).$$

Changeant l'ordre des droites du second faisceau, on en conclut :

$$(Oa, Oa', Oe, Of) = (Ob, Ob', Oe, Of).$$

Donc les droites Oa, Ob appartenant à un premier faisceau, les droites Oa', Ob' appartiennent à un faisceau homographique; et les rayons doubles des deux faisceaux sont Oe, Of (*G. S.*, 153, 176). C. Q. F. P.

237. *Quand on a deux divisions homographiques sur*

une conique, les tangentes aux points des deux divisions rencontrent une tangente fixe en deux séries de points qui forment sur cette droite deux divisions homographiques, dont les points doubles sont déterminés par les tangentes aux points doubles des deux divisions homographiques sur la conique.

En effet, soient a, b,... et a', b',... les points des deux divisions : α, β,... et α', β',... les traces des tangentes en ces points sur la tangente fixe. Les droites menées d'un point O de la conique à quatre points a, b,..., ont leur rapport anharmonique égal à celui des quatre points α, β,... (2). De même à l'égard des droites Oa', Ob',..., et des points α', β',.... Mais quatre droites Oa, Ob,..., ont leur rapport anharmonique égal à celui des quatre droites Oa', Ob',..., (227). Donc quatre points α, β,..., ont leur rapport anharmonique égal à celui des quatre α', β',.... Donc, etc.

Réciproquement : *Quand deux divisions homographiques sont formées sur une tangente d'une conique, si par chaque couple de points homologues des deux divisions on mène des tangentes à la conique, les deux points de contact marqueront sur la courbe deux divisions homographiques, dont les points doubles seront les points de contact des tangentes issues des points doubles des deux divisions rectilignes.*

En effet, si d'un point quelconque O de la conique on mène des droites aux points de contact des tangentes, ces droites formeront deux faisceaux homographiques ; car le rapport anharmonique de quatre droites sera égal à celui des quatre points de la tangente fixe, d'où sont menées les tangentes, dont les points de contact déterminent les quatre droites (2). Donc, etc.

238. *Quand deux séries de points* a, b,... *et* a', b',...

sur une conique appartiennent à deux divisions homographiques, les tangentes en ces points rencontrent, respectivement, deux tangentes fixes, en deux séries de points α, β,...; α', β',... *qui sont elles-mêmes homographiques.*

Il faut prouver que le rapport anharmonique de quatre points α, β, γ, δ est égal à celui des quatre points α', β', γ', δ'. Or, pour un point O pris arbitrairement sur la conique, on a les égalités

$$(\alpha, \beta, \gamma, \delta) = O(a, b, c, d),$$
$$(\alpha', \beta', \gamma', \delta') = O(a', b', c', d') \quad (2).$$

De plus

$$O(a, b, c, d) = O(a', b', c', d') \quad (227).$$

Donc, etc.

239. *Étant données deux droites et une conique, si une tangente roule sur la courbe, et que, par les points où elle rencontre les deux droites, on mène deux autres tangentes, les points de contact de celles-ci formeront sur la courbe deux divisions homographiques, dont les points doubles seront sur la polaire du point de concours des deux droites fixes.*

Soient L, L' (*fig.* 100) les deux droites, α, α' les points où une tangente en A les rencontre, et a, a' les points de contact des tangentes menées par ces points α, α'. Quand le point α glisse sur la droite L, la corde Aa passe par le pôle de cette droite, et les deux points A, a, forment deux divisions homographiques (226). Pareillement les point A, a'. Donc a et a' forment deux divisions homographiques. C. Q. F. P.

240. *Quand on a deux divisions homographiques sur une conique, les tangentes en deux points homologues* a, a' (*fig.* 101), *et les tangentes aux deux points doubles* e, f *rencontrent une cinquième tangente en quatre points qui ont un rapport anharmonique constant, quelle que soit cette cinquième tangente, et quels que soient les deux points homologues* a, a' *des deux divisions.*

En effet, les tangentes aux couples de points homologues des deux divisions, tels que a, a', rencontrent une tangente quelconque L en des couples de points α, α' qui forment deux divisions homographiques, dont les points doubles ε, φ appartiennent aux tangentes aux deux points doubles e, f (237). Ainsi, quels que soient les deux points homologues a, a', le rapport anharmonique des quatre points α, α', ε, φ est constant (*G. S.*, 153). Mais les points dans lesquels les quatre tangentes en a, a', e, f rencontrent une autre tangente quelconque L', ont leur rapport anharmonique égal à celui des quatre points α, α', ε, φ (5). Donc, etc.

Observation. — Les quatre derniers théorèmes (237-240) sont les corrélatifs des théorèmes (227-234); et les quatre théorèmes suivants (241-244) correspondent semblablement aux quatre théorèmes (231-234); c'est pourquoi nous en omettrons les démonstrations, qu'on rétablira sans difficulté.

241. *Quand on a deux divisions homographiques sur une conique, si, du pôle de la corde qui joint les points doubles, on mène des droites aux points où les tangentes à la conique en ses points des deux divisions rencontrent une autre tangente quelconque, ces droites forment deux faisceaux homographiques qui ont pour rayons doubles les tangentes à la conique aux points doubles des deux divisions.*

242. *Quand deux faisceaux homographiques ont pour rayons doubles* E, F *deux tangentes à une conique, si par les points où une tangente quelconque rencontre deux rayons homologues des deux faisceaux, on mène deux* *nouvelles tangentes à la conique, leurs points de contact* a, a′ *formeront deux divisions homographiques qui auront pour points doubles les points de contact des deux tangentes* E, F.

243. *Étant donnés deux faisceaux homographiques qui ont le même centre, et une droite* L, *si par le point de rencontre de cette droite et d'un rayon* α *du premier faisceau on mène une tangente* a *à une conique, et par le point où cette tangente rencontre le rayon homologue* α' *du second faisceau, une tangente* a′, *les points de contact des deux tangentes* a, a′ *forment sur la conique deux divisions homographiques.*

244. *Étant données deux divisions homographiques* a, b, c, . . . *et* a′, b′, c′, . . . *sur une conique, si l'on mène des droites qui joignent, chacune, le point de concours des tangentes en deux points quelconques des deux divisions, tels que* a *et* b′, *au point de concours des tangentes aux deux points* b *et* a′, *correspondants, mais pris inversement, ces droites passeront toutes par le pôle de la corde qui joint les points doubles des deux divisions.*

Corollaire I. — Deux systèmes de trois points a, b, c et a', b', c' pris arbitrairement sur une conique, déterminent deux divisions homographiques : par conséquent les trois droites dont chacune joint deux points tels, que le point d'intersection des tangentes en a et b' et celui des tangentes en b et a' passent par un même point. Ce qu'on exprimera en disant que : *Dans un hexagone circonscrit à une conique les diagonales qui joignent les sommets opposés passent par un même point.* Théorème de M. Brianchon (28).

Corollaire II. — Puisque ce point, par lequel passent les trois droites, est le pôle de la corde qui joint les deux points doubles des deux divisions homographiques déterminées par les trois couples de points a, a'; b, b' et c, c', il en résulte, comme on le voit, une construction des deux points doubles.

Polygones inscrits ou circonscrits à une conique.

245. *Quand un polygone, dont tous les côtés tournent autour d'autant de points fixes, placés d'une manière quelconque, a tous ses sommets, moins un, sur une conique : les deux côtés adjacents au dernier sommet rencontrent la courbe en deux points qui forment deux divisions homographiques.*

Soit, par exemple, un quadrilatère $abcd$ (*fig.* 102), dont trois sommets a, b, c glissent sur une conique, pendant que les quatre côtés da, ab, bc, cd, tournent autour des quatre points A, B, C, D. Je dis que les deux points m, m' dans lesquels les côtés adjacents au dernier sommet d rencontrent la conique, forment sur cette courbe deux divisions homographiques.

En effet, les deux points m, a forment deux divisions homographiques (**226**). De même les deux a et b, les deux b et c, et enfin les deux c et m'. Donc, etc.

246. De là résulte une solution bien simple de ce problème :

Inscrire dans une conique un polygone dont tous les côtés passent par autant de points donnés.

On prendra arbitrairement sur la conique le point m qui détermine le premier côté d'un polygone et par suite tous les autres. Le dernier côté rencontre la conique en un point m'. On détermine de même deux autres couples de points. Ces trois couples appartiennent à deux divisions homographiques dont les points doubles résolvent la question.

Il y a donc deux solutions.

247. *Quand un polygone, dont tous les sommets glissent sur autant de droites fixes quelconques, a tous ses côtés, moins un, tangents à une conique, si par les deux sommets situés sur ce dernier côté, on mène deux tangentes à la conique : les points de contact marqueront deux divisions homographiques.*

Soit le quadrilatère *abcd* (*fig.* 103) dont les quatre sommets glissent sur quatre droites A, B, C, D, pendant que les trois côtés *ab*, *bc*, *cd* roulent sur une conique. Je dis que si l'on mène les tangentes à la courbe par les deux sommets *a*, *d* situés sur le quatrième côté, les points de contact m, m' forment deux divisions homographiques.

En effet, désignons par α, β, γ les points de contact des côtés *ab*, *bc*, *cd*. La corde αm tourne autour du pôle de la droite A; conséquemment les deux points m, α, forment deux divisions homographiques (226); de même les deux α, β; les deux β, γ; et enfin les deux γ, m'. Donc, etc.

248. De là résulte une solution bien simple de ce problème :

Circonscrire à une conique un polygone dont les sommets soient situés sur autant de droites données.

On prendra arbitrairement le premier sommet du polygone sur la droite A, et on formera le polygone *abcd* dont tous les côtés, moins le dernier *da*, soient tangents à la conique. Les tangentes à la courbe menées par les deux points *a*, *d* déterminent deux points de contact m, m'. On construira semblablement deux autres couples de points. Les trois couples appartiennent à deux divisions homographiques dont chacun des points doubles donne une solution de la question.

Il y aura donc deux solutions (*).

(*) Ce problème et le précédent ont été résolus par des considérations différentes, dans le *Traité des propriétés projectives*. (*Voir* p. 349-357.)

CHAPITRE IX.

COURBES POLAIRES RÉCIPROQUES. — CONIQUES HOMOGRAPHIQUES; HOMOLOGIQUES.

§ Ier. — *Polaires réciproques.*

249. Les polaires des points d'une courbe C, relatives à une conique Ω, enveloppent une courbe C', qu'on appelle la *polaire* de la courbe C.

Réciproquement, *la courbe* C *est la polaire de* C'; c'est-à-dire que *les points de* C' *ont pour polaires les tangentes de la courbe* C.

En effet, la polaire d'un point m de la courbe C touche la courbe enveloppe C' en un point m', qui est à l'intersection de cette polaire et de celle du point μ infiniment voisin de m sur C ; or ce point m' est le pôle de la droite $m\mu$ (102) tangente à la courbe C. Donc, etc.

Les deux courbes C, C' jouissent donc de propriétés réciproques. C'est pourquoi on les a appelées *polaires réciproques* (*).

250. *Deux figures polaires réciproques sont deux figures corrélatives.*

En effet, à un point de l'une correspond une droite dans l'autre ; et quand des points de la première figure sont en ligne droite, les droites correspondantes passent par un même point, et ont entre elles des rapports anharmoniques

(*) Nous avons donné dans l'*Aperçu historique* (*voir* p. 219 et 370) une Notice sur l'origine et le développement de cette théorie des *pôles et polaires*.

égaux à ceux des points correspondants (117); ce qui est le caractère des figures corrélatives (*G. S.*, 576).

251. Deux courbes polaires réciproques jouissent de cette propriété, que chacune d'elles est rencontrée par une droite en autant de points qu'on peut mener de tangentes à l'autre par un point donné.

C'est ce qu'on exprime, à l'égard des courbes géométriques, en disant que l'*ordre d'une courbe est égal à la classe de l'autre*. Car on désigne par le mot *classe* le nombre des tangentes (réelles ou imaginaires) qu'on peut mener à une courbe, d'un point quelconque; de même que l'*ordre* d'une courbe est déterminé par le nombre des points de rencontre (réels ou imaginaires) de la courbe et d'une droite quelconque.

252. *La courbe polaire d'une conique* C *est une autre conique* C'.

Considérons deux tangentes fixes A, A' de la conique C : les autres tangentes les rencontrent en des couples de points a, a'; b, b';....

Soient P, P' les pôles des deux droites A, A' par rapport à une conique Ω, et α, β,..., les pôles des tangentes aa', bb',.... Les droites Pα, Pβ,... sont les polaires des points a, b...; et correspondent anharmoniquement à ces points, c'est-à-dire que quatre droites ont le même rapport anharmonique que les quatre points dont elles sont les polaires (117). Pareillement, les droites P'α, P'β,... sont les polaires des points a', b',... et correspondent anharmoniquement à ces points. Or les deux séries de points a, b,..., et a', b',... sont homographiques (7). Donc les deux faisceaux de droites Pα, Pβ,... et P'α, P'β,... sont aussi homographiques. Donc les points α, β,... sont sur une conique (8). C. Q. F. P.

253. Les relations métriques de deux figures polaires

réciproques dérivent de cette propriété que : *quatre points en ligne droite dans une figure ont leur rapport anharmonique égal à celui des quatre droites correspondantes dans l'autre figure* (117).

On déduit de là plusieurs conséquences déjà démontrées dans la théorie des figures corrélatives (*G. S.*, 585-591). Nous nous bornerons à les rappeler ici :

Étant pris dans le plan d'une conique deux points fixes a, b, *et leurs polaires* A, B, *puis une droite quelconque* M *et son pôle* m : *le rapport des distances de ce point aux deux droites* A, B, *est au rapport des distances de sa polaire* M *aux deux points* a, b, *en raison constante.*

Ce que nous exprimerons ainsi, en employant la notation que nous avons déjà mise en usage (40) :

$$\frac{(m, \mathrm{A})}{(m, \mathrm{B})} = \lambda \cdot \frac{(\mathrm{M}, a)}{(\mathrm{M}, b)}.$$

On a une expression très-simple de la constante λ en supposant la droite M à l'infini : son pôle m devient le centre O de la conique, et il en résulte

$$\frac{(\mathrm{O}, \mathrm{A})}{(\mathrm{O}, \mathrm{B})} = \lambda.$$

On obtient une autre expression de λ en supposant que le point m coïncide avec b, et par conséquent la droite M avec B : il vient alors

$$\frac{(\mathrm{A}, b)}{(\mathrm{B}, a)} = \lambda.$$

254. Les deux expressions de λ montrent que

$$\frac{(\mathrm{A}, b)}{(\mathrm{B}, a)} = \frac{(\mathrm{O}, \mathrm{A})}{(\mathrm{O}, \mathrm{B})}.$$

Ce qui exprime que : *Si l'on prend dans une conique les*

pôles de deux droites, les distances respectives de chacune de ces droites au pôle de l'autre sont entre elles dans le rapport des distances des deux droites au centre de la courbe.

255. Les deux droites A, B sont quelconques. Supposons que, la première restant fixe, la seconde soit mobile; représentons celle-ci par M et son pôle par m; la formule se change en

$$\frac{(\mathrm{M}, a)}{(\mathrm{M}, \mathrm{O})} = \frac{(m, \mathrm{A})}{(\mathrm{O}, \mathrm{A})}.$$

Cette relation très-simple pourra servir pour passer des propriétés d'une figure à laquelle appartiendrait le point m, à la figure polaire réciproque formée par les droites M.

§ II. — *Coniques homographiques.*

256. La théorie des figures *homographiques* se trouve dans le *Traité de Géométrie supérieure* (art. 500-573). Nous rappellerons seulement ici la définition et la propriété fondamentale de ces figures (*).

(*) Il ne s'agit que des figures planes. La théorie des figures homographiques à trois dimensions a été donnée dans l'*Aperçu historique*, paru en 1837, mais qui avait fait le sujet d'un ouvrage adressé sept ans auparavant (en janvier 1830) à l'Académie de Bruxelles.

Différents modes de transformation des figures planes, connus depuis longtemps, rentrent dans la théorie des figures homographiques, notamment la méthode de Newton exposée dans le lemme XXII du 1er livre des *Principes mathématiques de la philosophie naturelle*, et celle de Waring qu'on trouve dans les deux ouvrages de l'auteur : *Miscellanea analytica*, p. 82, et *Proprietates curvarum algebraicarum*, p. 240.

Par la première méthode on forme des figures homographiques qui ont des dépendances de position particulières. La construction géométrique conduit à des relations extrêmement simples

$$x = \frac{a}{x'}, \quad y = \lambda \frac{y'}{x'},$$

257. *Deux figures sont appelées homographiques quand des points et des droites, dans l'une, correspondent, respectivement, à des points et à des droites dans l'autre,* comme cela a lieu, par exemple, dans deux figures susceptibles d'être mises en perspective l'une de l'autre.

A des points en ligne droite, dans une figure, correspondent des points en ligne droite dans l'autre figure, puisque à des droites correspondent des droites.

258. La propriété fondamentale des figures homographiques est bien simple : *Quatre points d'une des deux figures, en ligne droite, ont le même rapport anharmonique que les quatre points correspondants de l'autre figure.*

Et par suite : *Deux faisceaux de quatre droites qui se correspondent dans les deux figures ont le même rapport anharmonique.*

Pour exprimer un peu plus brièvement ces égalités de rapports anharmoniques, nous pourrons dire que les points en ligne droite dans les deux figures se correspondent *anharmoniquement,* et que les droites, dans deux faisceaux, se correspondent aussi *anharmoniquement.*

---

entre les coordonnées x, y et x', y' des points correspondants des deux figures.

La transformation de Waring, que ce géomètre présente comme la généralisation de la méthode de Newton, s'exprime par les formules générales

$$x = \frac{ax' + bx' + c}{a''x' + b''y' + c''}, \quad y = \frac{a'x' + b'y' + c'}{a''x' + b''y' + c''}.$$

Les neuf coefficients a, b, ... qui se réduisent à huit, permettent de prendre arbitrairement quatre points de la nouvelle figure, qui doivent correspondre à quatre points désignés de la figure donnée. De sorte que ces figures ont toute la généralité de position que comporte le sujet.

Les figures que M. Möbius a appelées *collinéaires* dans son *Traité du calcul barycentrique* (Leipzig, 1827) sont aussi des figures homographiques les plus générales, dont le célèbre auteur a donné l'expression *barycentrique*, et une construction géométrique fort simple.

Ces relations servent à construire la figure homographique d'une figure donnée, quand on connaît quatre points de la nouvelle figure qui doivent correspondre à quatre points désignés de la première.

259. Les mêmes relations conduisent à celle-ci :

Si l'on prend dans une figure deux droites fixes, et dans la figure homographique les deux droites correspondantes : les rapports des distances de deux points homologues quelconques à ces deux couples de droites, respectivement, sont en raison constante.

Lorsque l'une des deux droites fixes d'une figure est située à l'infini, la distance qui se rapporte à cette droite devient infinie ; mais le théorème subsiste comme si cette distance devenait égale à l'unité. (*G. S.*, 514.)

260. *La figure homographique d'une conique est une seconde conique.*

Pour le prouver, prenons deux points fixes P, Q de la conique proposée, autour desquels tournent les deux cordes Pm, Qm qui se coupent sur la courbe. A ces droites correspondent, dans la figure homographique, des cordes P$'m'$, Q$'m'$, qui passent par deux points fixes P$'$, Q$'$, et se coupent en un autre point m' variable. Les droites P$'m'$ correspondent anharmoniquement aux droites Pm (258) ; et les droites Q$'m'$ aux droites Qm. Mais celles-ci correspondent anharmoniquement aux droites Pm (6). Donc les droites Q$'m'$ correspondent anharmoniquement aux droites P$'m'$. Donc les points m' sont sur une conique (8). Ce qu'il fallait prouver.

261. *Quand deux coniques* C, C$'$ *sont homographiques, si l'on considère dans l'une un point et sa polaire, il correspond, dans l'autre, un point et sa polaire.*

Soient (*fig.* 104) un point p et sa polaire L relative à la conique C ; une transversale menée par le point p rencontre cette droite et la courbe en des points q et a, b; et les quatre points p, q, a, b sont en rapport harmonique. A ces points correspondent dans la conique C', quatre points p', q', a', b' qui sont aussi en rapport harmonique (258); ce qui prouve que le point q' appartient à la polaire du point p'. Donc, etc.

262. *Quand deux coniques sont homographiques, deux points conjugués dans l'une correspondent à deux points conjugués dans l'autre. Et deux droites conjuguées correspondent à deux droites conjuguées.*

Cela est évident d'après la proposition précédente.

263. *Deux coniques quelconques peuvent être considérées comme deux figures homographiques dans lesquelles trois points donnés de l'une correspondent à trois points donnés de l'autre.*

Soient a, b, c et a', b', c' (*fig.* 105) les deux systèmes de trois points donnés sur les deux coniques; et d un quatrième point de la première. On déterminera comme suit, le point correspondant d' sur la seconde. On prendra sur les deux courbes deux points quelconques O, Ω', et par ce dernier on mènera les droites $\Omega'a'$, $\Omega'b'$, $\Omega'c'$ et une quatrième $\Omega'd'$ faisant avec les trois premières un rapport anharmonique égal à celui des quatre droites Oa, Ob, Oc, Od. Cette droite rencontre la seconde conique en un point d'.

Que l'on construise maintenant la figure homographique à la conique C, en prenant les quatre points a', b', c', d' pour correspondre respectivement aux quatre a, b, c, d (*G. S.*, 506). Je dis que cette figure sera la conique C'. En effet, ce sera une conique (260), et elle passera par les quatre points a', b', c', d', puisqu'ils correspondent aux quatre a, b, c, d. Le point O' correspondant à O sera sur cette conique. Comme les deux figures sont homographiques, les quatre droites $O'a'$, $O'b'$, $O'c'$, $O'd'$ et les quatre Oa, Ob, Oc, Od ont le même rapport anharmonique. Mais cela étant, le rapport anharmonique des quatre droites $O'a'$, $O'b'$, $O'c'$, $O'd'$ sera égal à celui des quatre $\Omega'a'$, $\Omega'b'$, $\Omega'c'$, $\Omega'd'$. Donc le point Ω' est sur la conique qui passe par les cinq points a', b', c', d', O'. En d'autres termes, la conique (a', b', c', d', O') construite comme homographique à la conique (a, b, c, d, O) passe par le point Ω'. Elle coïncide donc avec la conique proposée C', puisqu'elles ont cinq points communs a', b', c', d', Ω'. Ce qui démontre le théorème.

Remarque. — On conclut de cette démonstration, que : *Si deux faisceaux homographiques ont leurs centres en deux points quelconques* O, Ω' *de deux coniques données* C, C', *les points* a, b, c,..., *et* a', b', c',... *dans lesquels les rayons des deux faisceaux rencontrent les deux coniques respectivement, constituent deux figures homographiques.*

On peut dire que ces deux séries de points, situés sur deux coniques, forment sur ces courbes *deux divisions homographiques.*

Et si l'on nomme *rapport anharmonique* de quatre points d'une conique, le rapport anharmonique des quatre droites menées de ces points à un cinquième point quelconque de la courbe, on dira que : *Deux divisions homographiques sur deux coniques sont formées par deux séries de points tels, que le rapport anharmonique de quatre points quelconques de la première série est égal au rapport anharmonique des quatre points correspondants de la seconde série.*

Nous aurons à considérer plus tard ces divisions homographiques, dont la définition se présente ici naturellement.

Le théorème (263) donne lieu aux deux corollaires suivants :

Corollaire I. — *Toute conique peut être considérée comme homographique à un cercle.*

Corollaire II. — *Toute conique peut être considérée comme homographique à elle-même, de manière que trois points donnés de la courbe correspondent, respectivement, à trois autres points donnés.*

Il résulte de là que les deux séries de points que nous avons appelées *divisions homographiques* sur une conique (225), forment effectivement *deux figures homographiques.*

§ III. — *Coniques homologiques.*

264. Un axe X (*fig.* 106) et un point S étant donnés, si de ce point on mène à chaque point m d'une figure donnée, une droite Sm qui rencontre l'axe X en μ, et sur laquelle on prend un point m' déterminé par la relation

$$(1) \qquad \frac{Sm}{\mu m} = \lambda \cdot \frac{Sm'}{\mu m'},$$

λ étant une constante : ces points m' forment une seconde figure, *homologique* à la première. Le point S est le *centre d'homologie* des deux figures, et la droite X leur *axe d'homologie* (*G. S.*, 520).

On peut dire que les points m' de la seconde figure sont déterminés par la condition de faire avec les trois points S, m, μ un rapport anharmonique constant, égal à λ.

265. Les deux figures possèdent cette propriété : *A une droite dans l'une correspond une droite dans l'autre, et ces droites se coupent sur l'axe d'homologie.*

En effet, m et a étant deux points d'une droite donnée, et m', a' les points correspondants, les deux systèmes de quatre points S, m, μ, m' et S, a, α, a' ont des rapports anharmoniques égaux : les trois droites ma, $\mu\alpha$ et $m'a'$ concourent donc en un même point e (*G. S.*, 38). Ce qui démontre la proposition.

Corollaire. — Puisque deux droites homologues se coupent sur l'axe d'homologie, il s'ensuit que : *La droite à l'infini dans une figure, a pour homologue, dans l'autre figure, une droite parallèle à l'axe d'homologie.*

Effectivement, si les points m' de la seconde figure sont à l'infini, les points correspondants de la première figure sont déterminés par l'équation

$$\frac{Sm}{\mu m} = \lambda,$$

et sont par conséquent sur une droite parallèle à l'axe d'homologie.

266. Ces figures homologiques ne diffèrent des figures homographiques que par la position relative des deux figures. Conséquemment toutes les propriétés des figures homographiques leur appartiennent.

Ainsi : I. Quatre points en ligne droite dans une figure ont le même rapport anharmonique que les quatre points homologues de l'autre figure.

II. Deux faisceaux de quatre droites, qui se correspondent, ont aussi le même rapport anharmonique.

III. Le rapport des distances de chaque point d'une figure à deux droites fixes A, B, et le rapport des distances du point correspondant de l'autre figure aux deux droites A', B' qui correspondent à A, B, sont en raison constante.

Ce que nous exprimons ainsi

$$\frac{(m, \mathrm{A})}{(m, \mathrm{B})} = \lambda_1 \cdot \frac{(m', \mathrm{A}')}{(m', \mathrm{B}')}.$$

Si l'une des droites, B' par exemple, est à l'infini (auquel cas B est parallèle à l'axe d'homologie), la distance (m', B') disparaît de l'équation, qui devient

$$\frac{(m, \mathrm{A})}{(m, \mathrm{B})} = \lambda_2 . (m', \mathrm{A}').$$

Et pareillement, si la droite A de la première figure est aussi à l'infini, A' et B étant alors toutes deux parallèles à l'axe d'homologie (265), l'équation devient

$$(m', A').(m, B) = \lambda_3.$$

IV. Les rapports des distances de deux droites homologues quelconques M, M', à des systèmes de deux points fixes homologues a, b et a', b', sont en raison constante.

Ce que nous exprimons ainsi

$$\frac{(M, a)}{(M, b)} = \nu . \frac{(M', a')}{(M', b')}.$$

V. La figure homologique à une conique est une conique.

VI. A un point et à sa polaire relatifs à la première conique, correspondent dans la seconde conique un point et sa polaire. A deux points conjugués, et à deux droites conjuguées dans la première conique, correspondent, respectivement, deux points conjugués et deux droites conjuguées dans la conique homologique.

VII. Les points d'une conique situés sur l'axe d'homologie sont eux-mêmes leurs homologues dans l'autre conique ; de sorte que l'axe d'homologie est une corde commune aux deux courbes.

Cela est évident d'après l'équation (1), si ces points sont réels. Mais on le prouve aussi par un raisonnement bien simple, qui s'applique au cas où les points sont imaginaires. Il suffit de remarquer que les points d'intersection d'une conique et de l'axe d'homologie sont les points doubles de deux divisions homographiques formés sur cet axe par les rayons de deux faisceaux qui ont leurs centres sur la conique (12). A ces deux faisceaux correspondent dans l'autre conique, deux faisceaux dont les rayons rencontrent, respectivement, leurs homologues, sur l'axe d'homologie, et y forment par conséquent les deux mêmes divisions homographiques. Par suite les points doubles, ou les points d'intersection de la seconde conique et de l'axe d'homologie, restent les mêmes.

VIII. Pareillement: les tangentes d'une conique, menées par le centre d'homologie, coïncident, respectivement, avec leurs homologues dans l'autre conique; de sorte que le centre d'homologie est le point de concours de deux tangentes communes aux deux coniques (tangentes réelles ou imaginaires).

267. Reprenons la formule ci-dessus

$$\frac{(m, \mathrm{A})}{(m, \mathrm{B})} = \lambda_2.(m', \mathrm{A}'), \quad \text{ou} \quad \frac{(m, \mathrm{A})}{(m', \mathrm{A}')} = \lambda_2.(m, \mathrm{B}).$$

(m, B) est la distance du point m à la droite B de la première figure, qui correspond à la droite de la seconde figure située à l'infini. Désignant cette distance par la perpendiculaire mp (*fig.* 106); et supposant que les deux droites A, A′ coïncident avec l'axe d'homologie, auquel cas $\frac{(m, \mathrm{A})}{(m', \mathrm{A}')} = \frac{\mu m}{\mu m'}$; on a

$$\frac{\mu m}{\mu m'} = \lambda_2.mp.$$

L'équation fondamentale (1) devient

$$\frac{\mathrm{S}m}{\mathrm{S}m'} = \lambda.\lambda_2.mp.$$

Écrivons

$$\mathrm{S}m' = \lambda\cdot\frac{\mathrm{S}m}{mp}, \tag{2}$$

λ étant une nouvelle constante.

Cette formule servira pour construire la figure homologique d'une figure donnée, au moyen du centre d'homologie, et de la droite qui, dans la figure donnée, correspond à la droite située à l'infini dans la figure demandée.

Remarquons qu'alors l'axe d'homologie se détermine immédiatement, car il est parallèle à la droite donnée (265, *Coroll.*) ; et la constante λ exprime sa distance à cette droite.

En effet, si nous supposons que le point m soit sur l'axe d'homologie, m' coïncide avec m, et l'équation devient

$$Sm = \lambda \cdot \frac{Sm}{mp}, \quad \text{ou} \quad mp = \lambda.$$

268. Quand on donne le centre et l'axe d'homologie, il faut, pour construire une figure homologique, connaître, en outre, deux points homologues, tels que a, a' (*fig.* 106). Ces points servent à déterminer la constante λ dans l'équation générale (1), et l'on peut construire ensuite tous les points de la figure au moyen de l'équation.

Mais la construction peut se faire immédiatement aussi par de simples intersections de lignes droites ; car pour déterminer le point m' qui correspond à un point m de la figure donnée, il suffit de mener la droite ma qui rencontre l'axe d'homologie en un point e, et la droite ea', qui lui correspond dans la seconde figure : le point m' est à l'intersection de cette droite et de Sm (*).

269. Des deux points homologues donnés a, a', l'un, a' par exemple, peut être pris à l'infini (*fig.* 107) : la construction reste la même.

Dans ce cas, on obtient immédiatement une expression très-simple du segment mm'. Les deux triangles semblables mem', $ma\mathrm{S}$, donnent

$$\frac{Sm}{mm'} = \frac{ma}{me}, \quad mm' = \frac{Sm \cdot me}{ma}.$$

Si l'on mène par le point a une droite I parallèle à l'axe d'homologie X, le rapport $\frac{me}{ma}$ sera égal au rapport

(*) Dans le *Traité des Propriétés projectives* (p. 162 et suiv.), M. Poncelet ramène les différents cas que présente la théorie des figures homologiques, à cette construction graphique, sans employer aucune relation de segments.

des distances mq, mp, du point m aux deux droites X et I; de sorte qu'on aura

$$mm' = Sm \cdot \frac{mq}{mp}.$$

Cette expression de mm' conduit sur-le-champ à la formule (2) ci-dessus. Car

$$mm' = Sm' - Sm;$$

donc

$$Sm' - Sm = Sm \cdot \frac{mq}{mp}:$$

et

$$Sm' = Sm \left(\frac{mq + mp}{mp}\right) = pq \cdot \frac{Sm}{mp}:$$

ou

$$Sm' = \lambda \cdot \frac{Sm}{mp}.$$

Cette formule va nous être d'un grand usage (*).

(*) De La Hire, qui le premier (en 1673) a considéré ce mode de transformation des figures planes, prenait le point a' à l'infini. Il nommait le point S, *pôle;* la droite X, *formatrice;* sa parallèle menée par le point a, *directrice:* la figure donnée était un cercle, appelé *cercle générateur*, et la courbe décrite recevait le nom de *planiconique*, parce qu'elle était effectivement une section conique, mais engendrée sur le plan du cercle et sans le secours d'un cône. De La Hire employait seulement cette surface pour démontrer que la courbe pouvait être placée sur un cône ayant pour base le cercle donné, et conséquemment était une *section conique*. Ensuite les propriétés de cette *conique* se déduisaient directement de celles du cercle. (Voir *Aperçu historique, etc.*, p. 128–130.)

De La Hire n'a pas connu l'expression du segment mm' qui se déduit, comme on l'a vu, de sa construction. Mais trente ans plus tard (en 1704), un géomètre de Mons, Le Poivre, en suivant une marche semblable, a été conduit à l'expression de ce segment pour déterminer chaque point de la courbe engendrée. C'était un pas heureux, qui mérite d'être remarqué dans cette théorie: car, dans toutes les questions de géométrie, les relations *métriques* sont toujours plus fécondes et plus puissantes, que celles où n'entrent que des intersections de lignes, et qu'on appelle, par opposition, *descriptives*.

L'ouvrage de Le Poivre est intitulé : *Traité des sections du cylindre et du cône, considérées sur le solide et dans le plan, avec des Démonstrations simples et nouvelles*. Paris, 1704; in-8°, 61 pages. L'auteur appelle *sommet*, le point S;

§ IV. — *Coniques homologiques, dont l'une a son centre de figure au centre d'homologie.*

270. *Étant donnés une conique* C *et un point* S *pris pour centre d'homologie, on demande de construire une conique homologique qui ait son centre de figure en* S.

Appelons σ la conique homologique demandée. Pour la construire, il suffit d'exprimer que la droite située à l'infini dans la seconde figure, correspond à la polaire du point S relative à la conique C. Car cette droite située à l'infini sera la polaire du même point S relativement à la conique homologique σ (266, VI); ce point sera donc le centre de σ.

D'après cela, on déterminera les points m de cette courbe, qui correspondent à des points M de la conique C (*fig.* 108), par la formule

$$\text{(1)} \qquad \mathrm{S}m = \lambda \frac{\mathrm{SM}}{\mathrm{MP}};$$

MP étant la perpendiculaire abaissée de chaque point M sur la polaire I du point S relative à la conique C.

Si le point S est extérieur à la conique donnée C, la co-

base, l'axe X; et la parallèle aI, *directrice*. Cette dernière dénomination est celle de La Hire; néanmoins, comme je l'ai dit ailleurs (*Aperçu hist.*, p. 130), rien n'autorise à croire que Le Poivre ait connu le livre des *Planiconiques*.

Une seconde édition de l'ouvrage de Le Poivre, renfermant « des démonstrations plus simples et plus générales que celles de l'édition de Paris », a paru à Mons en 1708. L'auteur y a mis une préface, dans laquelle il fait connaître ses relations avec le marquis de L'Hôpital; et l'ouvrage se termine par une *Réponse* à la critique que le *Journal des Savants* avait faite de l'édition de 1704. Le Poivre, dans cette réponse, dit qu'il n'a point connu les *Planiconiques* de De la Hire.

Un exemplaire de cette édition de 1708, qui paraît aussi rare que celle de 1704, a été retrouvé par M. C. Wins, et réimprimé en 1854, à Mons, par les soins de cet érudit bibliophile et de M. Quételet, l'éminent secrétaire perpétuel de l'Académie royale des Sciences de Bruxelles. A cette réimpression, que réclamait le mérite de ce petit ouvrage, se trouvent jointes deux Notices intéressantes, dues aux savants éditeurs. Mais on regrette que la *Réponse* de Le Poivre au *Journal des Savants* n'y ait pas été reproduite *in extenso*, et qu'il ne s'en trouve que des extraits, dans une des deux Notices.

nique homologique σ est toujours une hyperbole, quelle que soit C, ellipse, hyperbole, ou parabole; les asymptotes de cette hyperbole σ sont les tangentes de C, menées par le point S. Mais si S est intérieur à C, la conique σ est toujours une ellipse.

271. La formule (1), qui convient à deux figures homologiques quelconques, prend, dans le cas particulier de deux coniques, d'autres expressions que nous allons faire connaître.

La transversale SM rencontre la conique C en un second point M' auquel correspond sur σ un point m'; et l'on a

$$Sm' = \lambda \frac{SM'}{M'P'}.$$

Or, les quatre points S, μ, M, M' sont en rapport harmonique : donc

$$\frac{SM}{SM'} = -\frac{\mu M}{\mu M'} = -\frac{MP}{M'P'};$$

ou

$$\frac{SM}{MP} = -\frac{SM'}{M'P'}.$$

On conclurait de là que $Sm = -Sm'$, c'est-à-dire que le point S est le centre de la conique σ, si l'on n'avait pas donné lieu à ce résultat en prenant, dans cette vue même, la polaire du point S à l'infini.

La relation harmonique des quatre points S, μ, M, M' s'exprime aussi par l'équation

$$\frac{2}{\mu S} = \frac{1}{\mu M} + \frac{1}{\mu M'} \quad (G.\ S.,\ 61),$$

ou, en substituant aux segments μS, μM, $\mu M'$ les perpendiculaires SK, MP, M'P' qui leur sont proportionnelles,

$$\frac{2}{SK} = \frac{1}{MP} + \frac{1}{M'P'}.$$

D'après les valeurs ci-dessus de Sm et Sm', cette équation devient

$$\frac{2\lambda}{SK}=\frac{Sm}{SM}+\frac{Sm'}{SM'},$$

ou, parce que $Sm=-Sm'$,

$$\frac{2\lambda}{SK}\cdot\frac{1}{Sm}=\frac{1}{SM}-\frac{1}{SM'}:$$

écrivons

(2) $$\frac{1}{Sm}=\nu\cdot\left(\frac{1}{SM}-\frac{1}{SM'}\right).$$

On peut donner encore à l'expression de Sm une autre forme. On a

$$\frac{1}{Sm}=\nu\cdot\frac{SM'-SM}{SM.SM'}=\nu\cdot\frac{MM'}{SM.SM'}.$$

Soit OD le demi-diamètre de la conique C, parallèle à la transversale SM; on sait que

$$\frac{SM.SM'}{\overline{OD}^2}=\text{const.}\quad(49).$$

Donc

(3) $$Sm=\mu\cdot\frac{\overline{OD}^2}{MM'};$$

μ étant une nouvelle constante.

Chacune des expressions (1), (2), (3) de Sm sert à construire, en partant d'une conique donnée, une conique homologique dont le centre coïncide avec le centre d'homologie, pris arbitrairement.

Chaque couple de droites conjuguées par rapport à la conique C, menées par le point S, est, en direction, un couple de diamètres conjugués de la conique σ (266, VI). Par conséquent la droite menée au centre de C, et la parallèle à la polaire du point S, sont, en direction, deux diamètres conjugués de σ. Nous appellerons $S\alpha$, $S\beta$ ces deux demi-diamètres.

272. *Rapport des deux demi-diamètres conjugués* $S\alpha$, $S\beta$. On a (*fig.* 109), par la formule (3) ci-dessus,

$$S\alpha = \mu \cdot \frac{\overline{Oa}^2}{aa'} = \mu \cdot \frac{\overline{Oa}^2}{2.Oa},$$

$$S\beta = \mu \cdot \frac{\overline{Ob}^2}{ee'} = \mu \cdot \frac{\overline{Ob}^2}{2.Se}.$$

$$\frac{S\alpha}{S\beta} = \frac{\overline{Oa}^2}{\overline{Ob}^2} \cdot \frac{Se}{Oa} = \frac{Oa.Se}{\overline{Ob}^2},$$

ou

$$\frac{\alpha}{\beta} = \frac{a.Se}{b^2}.$$

Introduisons, à la place de l'ordonnée Se, qui détermine la position du point S sur l'axe aa', la distance de ce point au centre O. On a (49)

$$\frac{\overline{Se}^2}{Sa.Sa'} = \frac{\overline{Ob}^2}{Oa.Oa'}, \quad \text{ou} \quad \frac{\overline{Se}^2}{a^2 - \overline{SO}^2} = \frac{b^2}{a^2}.$$

Donc

$$\frac{\alpha}{\beta} = \frac{\sqrt{a^2 - \overline{SO}^2}}{b}.$$

Telle est l'expression du rapport des deux demi-diamètres conjugués $S\alpha$, $S\beta$.

Cas de la parabole.

273. Soit Sa (*fig.* 110) le diamètre de la parabole, sur lequel se trouve le point donné S, et Sbb' la corde parallèle à la tangente en a. Ces deux droites Sa, Sb sont conjuguées par rapport à la parabole, et conséquemment seront les directions de deux diamètres conjugués $S\alpha$, $S\beta$ de la conique homologique (266, VI). Pour déterminer le rapport

de ces diamètres, on se sert de la formule (2). On a ainsi

$$\frac{1}{S\alpha} = \nu \frac{1}{Sa},$$

$$\frac{1}{S\beta} = \nu \left(\frac{1}{Sb} - \frac{1}{Sb'}\right) = \nu \left(\frac{1}{Sb} + \frac{1}{Sb}\right) = \nu \frac{2}{Sb}.$$

$$\frac{S\alpha}{S\beta} = \frac{2.Sa}{Sb}.$$

Or entre Sa et Sb, il existe la relation

$$\overline{Sb}^2 = p.Sa;$$

p étant le paramètre relatif au diamètre aS (208). Donc

$$\frac{S\alpha}{S\beta} = \frac{2.Sb}{p} = 2\frac{\sqrt{Sa}}{\sqrt{p}}. \quad \text{C. Q. F. T.}$$

274. Les trois formules (1), (2), (3) pourraient se traduire sous la forme de théorèmes relatifs à la description d'une conique ayant pour diamètres conjugués les systèmes de droites conjuguées par rapport à une conique donnée, menées par un même point S quelconque. Nous n'énonçons pas ces théorèmes, parce qu'ils sont suffisamment indiqués par les formules. Ils auront des applications; ils conduisent à la considération des foyers, points très-importants dans la théorie des sections coniques, et qui cependant ne se rattachent que difficilement au cône dans lequel on a formé ces courbes à la manière des Anciens, ou à l'équation de Descartes dans les *Traités de Géométrie analytique* (*).

(*) Les trois formules (1), (2) et (3) s'appliquent aux surfaces du second ordre, et sont le sujet des §§ XIX-XXI, du Mémoire sur la *Théorie des figures homographiques* à trois dimensions, qui fait suite à l'*Aperçu historique, etc.* (p. 783-805).

CHAPITRE X.

FOYERS DES SECTIONS CONIQUES.

§ I.

275. *Une conique C étant donnée, on demande de déterminer le centre d'homologie S, de manière que la conique homologique σ (270) soit un cercle.*

Pour satisfaire à la question, il suffit d'exprimer que les deux demi-diamètres conjugués $S\alpha$, $S\beta$ de la conique σ (*fig.* 111) remplissent deux conditions : qu'ils sont rectangulaires, et qu'ils sont égaux.

La première condition exige que le diamètre OA sur lequel est le point S, et son conjugué OB soient les axes de la conique C; c'est-à-dire que nécessairement le centre d'homologie S est situé sur l'un des deux axes de C.

La seconde condition

$$S\alpha = S\beta,$$

revient à

$$\frac{\sqrt{a^2 - \overline{SO}^2}}{b} = 1; \quad \text{d'où} \quad SO = \pm\sqrt{a^2 - b^2}.$$

Cette valeur prouve que le point S est sur le grand axe de la courbe.

Ainsi il existe sur le grand axe deux points S, S′ qui satisfont à la question; leurs distances au centre sont égales à $\sqrt{a^2 - b^2}$.

Dans l'hyperbole cette distance est $\sqrt{a^2 + b^2}$, parce qu'on aurait

$$\frac{\overline{Se}^2}{\overline{SO}^2 - a^2} = \frac{b^2}{a^2}.$$

et

$$\frac{\alpha}{\mathrm{\beta}} = \frac{\sqrt{\overline{\mathrm{SO}}^2 - a^2}}{b}.$$

D'où

$$\overline{\mathrm{SO}}^2 - a^2 = b^2, \quad \text{et} \quad \mathrm{SO} = \pm\sqrt{a^2 + b^2}.$$

Les deux points S déterminés par cette équation sont nécessairement sur l'axe transverse de l'hyperbole. Aucun point S de l'axe imaginaire ne saurait répondre à la question ; parce que, cet axe étant au dehors de la conique C, la conique σ relative à l'un quelconque de ses points est une hyperbole qui a pour asymptotes les deux tangentes à C menées de ce même point (270). Mais il existe sur l'axe imaginaire deux points S pour lesquels l'hyperbole est *équilatère;* leur distance au centre est $\mathrm{SO} = \sqrt{a^2 + b^2}$.

Pour la parabole (*fig.* 112), il faut que le point S soit sur le diamètre Ax perpendiculaire à la tangente Ay, c'est-à-dire sur l'axe de la courbe ; et l'équation de la parabole étant $y^2 = px$, la distance du point S au sommet est $\mathrm{SA} = \frac{p}{4}$ (273).

Ces points qui jouissent de la propriété d'être les centres de cercles homologiques à une conique, sont ceux qu'on a nommés *foyers* de la courbe, comme le montre, indépendamment de toute autre propriété de ces points, la position qu'ils ont sur l'axe principal de la courbe.

Les diverses propriétés des coniques, auxquelles ces points donnent lieu, se vont déduire avec une grande facilité, des considérations qui précèdent.

Propriétés des foyers.

276. *Deux droites conjuguées menées par un foyer, sont toujours rectangulaires.* Car ces deux droites sont (266, VI) deux diamètres conjugués de la conique homologique, qui ici est un cercle.

Réciproquement : *Si deux droites conjuguées, menées par un point, sont toujours rectangulaires, ce point est un foyer.*

Car la conique homologique qui aura ce point pour centre, sera un cercle, parce que tous ses diamètres conjugués seront rectangulaires.

Cette propriété, qui pourrait servir à définir les *foyers*, a été connue de La Hire dans son grand Traité de 1685 (*).

277. Nous désignerons maintenant les foyers par la lettre F. Soit DL la polaire du foyer F (*fig.* 113); mp la perpendiculaire abaissée du point m de la courbe sur cette polaire. Le rapport $\frac{\mathrm{F}m}{mp}$ est proportionnel au demi-diamètre de la conique homologique σ qui a son centre en F. Or cette conique est un cercle; donc

$$\frac{\mathrm{F}m}{mp} = \text{const.} = \frac{\mathrm{FA}}{\mathrm{DA}} \text{ ou } \frac{\mathrm{FA}'}{\mathrm{DA}'}.$$

La polaire du foyer a reçu le nom de *directrice*. Donc :

Les distances de chaque point d'une conique à un foyer et à sa directrice sont entre elles dans un rapport constant.

Dans la parabole ce rapport est égal à l'unité, parce que le point A′ étant à l'infini, $\frac{\mathrm{FA}'}{\mathrm{DA}'} = 1$; et de même, $\frac{\mathrm{FA}}{\mathrm{DA}} = 1$, abstraction faite du signe.

278. La distance d'un point à une droite s'exprime, en

(*) Livre VIII, proposition XXIII. C'est de ce théorème de De La Hire, que M. Poncelet, par une marche différente de celle que nous venons de suivre, a conclu que le foyer commun de deux coniques est un centre d'homologie des deux courbes; et dès lors, qu'un cercle décrit autour d'un foyer, comme centre, a ce point pour centre d'homologie avec la conique. Résultat qui, à cette époque, offrait un grand intérêt, par ses nombreuses conséquences (*Traité des Propriétés projectives*, p. 260 et suiv.)

Géométrie analytique, par une fonction rationnelle du premier degré des coordonnées de ce point. De sorte qu'on peut dire que : *La distance de chaque point d'une conique à l'un des foyers s'exprime par une fonction rationnelle du premier degré des coordonnées de ce point.*

Les foyers sont les seuls points qui jouissent de cette propriété. En effet, si la distance Sm de chaque point m d'une conique à un point fixe S s'exprime par une fonction rationnelle $\alpha x + 6y + \gamma$ des coordonnées de m, cette distance se trouve proportionnelle à la distance mp du même point m à une droite fixe, qui a pour équation $\alpha x + 6y + \gamma = 0$. On a donc

$$\frac{Sm}{mp} = \text{const}.$$

Prenons sur le rayon Sm le point m' tel, que

$$Sm' = \lambda \frac{Sm}{mp},$$

le point m' sera sur une conique (270). Mais on a

$$\frac{Sm}{mp} = \text{const.} : \quad \text{donc} \quad Sm' = \text{const.};$$

donc cette conique est un cercle. Par conséquent deux droites conjuguées de la conique proposée, menées par le point S, sont rectangulaires. Donc ce point est un foyer (276).

279. Pour les extrémités d'un diamètre mm' (*fig.* 113), on voit immédiatement que

$$mp + m'p' = 2\,\text{OD}.$$

Par suite,

$$Fm + Fm' = \text{const}.$$

Dans l'hyperbole, on a

$$m'p' - mp = 2\text{OD}.$$

Donc

$$Fm' - Fm = \text{const}.$$

Ces formules se traduisent par ces énoncés :

Dans l'ellipse, la somme des rayons vecteurs menés d'un foyer aux extrémités d'un diamètre est constante.

Et *dans l'hyperbole, la différence des rayons vecteurs menés d'un foyer aux extrémités d'un diamètre est constante.*

Il est clair que la somme ou la différence des deux rayons vecteurs est égale au grand axe de la courbe.

280. Si l'on considère les deux foyers F, F', le rayon vecteur mené du foyer F' au point m est égal et parallèle au rayon vecteur mené du premier foyer F au point m'. On peut donc dire que $\mathrm{F}m \pm \mathrm{F}m' = \text{const.}$ Donc :

La somme des rayons vecteurs menés des deux foyers d'une ellipse à un même point de la courbe, et la différence, dans l'hyperbole, sont des quantités constantes.

281. On conclut de là que : *Les rayons vecteurs menés des deux foyers à un point de l'ellipse ou de l'hyperbole font des angles égaux avec la tangente en ce point, et par conséquent aussi avec la normale.*

En effet, considérons un point n infiniment voisin du point m (*fig.* 114), et abaissons les perpendiculaires nq, nq' sur les rayons $\mathrm{F}'m$, $\mathrm{F}m$. Dans le triangle rectangle mnq,

$$mq = mn \, . \cos nmq.$$

Pareillement,

$$mq' = mn \, . \cos nmq'.$$

Or mq est la différence des deux rayons $\mathrm{F}'m$, $\mathrm{F}'n$, et mq' la différence des deux rayons $\mathrm{F}n$, $\mathrm{F}m$; de plus, ces deux différences sont égales, puisqu'on a

$$\mathrm{F}m \pm \mathrm{F}'m = \mathrm{F}n \pm \mathrm{F}'n;$$

d'où

$$\mathrm{F}'m - \mathrm{F}'n = \pm (\mathrm{F}n - \mathrm{F}m). \quad \text{Donc} \quad \cos nmq = \cos nmq'.$$

Donc les angles nmq, nmq', ou $t'm\mathrm{F}'$ et $tm\mathrm{F}$ sont égaux. Donc, etc.

282. Dans la parabole (*fig.* 115), $\mathrm{F}m = mp$, $\mathrm{F}n = np'$ (277) : donc

$$\mathrm{F}m - \mathrm{F}n = mp - np',$$

ou

$$mq' = mp.$$

Par conséquent

$$\cos nmq = \cos nmq'.$$

Donc : *Dans la parabole, la tangente fait des angles égaux avec le rayon vecteur mené au point de contact et avec une parallèle à l'axe.*

283. *Dans l'ellipse, et dans l'hyperbole, la tangente et la normale en un point forment un faisceau harmonique avec les deux rayons vecteurs menés à ce point.*

Cela est évident, puisque la tangente et la normale sont les bissectrices des angles formés par les deux rayons vecteurs (281).

Il suit de là que : *Les points où la tangente et la normale rencontrent le grand axe, sont conjugués harmoniques par rapport aux deux foyers.*

Et par conséquent : *Si en trois points d'une conique on mène les tangentes et les normales à la courbe, ces six droites rencontreront le grand axe en six points qui seront en involution. Les points doubles de l'involution sont les deux foyers.*

284. *Dans la parabole, la tangente et la normale en un point sont conjuguées harmoniques par rapport au rayon vecteur et à la parallèle menée à l'axe par ce point* (282).

Il s'ensuit que : *La tangente et la normale rencontrent l'axe de la courbe en deux points situés de part et d'autre, et à égale distance du foyer.*

285. Soit une conique, ellipse ou hyperbole, dont les foyers sont F, F′ (*fig.* 116). Prolongeons le rayon F′m d'une quantité mG $=$ mF, on aura

$$F'G = AA' = \text{const.} \quad (279).$$

Le point G est donc sur une circonférence de cercle décrite du point F′ comme centre.

La droite FG est perpendiculaire à la tangente en m, puisque cette tangente est la bissectrice de l'angle FmG (281). Le point u de la tangente est le milieu de FG. Par conséquent la droite Ou est parallèle à F′G et égale à $\frac{1}{2}$ F′G $=$ OA. Donc :

Les pieds des perpendiculaires abaissées d'un foyer sur les tangentes d'une conique, sont sur le cercle dont le grand axe de la courbe est le diamètre.

Corollaire I. — On conclut de là immédiatement que : *Les pieds des obliques abaissées d'un foyer sur les tangentes, sous un même angle et dans un même sens de rotation, sont aussi sur un cercle.*

Car soit Fν une oblique ; si l'angle uFν est constant, le rapport de Fν à Fu est aussi constant. Par conséquent, si l'on prend sur la perpendiculaire Fu une ligne Fν_1 égale à l'oblique Fν, le point ν_1 sera sur un cercle. Mais on peut concevoir que ce cercle tourne autour du point F, d'un angle égal à uFν : le point ν_1 viendra en ν. Les points ν, pieds des obliques, sont donc sur un cercle.

Corollaire II. — Les perpendiculaires abaissées d'un foyer sur deux tangentes parallèles, coïncident en direction et ont leurs pieds u, u' sur le même cercle ; conséquemment on a

$$Fu.Fu' = \text{const.}$$

Ainsi :

Le produit des distances d'un foyer à deux tangentes parallèles est constant.

La perpendiculaire abaissée du second foyer sur la première tangente est égale à Fu'; on peut donc dire que :

Le produit des perpendiculaires abaissées des deux foyers sur chaque tangente est constant.

Corollaire III. — Puisque Ou est parallèle à F'G, on en conclut que :

Si du centre d'une conique on abaisse sur une tangente une oblique parallèle au rayon vecteur mené d'un foyer au point de contact, cette oblique est de grandeur constante, égale au demi-grand axe de la courbe.

286. *Dans la parabole, les pieds des perpendiculaires abaissées du foyer sur les tangentes sont situés sur la tangente au sommet.*

En effet, soient T et N (*fig.* 117) les points où la tangente et la normale en M rencontrent l'axe de la parabole; on a

$$FN = FT \quad (284).$$

Donc, u étant le pied de la perpendiculaire abaissée du foyer sur la tangente, uM $= u$T. Mais l'ordonnée MP est la polaire du point T; le point A est dès lors le milieu du segment TP, et par suite, le point u, milieu de TM, est sur la tangente au sommet A. Donc, etc.

Corollaire. — Si du foyer on abaisse sur chaque tangente une oblique Fu' faisant avec la perpendiculaire Fu un angle de grandeur constante, cette oblique sera proportionnelle à la perpendiculaire, et par conséquent le pied u' sera sur une droite. Donc :

Les pieds des obliques abaissées du foyer d'une parabole sur les tangentes, sous un même angle et dans un même sens de rotation, sont situés sur une droite.

Cette droite est tangente à la parabole (60).

287. *Si autour d'un point* P (*fig.* 118) *on fait tourner une corde* aa', *et que d'un foyer on mène les rayons* Fa,

Fa', *on a entre les angles qu'ils font avec la droite* FP, *la relation*

$$\text{tang}\,\frac{1}{2}\,a\text{FP}\,.\,\text{tang}\,\frac{1}{2}\,a'\text{FP} = \text{const.}$$

En effet, un cercle décrit du point F comme centre sera homologique à la conique (275). Aux cordes Paa' correspondront, dans ce cercle, des cordes passant par un même point, et l'équation qu'il s'agit de démontrer aura lieu en vertu de ces cordes (*G. S.*, 700, *Coroll.*).

Corollaire. — Soient Fa_1, Fa'_1 les bissectrices des deux angles aFP, a'FP. L'équation précédente devient

$$\text{tang}\,a_1\,\text{FP}\,.\,\text{tang}\,.\,a'_1\,\text{FP} = \text{const.}$$

Ce qui prouve que *les couples de droites* Fa_1, Fa'_1 *sont en involution* (*G. S.*, 252, 3°). Conséquemment ces droites sont, en direction, des diamètres conjugués d'une conique (172, 184).

288. *Si autour d'un point fixe on fait tourner une transversale qui rencontre une conique en deux points, la somme algébrique des distances de ces points à un foyer, divisées respectivement par leurs distances à la polaire du point fixe, est constante.*

Cela résulte immédiatement du théorème (144), dans lequel on prend pour la droite fixe la directrice de la conique, et l'on remplace les distances des points de la courbe à cette droite par leurs distances au foyer.

Il faut ici distinguer les signes comme au n° 144. Non-seulement les distances des deux points de la courbe à la polaire du point fixe auront des signes dépendants des directions suivant lesquelles ces distances seront comptées, mais aussi les deux rayons vecteurs; car ils prendront les signes mêmes des deux perpendiculaires qu'ils remplacent.

Dans l'ellipse et la parabole, ces perpendiculaires sont

toujours de même signe. Dans l'hyperbole, elles sont de même signe, si les deux points de la courbe sont sur une seule branche, et de signes différents, si ces points sont sur les deux branches.

289. *Si autour d'un foyer on fait tourner une droite, qui rencontrera la courbe en deux points, la différence algébrique des valeurs inverses des distances de ces points au foyer est constante.*

Dans l'ellipse et la parabole où les deux points de la courbe sont situés de part et d'autre du foyer, c'est la *somme* des inverses des valeurs absolues des deux distances, qui est constante.

Et dans l'hyperbole, c'est la *somme* ou la *différence*, suivant que la droite rencontre la courbe en deux points situés sur une même branche de la courbe, ou sur les deux branches.

Cela résulte de la formule (2) du chapitre précédent (271).

290. De même on conclut de la formule (3) que :

Dans une conique les cordes qui passent par un foyer sont proportionnelles aux carrés des diamètres qui leur sont parallèles.

291. Les rayons vecteurs menés d'un foyer à deux points m, m' d'une conique (*fig.* 119), étant proportionnels aux perpendiculaires abaissées de ces points sur la directrice, sont aussi proportionnels aux segments im, im' que la directrice détermine sur la corde mm'. Conséquemment le point i appartient à la bissectrice de l'angle des deux rayons vecteurs ou à la bissectrice du supplément de cet angle.

On peut donc dire que :

Quand on donne le foyer et deux points d'une conique, la directrice correspondant à ce foyer passe par l'un des deux points où les bissectrices des angles formés par les rayons vecteurs menés aux deux points donnés, rencontrent la droite qui joint ces points.

De là résulte une construction fort simple de la directrice d'une conique dont un foyer et trois points sont donnés, et par suite une construction de la courbe.

Cette question admet quatre solutions dont une seule donne une ellipse ou une parabole, et les trois autres, des hyperboles.

§ II.

292. *Les tangentes à une conique, menées par un foyer, sont deux droites imaginaires dont les points à l'infini appartiennent à un cercle;* en d'autres termes, *les deux tangentes sont les asymptotes d'un cercle.*

En effet, deux droites conjuguées menées par un foyer sont toujours rectangulaires, et peuvent être considérées comme deux diamètres conjugués d'un cercle (276); par conséquent les deux droites relativement auxquelles elles sont conjuguées harmoniques, et qui sont les deux tangentes à la conique (111), se trouvent par cela même les deux asymptotes du cercle, ou les droites qui passent par les points du cercle situés à l'infini. (*G. S.*, 651.)

293. Les tangentes à une conique, menées par un foyer, sont les rayons doubles des deux faisceaux homographiques formés par les rayons menés du foyer aux points où toutes les tangentes de la courbe rencontrent deux tangentes fixes (17). Donc, puisque ces rayons doubles sont les asymptotes d'un cercle, l'angle de deux rayons homologues est de grandeur constante (*G. S.*, 651). C'est-à-dire que :

L'angle qui a son sommet au foyer d'une conique et que sous-tend la partie d'une tangente comprise entre deux tangentes fixes, est de grandeur constante, quelle que soit cette tangente.

Corollaire. — Si la conique est une parabole, cet angle constant est égal au supplément de l'angle des deux tangentes, parce qu'il existe une tangente à l'infini dont la partie comprise entre les deux tangentes fixes est vue du foyer sous cet angle supplémentaire (*).

294. Regardons les deux foyers comme deux sommets opposés d'un *quadrilatère circonscrit* à la conique. Les deux points à l'infini sur un cercle seront, d'après ce qui vient d'être démontré (292), les deux autres sommets opposés, ou bien les deux points de concours des côtés opposés. Considérons-les comme étant les deux points de concours des côtés opposés. Alors la seconde diagonale du quadrilatère sera le petit axe de la conique, qui est la polaire du point d'intersection du grand axe, ou première diagonale, par la droite, à l'infini, qui joint les deux points de concours. Les deux autres sommets opposés du quadrilatère circonscrit seront donc deux points imaginaires situés sur le petit axe.

Ainsi, l'on peut dire que :

Les foyers d'une conique sont les deux sommets réels du quadrilatère imaginaire circonscrit à la courbe, et dont les points de concours des côtés opposés sont les deux points imaginaires situés à l'infini sur un cercle.

295. Cette propriété des *foyers* pourrait servir de définition de ces points.

Sans doute, on ne saurait recommander ce choix dans une théorie des sections coniques bien ordonnée. Néanmoins la propriété est féconde et procure des démonstrations faciles de certaines questions, principalement dans la théorie des coniques homofocales, comme nous le

(*) Ces théorèmes ont été démontrés par d'autres considérations dans le *Traité des Propriétés projectives* de M. Poncelet. (*Voir* p. 267, 268.)

verrons (*). Nous allons donner dès ce moment un exemple des usages que l'on peut faire de cette notion.

Rappelons d'abord que les deux points imaginaires à l'infini sur un cercle, sont conjugués harmoniques par rapport aux deux points où deux droites rectangulaires quelconques rencontrent la droite située à l'infini. Cela est évident, puisque les deux points du cercle, à l'infini, sont les points de contact des asymptotes du cercle, lesquelles sont les rayons doubles de l'involution formée par les couples de diamètres rectangulaires (111).

Réciproquement, quand les deux points de rencontre de deux droites et de la droite située à l'infini sont conjugués harmoniques par rapport aux deux points du cercle, situés à l'infini, ces droites sont rectangulaires.

296. Cela posé : *Si d'un point on mène deux tangentes à une conique et les bissectrices de leurs angles, ces bissectrices seront les mêmes que celles des angles des deux droites menées du point aux foyers.*

En effet, les deux tangentes à la conique, les deux droites menées aux foyers, et les deux menées du même point aux points de concours des côtés opposés du quadrilatère circonscrit qui a pour sommets les deux foyers, forment trois couples de droites en involution (27). Les deux rayons

---

(*) En dehors de la théorie des coniques, cette notion d'un point appelé *foyer*, d'où partent deux tangentes imaginaires d'une courbe, qui sont les asymptotes d'un *cercle*, a l'avantage de s'appliquer aux courbes d'un ordre quelconque. La conception en est due au savant géomètre et physicien de Bonn, M. Plücker, qui la dérivait directement de l'équation

$$y = \pm x\sqrt{-1}$$

des deux droites imaginaires dont il s'agit. Voir : *Uber solche Puncte, die bei Curven einer höhern Ordnung als der zweitein, den Brennpuncten der Kegelschnitte entsprechen* (*Journal de Mathématiques* de Crelle, t. X, p. 84-91, année 1833.) — Salmon, *A treatise on the higher plane Curves*; Dublin, 1852; p. 119-128.

doubles de l'involution sont deux droites conjuguées harmoniques par rapport aux deux droites de chacun des trois couples. Ces deux droites diviseront donc harmoniquement la droite qui joint les points de concours des côtés opposés du quadrilatère : elles sont donc rectangulaires. Or deux droites rectangulaires, conjuguées harmoniques par rapport à deux autres, sont nécessairement les bissectrices des angles formés par celles-ci (*G. S.*, 80). Le théorème est donc démontré.

CHAPITRE XI.

PERSPECTIVE ET FIGURE HOMOLOGIQUE D'UNE CONIQUE, LORSQU'UN OU DEUX POINTS DONNÉS DEVIENNENT LES FOYERS DE LA NOUVELLE COURBE.

§ I. — *Perspective.*

297. La solution des différentes questions que nous allons résoudre dans ce Chapitre se déduira immédiatement de celle de la question suivante :

Étant donnés dans un plan une conique, une droite et un point, on demande de faire la perspective de cette figure, de manière que la perspective du point soit un foyer de la nouvelle conique, et que celle de la droite soit à l'infini.

Soient C la conique, L la droite, et F le point, qui doit être au dedans de la courbe, pour que sa perspective puisse devenir un foyer de la perspective de la conique.

Première solution. — Concevons que plusieurs couples de droites conjuguées par rapport à la conique soient menées par le point F; ces couples interceptent sur la droite L des segments aa', bb',... qui sont en involution (108). Et le point F étant à l'intérieur de la conique, les points doubles de l'involution sont imaginaires, parce que ces points appartiennent aux tangentes de la courbe, menées par le point F (111). Conséquemment il existe de part et d'autre de la droite L, deux points P, P', de chacun desquels on voit tous les segments sous des angles droits (*G. S.*, 204). Que sur la droite PP', comme diamètre, on décrive un cercle dans le plan perpendiculaire au plan de la figure. Chaque point O de ce cercle pourra être pris pour le lieu de l'œil qui fera la perspective. Le plan de projection sera parallèle au plan mené par l'œil et la droite L.

En effet, chaque couple de droites conjuguées Fa, Fa' donnera en perspective deux droites conjuguées par rapport à la nouvelle conique; mais ces deux droites seront rectangulaires, comme étant parallèles aux deux droites Oa, Oa', puisque le plan de projection est parallèle au plan (O, L). Donc le point d'intersection commun de ces droites, c'est-à-dire la perspective du point F, est un foyer de la nouvelle conique (276).

Deuxième solution. — On peut déterminer d'une autre manière les points P, P' qui constituent la solution de la question. Qu'on mène deux tangentes fixes à la conique donnée C, et une troisième tangente variable qui les rencontre en deux points : les droites menées du point F à tous ces systèmes de deux points forment deux faisceaux homographiques dont les rayons doubles sont les tangentes à la conique (17), tangentes imaginaires, puisque le point F est intérieur à la courbe. Ces systèmes de deux droites rencontrent la droite L en des couples de points α, α', qui appartiennent à deux divisions homographiques dont les points doubles seront imaginaires. Par conséquent il existe, de part et d'autre de la droite L, deux points P, P' d'où l'on voit chaque segment $\alpha\alpha'$ sous un angle de grandeur constante (*G. S.*, 171). Sur PP', comme diamètre, on décrit, de même que ci-dessus, un cercle, dans un plan perpendiculaire au plan de la figure; et chaque point O de ce cercle peut être pris pour le lieu de l'œil; le plan de projection étant d'ailleurs parallèle au plan (O, L).

En effet, les perspectives des deux droites Fα, Fα' seront deux droites qui intercepteront un segment compris entre deux tangentes fixes de la nouvelle conique sur une troisième tangente variable; et ces deux droites feront entre elles un angle de grandeur constante, parce qu'elles seront parallèles aux deux $F\alpha$, $F\alpha'$. Donc le point autour duquel tournent ces droites est un foyer de la nouvelle conique (293) (*).

Observation. — Le plan de la figure étant donné de position dans l'espace, on peut prendre arbitrairement le plan sur lequel on veut faire la perspective de la conique C, de manière que le point donné F devienne le foyer de la nouvelle courbe.

Car il suffira que la droite L soit parallèle à la trace de ce plan sur celui de la conique.

Conséquences du problème précédent.

298. Le point F étant donné, on pourra prendre la droite L, de manière à satisfaire à diverses conditions.

La conique en perspective sera une ellipse, une parabole ou une hyperbole, selon que cette droite sera extérieure à la conique proposée, ou tangente, ou sécante.

1° Si l'on veut que la conique devienne en perspective un cercle, ayant pour centre la perspective du point F, on prendra pour la droite L, la polaire du point F. Car alors la perspective de ce point sera tout à la fois le foyer et le centre de la nouvelle conique, et par conséquent cette courbe sera un cercle.

2° Si l'on veut que le point F devenant le foyer de la nouvelle conique, un point G en devienne le centre, on prendra pour la droite L la polaire du point G.

3° Si l'on veut que le point F devenant toujours le foyer de la nouvelle courbe, celle-ci soit une parabole dont

---

(*) Les deux points P, P', dans cette seconde solution, sont les mêmes que dans la première. Car ces points dépendent uniquement des points doubles des deux divisions homographiques que l'on considère sur la droite L (*G. S.*, **171**) : et ces points doubles sont les mêmes dans les deux cas, parce qu'ils appartiennent aux deux tangentes de la conique donnée, qui partent du point F.

le sommet corresponde à un point A de la conique proposée, on mènera la droite FA, qui rencontre la conique en A′, et l'on prendra pour la droite L la tangente en A′.

4° Si l'on veut que la conique devienne une hyperbole équilatère, on prendra pour L une droite rencontrant la conique proposée en deux points a, a' situés sur deux droites conjuguées menées par le point F. Ces points a, a' donneront en perspective deux points situés à l'infini, conséquemment sur les asymptotes de la nouvelle conique; ces asymptotes seront parallèles aux perspectives des deux droites Fa, Fa', perspectives qui seront rectangulaires, puisque ces droites sont conjuguées. La nouvelle courbe sera donc une hyperbole équilatère.

5° Enfin, on demande de *faire la perspective de manière que deux points donnés* F, F′ *deviennent les foyers de la nouvelle courbe.*

Les deux points F, F′ sont nécessairement intérieurs à la conique C. La droite FF′ rencontre cette courbe en deux points A, A′. Soient G, G′ les deux points qui divisent harmoniquement les deux segments FF′, AA′, et dont l'un, G, est intérieur à la conique. Il suffit de faire la perspective de manière que l'un des deux points donnés F, F′, devienne un foyer de la nouvelle conique, et que le point G en devienne le centre (2°). Le problème sera résolu.

On résoudra avec la même facilité plusieurs questions relatives encore aux foyers, mais concernant deux coniques, au lieu d'une seule. Ces questions se présenteront plus tard, quand nous aurons traité de diverses propriétés du système de deux coniques (Chap. XV, § IV).

§ II. — *Conique homologique.*

299. *Étant donnés une conique* C, *une droite* L *et un point* F, *on demande de construire une conique homologique dans laquelle le point homologue à* F *soit un foyer* *de la courbe, et la droite homologue à* L *soit à l'infini.*

Il suffit de prendre pour centre d'homologie S (*fig.* 120) un des deux points P, P' déterminés ci-dessus (297) ; et sur le rayon Sm mené à un point de C, un point m' déterminé par

$$Sm' = \lambda \cdot \frac{Sm}{mp};$$

mp étant la distance du point m à la droite L. Le lieu du point m' sera une conique homologique à la proposée (269) ; et le point F' pris sur SF, à la distance

$$SF' = \lambda \cdot \frac{SF}{Fq},$$

Fq étant la distance du point F à la droite L, sera le foyer de la nouvelle conique.

En effet, à deux droites conjuguées Fa, Fa_1 dans la conique proposée correspondront deux droites conjuguées dans la nouvelle conique (266, VI) ; et celles-ci seront rectangulaires. Car elles rencontreront la droite à l'infini, correspondante à L, en deux points situés sur les rayons Sα, Sα_1, α, α_1 étant les points où Fa, Fa_1 rencontrent L ; c'est-à-dire qu'elles seront parallèles à Sα, Sα_1, et conséquemment rectangulaires. Ce qui prouve que le point F' est le foyer de la courbe (276).

On verra sans difficulté comment cette construction d'une conique homologique s'appliquera aux différentes questions dans lesquelles on a fait ci-dessus (298) la perspective d'une conique.

Du reste, on ramène, si l'on veut, la construction d'une conique homologique à celle d'une conique en perspective avec la conique proposée, par cette simple considération, que deux figures homologiques se placent en perspective, si l'on fait tourner le plan de l'une autour de l'axe d'homologie. (*G. S.*, 369.)

CHAPITRE XII.

PROPRIÉTÉS D'INVOLUTION RELATIVES A PLUSIEURS CONIQUES CIRCONSCRITES OU INSCRITES A UN QUADRILATÈRE.

§ I. — *Deux et trois coniques circonscrites à un quadrilatère.*

300. *Quand deux coniques sont circonscrites à un quadrilatère, les trois couples de points dans lesquels une transversale rencontre ces deux courbes et deux côtés opposés du quadrilatère, sont en involution.*

En effet, soient a, a' et b, b' les points des deux coniques; c, c' ceux de deux côtés opposés du quadrilatère, et d, d' ceux des deux autres côtés. Le segment aa' forme une involution avec les deux segments cc', dd' (20); et de même le segment bb'. Donc les deux segments aa', bb' et l'un des deux cc', dd' sont en involution (*G. S.*, 196).

C. Q. F. P.

Autrement. La transversale forme avec deux côtés opposés du quadrilatère un triangle CAB. Appelons m, m', n, n' les quatre sommets (réels ou imaginaires) du quadrilatère, et α, α' les points d'intersection d'une des coniques et de la transversale; on a (23) l'équation

$$\frac{Am.Am'}{Cm.Cm'}\cdot\frac{Cn.Cn'}{Bn.Bn'}\cdot\frac{B\alpha.B\alpha'}{A\alpha.A\alpha'}=1.$$

Et de même dans l'autre conique, en appelant β, β' ses points de rencontre avec la transversale,

$$\frac{Am.Am'}{Cm.Cm'}\cdot\frac{Cn.Cn'}{Bn.Bn'}\cdot\frac{B\beta.B\beta'}{A\beta.A\beta'}=1.$$

De ces deux équations on conclut

$$\frac{A\alpha.A\alpha'}{B\alpha.B\alpha'} = \frac{A\beta.A\beta'}{B\beta.B\beta'},$$

équation d'involution entre les trois couples de points A, B; α, α' et β, β'. Donc, etc.

301. Si la transversale est tangente aux deux coniques, les deux segments aa', bb' se réduiront aux points de contact, qui seront les points doubles de l'involution ; c'est-à-dire que ces deux points diviseront harmoniquement chacun des deux segments cc', dd'. Donc :

Quand deux coniques sont circonscrites à un quadrilatère, si on leur mène une tangente commune, les points de contact sont conjugués harmoniques par rapport aux deux points de section de la transversale par deux côtés opposés du quadrilatère.

302. *Quand trois coniques sont circonscrites à un quadrilatère, toute transversale les rencontre en six points qui sont en involution.*

En effet, soient aa', bb', cc' les segments formés sur la transversale par les trois coniques, et dd', ee' les segments formés par les deux systèmes de côtés opposés. Ces deux segments déterminent une involution à laquelle appartient chacun des trois segments aa', bb', cc', d'après le théorème de Desargues (20). Donc ces trois segments forment eux-mêmes une involution (*G. S.*, 196). Donc, etc. (*).

303. De là dérive la solution de cette question :

Étant données deux sections coniques, mener par un point une troisième conique qui passe par les quatre points d'intersection des deux premières.

(*) C'est à M. Sturm qu'est dû ce théorème important, qu'il a démontré dans les *Annales de Mathématiques* de M. Gergonne, t. XVII, p. 180; année 1826-27.

Par le point donné P on mènera arbitrairement une transversale qui rencontrera les deux courbes en des points a, a' et b, b'. On prendra sur la transversale le point P′ qui forme avec les cinq a, a', b, b' et P une involution; ce point appartiendra à la conique demandée.

On construira ainsi cette courbe par points.

Corollaire. — Si le point P est situé sur une corde commune aux deux coniques données, il est clair que le lieu des points P′ sera une droite qui avec la corde commune formera la conique demandée; et cette droite sera une seconde corde commune aux deux coniques. De sorte qu'on peut dire que : *Quand on connaît une corde commune à deux coniques, on en détermine immédiatement une seconde.*

304. On conclut du théorème (302) que :

Quand trois coniques passent par quatre points, si l'on mène une tangente à l'une d'elles, son point de contact est un des points doubles de l'involution déterminée par les quatre points d'intersection des deux autres coniques et de cette tangente.

305. D'où résulte la solution de ce problème :

Étant données deux coniques et une droite, décrire une troisième conique qui passe par les points d'intersection des deux premières et soit tangente à la droite.

Il y a deux solutions.

§ II. — *Faisceau de coniques circonscrites à un quadrilatère.*

306. Quand plusieurs coniques ont quatre points communs (réels ou imaginaires), les segments qu'elles interceptent sur une transversale quelconque sont en involution (302). Conséquemment il existe deux points (réels ou imaginaires) qui divisent harmoniquement chacun des

segments (*G. S.*, 205). Ces points sont conjugués par rapport à chaque conique (103). Donc :

Quand plusieurs coniques ont quatre points communs, il existe sur une transversale quelconque deux points (réels ou imaginaires) conjugués par rapport à toutes les coniques.

307. Si la transversale est située à l'infini, les deux points conjugués communs à toutes les coniques seront les extrémités de deux diamètres conjugués de chacune d'elles (168). Donc :

Toutes les coniques qui passent par quatre points ont un système de diamètres conjugués parallèles entre eux, lequel système peut être imaginaire.

Si l'une des coniques est une ellipse, les diamètres conjugués parallèles sont réels : car le segment intercepté par l'ellipse sur la droite à l'infini est imaginaire, et dès lors, quel que soit le segment formé par une autre courbe, les deux points conjugués harmoniques par rapport aux deux segments seront réels (*G. S.*, 77). Mais si deux des coniques sont des hyperboles, ces deux points, et conséquemment les diamètres conjugués parallèles, pourront être imaginaires; ce qui aura lieu si les deux segments empiètent l'un sur l'autre (*G. S.*, 210).

On peut substituer à la considération de ces segments celle de deux angles ayant le même sommet et les côtés parallèles aux asymptotes des deux hyperboles. Alors on dira que les diamètres conjugués parallèles seront réels ou imaginaires, selon que les deux angles n'empiéteront pas ou empiéteront l'un sur l'autre. Au lieu de ces angles formés par des parallèles aux asymptotes de deux hyperboles, on peut considérer les angles formés par des parallèles aux couples de côtés opposés du quadrilatère inscrit aux coniques, et vérifier si ces angles empiètent ou n'empiètent pas l'un sur l'autre. On reconnaît sans difficulté que, dans le premier cas, le quadrilatère a un angle rentrant, et que, dans le second cas, il a ses quatre angles saillants.

Il résulte de là que *par quatre points formant un quadrilatère à angle rentrant on ne peut faire passer ni une ellipse ni une parabole.*

308. *Quand plusieurs coniques ont quatre points communs (réels ou imaginaires), les polaires d'un autre point quelconque, relatives à ces courbes, passent toutes par un même point.*

Soit P le point dont on prend les polaires, et P′ le point d'intersection des polaires relatives à deux des coniques, A, B. Je dis que la polaire relative à une troisième C passe par ce point P′. En effet, les deux points P, P′ sont conjugués par rapport aux deux coniques A, B (103), et conséquemment par rapport à la troisième C (306). Donc le point P′ appartient à la polaire du point P relative à la conique C. C. Q. F. D. (*)

Ce théorème s'applique à chaque système de deux droites passant par les quatre points d'intersection des deux coniques proposées, parce que l'ensemble de ces deux droites peut être considéré comme une conique passant par les points d'intersection des autres courbes.

Corollaire. — Si le point P est à l'infini, sur une droite L, ses polaires seront les diamètres des courbes, conjugués à la direction de cette droite. Donc :

Quand plusieurs coniques sont circonscrites à un quadrilatère, les diamètres de ces courbes, conjugués à une même droite, passent tous par un même point.

309. *Quand plusieurs coniques sont circonscrites à un*

(*) Ce théorème, bien connu, a été démontré en premier lieu par M. Lamé, dans son ouvrage intitulé : *Examen des différentes méthodes employées pour résoudre les problèmes de Géométrie*. Paris, 1818, in-8.

quadrilatère, si un point P *glisse sur une droite* L, *le point de concours* P′ *des polaires de ce point, relatives à toutes les coniques* (308), *décrit une conique;*

Cette courbe est aussi le lieu des pôles de la droite L *relatifs à toutes les coniques;*

Elle passe par le point de rencontre des deux diagonales du quadrilatère et par les points de concours des côtés opposés.

Il suffit de considérer deux des coniques A, B, puisque les polaires d'un point, relatives à toutes ces courbes, passent toutes par un même point.

Or, les polaires des différents points de la droite L relatives aux deux coniques A, B, polaires qui passeront respectivement par les pôles de cette droite, formeront deux faisceaux homographiques, parce que le rapport anharmonique des polaires de quatre points, dans chaque conique, sera le même, étant égal à celui des quatre points (117). Donc les polaires correspondantes dans les deux faisceaux se couperont sur une conique Σ qui passe par les pôles de la droite L relatifs aux deux coniques A, B, et, par conséquent, par les pôles de cette droite dans toutes les coniques.

Cette conique passe par le point de rencontre des deux diagonales du quadrilatère. Car ce point est, dans toutes les coniques, le pôle de la droite qui joint les points de concours des côtés opposés. Or les polaires du point de rencontre de L et de cette droite passent toutes par ce pôle, qui se trouve dès lors sur la conique Σ.

Le théorème est donc démontré (*).

Corollaire. — Si la droite L est à l'infini, on en conclut

(*) M. Poncelet a démontré le théorème par d'autres considérations, pour un système de cercles qui ont une sécante commune, et l'a étendu ensuite, par voie de perspective, à un système de coniques ayant quatre points communs (réels ou imaginaires). Voir *Traité des Propriétés projectives*, pages 45 et 198.

que : *Toutes les coniques qui passent par quatre points donnés (réels ou imaginaires), ont leurs centres sur une conique.*

310. *La conique Σ, lieu des centres de toutes les coniques qui passent par quatre points* A, B, C, D, *passe par le milieu de chaque côté ou diagonale du quadrilatère qui a pour sommets ces quatre points.*

En effet, par les trois points A, B, C on peut faire passer une conique dont le centre soit au milieu de AD : elle passera par le quatrième point D. Donc le milieu de AD est un point de la conique Σ.

311. *Le centre de la courbe* Σ *est le point de croisement des droites qui joignent les points milieux des côtés opposés du quadrilatère.*

Cela résulte de ce que la conique passe par les six points milieux.

Coniques inscrites dans un quadrilatère.

312. Aux théorèmes démontrés dans les deux paragraphes précédents, concernant des coniques circonscrites à un quadrilatère, correspondent des théorèmes relatifs à des coniques inscrites dans un quadrilatère. Comme les démonstrations sont tout à fait semblables à celles qui précèdent, nous énoncerons simplement ces nouveaux théorèmes dans les deux paragraphes suivants.

§ III. — *Propriétés de deux et de trois coniques inscrites dans un quadrilatère.*

313. *Quand deux coniques sont inscrites dans un quadrilatère, si d'un point quelconque on mène des tangentes aux deux courbes et deux droites aboutissant à deux sommets opposés du quadrilatère, ces trois couples de droites sont en involution.*

Les tangentes à chacune des deux coniques peuvent être

imaginaires, de même que dans le théorème (27) relatif à une seule conique inscrite dans un quadrilatère. Les relations d'involution ont toujours lieu entre les trois couples de droites.

314. Si le point par lequel on mène les tangentes aux deux coniques est un de leurs points d'intersection, les deux tangentes à chaque courbe se confondront en une seule, qui sera l'un des rayons doubles de l'involution. Il s'ensuit que :

Quand deux coniques sont inscrites dans un quadrilatère, les tangentes en un de leurs points d'intersection forment un faisceau harmonique avec les deux droites menées de ce point à deux sommets opposés du quadrilatère.

On peut encore dire que : *Les tangentes aux deux coniques en un de leurs points d'intersection, divisent harmoniquement chacune des diagonales du quadrilatère circonscrit.*

315. *Quand trois coniques sont inscrites dans un quadrilatère, les tangentes menées d'un point à ces trois courbes forment trois couples de droites en involution.*

316. De ce théorème résulte la solution du problème suivant :

Étant données deux coniques et une droite, décrire une troisième conique qui soit inscrite dans le quadrilatère circonscrit aux deux proposées, et tangente à la droite.

Par chaque point de la droite on mènera des tangentes aux deux coniques et une droite faisant avec la droite donnée un troisième couple en involution avec les deux couples de tangentes. Cette droite sera tangente à la conique demandée.

317. Si la droite donnée passe par un des sommets du

quadrilatère circonscrit aux deux coniques, toutes les droites construites comme tangentes à la conique cherchée passeront par le sommet opposé (313). Il s'ensuit que la conique qui satisfait à la question est infiniment aplatie, et qu'elle est représentée par la diagonale du quadrilatère qui joint ces deux sommets (32).

318. On conclut de là que : *Quand on connaît le point de concours de deux tangentes communes à deux coniques (tangentes réelles ou imaginaires), on détermine immédiatement le point de concours de deux autres tangentes communes (réelles ou imaginaires).*

319. Le théorème (315) entraîne celui-ci :

Quand trois coniques sont inscrites dans un quadrilatère, la tangente en un point de l'une est un des rayons doubles de l'involution déterminée par les deux couples de tangentes menées par ce point aux deux autres courbes.

320. De là résulte la solution de ce problème :

Étant donnés deux coniques et un point, décrire une conique qui soit inscrite dans le quadrilatère circonscrit aux deux proposées, et qui passe par le point donné.

Que par ce point on mène les tangentes aux deux coniques : chacun des rayons doubles de l'involution déterminée par ces deux couples de droites sera une tangente à une conique satisfaisant à la question, qui admet donc deux solutions.

321. *Quand trois coniques sont inscrites dans un quadrilatère, les tangentes menées à deux de ces courbes par un de leurs points d'intersection, sont conjuguées harmoniques par rapport aux deux tangentes menées du même point à la troisième conique.*

Conséquence de la relation d'involution exprimée par le théorème (315).

§ IV. — *Système de coniques inscrites dans un quadrilatère.*

322. Quand plusieurs coniques sont inscrites dans un quadrilatère (réel ou imaginaire), les couples de tangentes à ces courbes, menées d'un même point, sont en involution (315). Il s'ensuit que *par chaque point on peut mener deux droites (réelles ou imaginaires) conjuguées par rapport à toutes les coniques.* Ces droites sont les rayons doubles de l'involution.

323. *Quand plusieurs coniques sont inscrites dans le même quadrilatère, les pôles d'une droite quelconque sont situés en ligne droite.*

Ce théorème s'applique aux diagonales du quadrilatère, ainsi qu'à la droite qui joint les points de concours des côtés opposés, considérées comme trois coniques infiniment aplaties inscrites dans le quadrilatère (32).

Corollaire. — Si la droite dont on prend les pôles est à l'infini, on en conclut que :

Toutes les coniques inscrites dans un quadrilatère ont leurs centres sur une même droite.

Ce théorème a été démontré par Newton dans le premier livre des *Principes de la Philosophie naturelle* (Lemme XXV, *Coroll. III*).

324. *Quand plusieurs coniques sont inscrites dans un quadrilatère, si autour d'un point fixe on fait tourner une transversale, la droite lieu des pôles de cette transversale* (323) *enveloppe une conique;*

Cette courbe est aussi l'enveloppe de toutes les polaires du point fixe relatives aux coniques proposées;

Elle est tangente aux deux diagonales et à la droite qui joint les points de concours des côtés opposés du quadrilatère circonscrit aux coniques (*).

(*) Ce théorème et le précédent se trouvent, comme conséquences des

§ V. — *Rapport anharmonique de quatre coniques circonscrites ou inscrites à un quadrilatère.*

325. *Quand quatre coniques passent toutes par quatre points (réels ou imaginaires), les polaires d'un point* P [*qui concourent en un même point* P′ (308)], *ont un rapport anharmonique constant, quel que soit le point* P.

En effet, les polaires d'un autre point Q concourent aussi en un point Q′, et rencontrent, respectivement, les premières en quatre points qui sont les pôles de la droite PQ relatifs aux quatre coniques. Mais ces pôles sont sur une conique à laquelle appartiennent aussi les points P′, Q′ : cette conique est le lieu du point de rencontre des polaires d'un point qui décrirait la droite PQ (309). Donc les quatre droites issues du point P′ ont leur rapport anharmonique égal à celui des quatre droites issues du point Q′ (4). C. Q. F. D.

Corollaire. — Il suit de là que : *Si par l'un des points d'intersection des quatre coniques on leur mène des tangentes, le rapport anharmonique des quatre tangentes sera le même pour chacun des quatre points d'intersection des coniques.*

Observation. — Nous aurons à employer souvent dans la suite ce rapport constant, relatif à quatre coniques circonscrites à un quadrilatère; nous l'appellerons *rapport anharmonique des quatre coniques,* comme nous l'avons déjà fait dans quelques recherches précédentes (*). Il existe plusieurs autres propriétés des quatre coniques, qui donnent lieu à un rapport anharmonique, soit de quatre points,

---

théorèmes (308 et 309), en vertu de la théorie des polaires réciproques, dans le *Traité des Propriétés projectives,* p. 220.

(*) Voir *Comptes rendus des séances de l'Académie des Sciences,* t. XXXVII, p. 272; année 1853.

soit de quatre droites, égal à celui des quatre courbes : nous les ferons connaître ultérieurement.

326. *Quand quatre coniques sont inscrites dans un quadrilatère, les pôles d'une droite quelconque, lesquels sont en ligne droite* (323), *ont leur rapport anharmonique constant.*

La démonstration de ce théorème peut être imitée de la précédente.

Corollaire. — Il suit du théorème que : *Le rapport anharmonique des points de contact des quatre coniques avec un des côtés du quadrilatère circonscrit a toujours la même valeur, quel que soit ce côté, et est égal au rapport anharmonique des pôles d'une droite.*

Nous appellerons *rapport anharmonique de quatre coniques inscrites à un quadrilatère*, ce rapport constant.

Nous trouverons diverses autres expressions de ce *rapport anharmonique* des quatre coniques.

CHAPITRE XIII.

DES CORDES COMMUNES A DEUX CONIQUES. — SYSTÈME DE TROIS POINTS CONJUGUÉS COMMUNS AUX DEUX COURBES.

§ I. — *Cordes communes à deux coniques.*

327. Nous appellerons *corde commune* à deux coniques toute droite dont les points d'intersection (réels ou imaginaires) avec l'une et avec l'autre conique sont les mêmes.

Quand une droite est une corde commune à deux coniques, les polaires de chaque point de cette droite se rencontrent sur la droite même : en d'autres termes, *les deux coniques ont les mêmes systèmes de deux points conjugués sur cette droite.*

En effet, les polaires d'un point P de la corde commune passent par le point P′ conjugué harmonique de P par rapport aux deux points (réels ou imaginaires) communs aux deux coniques sur cette droite (103).

Réciproquement : *Si, dans le plan de deux coniques, il existe une droite dont deux points soient tels, que les polaires de chacun se coupent sur cette droite même, cette droite est une corde commune aux deux coniques.*

En effet, soient P, Q deux points de la droite; P′ le point de rencontre des polaires du point P; et Q′ le point de rencontre des polaires du point Q. Les deux points P, P′ sont conjugués par rapport à chacune des deux coniques, ainsi que les deux points Q, Q′. Donc les points de chacune des deux coniques situés sur la droite sont les deux points (réels ou imaginaires) qui divisent harmoniquement les deux segments PP′, QQ′. Donc la droite est une corde commune : par suite, les polaires de chacun de ses points se rencontrent sur la droite même.

A raison de cette propriété des *cordes communes* à deux coniques, c'est-à-dire de la coïncidence des deux points où les polaires de chaque point d'une corde rencontrent cette corde, nous leur donnerons aussi le nom d'*axes de symptose* que nous avons proposé, il y a longtemps (voir *Annales de Mathématiques* de M. Gergonne, t. XVIII, p. 285), et qui depuis a été employé par plusieurs géomètres. Ce n'est pas que le terme *corde commune* ne puisse suffire dans la théorie des coniques planes : mais il ne peut être transporté aux coniques sphériques, ni aux surfaces du second ordre ; et c'est surtout en vue de ces courbes et de ces surfaces, pour conserver une nomenclature uniforme, que nous pourrons employer l'expression d'*axes de symptose*.

328. *Le point d'intersection de deux cordes communes à deux coniques a la même polaire dans les deux courbes.*

Car les polaires de ce point dans les deux courbes se rencontrent tout à la fois sur les deux cordes (**327**), ce qui exige qu'elles se confondent.

Réciproquement : *Quand un point a la même polaire dans deux coniques, ce point est l'intersection de deux cordes communes aux deux courbes, ou bien il représente une conique infiniment petite qui satisfait aux conditions d'une conique passant par les points d'intersection (alors imaginaires) des deux coniques proposées.*

En effet, que par le point P, qui a la même polaire dans les deux coniques, on mène une transversale qui rencontre cette polaire en un point P', et les deux coniques en des points a, a' et b, b'. Les deux points P, P' sont conjugués harmoniques par rapport à a et a', et à b et b'. Donc chacun d'eux forme une involution avec les deux couples a, a' et b, b' (*G. S.*, **194**). Ce qui prouve que la transversale est tangente en P à la conique déterminée par ce point et les quatre points d'intersection des deux coniques proposées (303).

Toute autre transversale menée par le point P sera de même tangente à la conique, c'est-à-dire qu'elle la rencontrera en deux points qui se confondent en un seul. On en conclut que la conique qui passe par le point P et par les points d'intersection des deux proposées est ou l'ensemble de deux droites, ou un simple point, qui représente une conique infiniment petite.

329. Nous avons vu que deux droites peuvent représenter une section conique, c'est-à-dire que leur ensemble possède certaines propriétés caractéristiques des sections coniques (31).

Il est aisé de concevoir qu'un point représente une conique infiniment petite, et de se faire une idée de ce que sont les points d'intersection (imaginaires) de cette conique et d'une droite arbitraire.

Soit une ellipse Σ. Regardons-la comme le lieu des points d'intersection des rayons homologues de deux faisceaux homographiques ayant leurs sommets en deux points A, A', extrémités d'un diamètre de la courbe. Les points de section par une droite L sont les points doubles des deux divisions homographiques que les cordes A*m*, A'*m* marquent sur cette droite (12).

Si l'on prend une ligne *aa'* infiniment petite, parallèle à AA', et qu'autour des points *a*, *a'* on fasse tourner deux droites parallèles aux deux cordes A*m*, A'*m*, elles se couperont sur une conique homothétique à Σ (*); et, à la limite, où la ligne *aa'* devient nulle, cette conique se réduit à un point. Des droites menées par ce point, parallèlement

(*) On appelle figures *homothétiques* deux figures *semblables et semblablement placées*.

aux couples de rayons homologues Am, $A'm$ forment deux faisceaux homographiques, et leurs traces sur la droite L deux divisions homographiques, dont les points doubles sont les points d'intersection de la conique infiniment petite et de la transversale.

Ces points doubles sont sur les rayons doubles des deux faisceaux homographiques, quelle que soit la droite L. Or les couples de rayons homologues de ces deux faisceaux sont parallèles à des diamètres conjugués de la conique Σ, de même que les cordes Am, $A'm$ (177); leurs rayons doubles sont donc imaginaires, puisque cette conique est une ellipse, par hypothèse. La droite L est donc coupée par la petite conique sur deux droites imaginaires. Ainsi l'on conclut *qu'une conique infiniment petite peut être considérée comme l'ensemble de deux droites imaginaires qui n'ont qu'un point réel* (*).

Observation. — D'après cela, nous dirons, en nous reportant au théorème (328), que : *Quand un point* P *a la même polaire dans deux coniques, ce point est toujours l'intersection de deux cordes communes, réelles ou imaginaires.*

330. *Si, par un point* P *qui a la même polaire dans deux coniques, on mène les tangentes aux deux courbes, ces couples de tangentes et les deux cordes communes (réelles ou imaginaires) qui passent par le point* P, *forment une involution.*

En effet, les points de contact des quatre tangentes sont les points où la polaire du point P rencontre les deux co-

(*) Cela s'accorde avec les résultats de l'analyse, où l'on dit qu'une équation telle que $A^2(x-\alpha)^2 + B^2(y-6)^2 = 0$ représente un point dont les coordonnées sont α, 6, ou bien deux droites imaginaires ayant pour équations $y - 6 = \pm (x - \alpha)\frac{A}{B}\sqrt{-1}$.

niques; mais les deux cordes communes sont les deux côtés opposés d'un quadrilatère inscrit aux deux courbes; les points où la polaire du point P les rencontre, forment donc une involution avec les deux couples de points appartenant aux coniques (300). Donc, etc.

Corollaire. — *On peut inscrire dans le quadrilatère circonscrit à deux coniques, une troisième conique tangente à deux cordes communes aux proposées* (315).

331. *Quand deux coniques ont un point d'intersection réel, elles en ont nécessairement un second réel.*

Car une branche de l'une des coniques pénètre dans l'autre courbe, et ne peut en sortir qu'en la rencontrant une seconde fois. C'est ce qu'on voit avec évidence si l'une des coniques est une courbe fermée, c'est-à-dire une ellipse ou un cercle. Et on peut toujours par une perspective remplacer les deux coniques proposées par deux autres dont l'une sera une ellipse.

332. Les deux coniques ayant deux points d'intersection, la droite qui joint ces points est une corde commune; conséquemment les coniques ont une autre corde commune (303, *Coroll.*). Donc : *Quand deux coniques ont un point d'intersection réel, elles ont deux cordes communes et, conséquemment, quatre points d'intersection dont deux réels, et les deux autres réels ou imaginaires.*

333. I. — *Quand deux coniques se coupent en quatre points réels, elles ont trois systèmes de deux cordes communes.*

Cela est évident.

II. — *Quand elles se coupent en deux points réels, et en deux points imaginaires, elles n'ont qu'un système de deux cordes communes.*

Cela est évident encore. Car si les deux coniques avaient deux systèmes de deux cordes communes, les droites d'un système couperaient celles de l'autre système en quatre points réels qui appartiendraient aux deux coniques. Ces courbes se couperaient donc en plus de deux points réels : ce qui est contraire à l'hypothèse.

334. Quand deux coniques ont un point de contact, la tangente en ce point est manifestement une corde commune ; conséquemment les coniques ont une seconde corde commune, toujours réelle (303, *Coroll.*), sur laquelle elles se coupent en deux points réels ou imaginaires.

Les coniques ont un second système de deux cordes communes, réelles ou imaginaires, qui partent du point de contact et passent par les deux points d'intersection.

§ II. — *Système de trois points conjugués, dans deux coniques.*

335. *Étant données deux coniques quelconques, il existe, en général, trois points dont chacun a la même polaire dans les deux courbes. Un de ces points est toujours réel ; les deux autres peuvent être imaginaires.*

En effet, qu'on mène une droite quelconque L, et qu'on prenne les polaires de chacun de ses points ; elles se coupent deux à deux en des points situés sur une conique Σ (309).

A une autre droite L′ correspond une autre conique Σ′. Ces deux courbes ont un point commun connu à priori : c'est le point d'intersection des polaires du point de rencontre des deux droites L, L′. Donc elles ont trois autres points communs, dont un est toujours réel, et les deux autres sont réels ou imaginaires (332).

Je dis que chacun de ces trois points a la même polaire dans les deux coniques proposées. En effet, l'un de ces points, P, considéré comme appartenant à la conique Σ, est l'intersection des polaires d'un certain point Q de la droite L;

et réciproquement les polaires du point P passent par le point Q. Pareillement, le point P appartenant à la conique Σ', on en conclut que ses polaires passent par un même point Q' de la droite L'. Donc ces deux polaires ont deux points communs, et conséquemment se confondent.

Donc, etc.

Le raisonnement ici ne s'applique qu'au point d'intersection des deux courbes Σ, Σ' qui est réel : il laisse quelque chose à désirer, à l'égard des deux autres points supposés imaginaires, puisqu'on ne peut pas raisonner sur les polaires d'un point imaginaire considéré isolément. Mais l'existence d'un point réel ayant la même polaire dans les deux courbes proposées, entraîne nécessairement l'existence des deux autres points, réels ou imaginaires. Car on voit sans difficulté que ces points sont les deux points conjugués (réels ou imaginaires), par rapport aux deux coniques, sur la polaire commune. Ainsi le théorème est démontré avec toute la rigueur désirable.

Observation. — Remarquons qu'il résulte de là que, quand on connaît un des trois points, dont chacun a la même polaire dans les deux coniques, les deux autres s'ensuivent immédiatement sans qu'on ait besoin de construire les deux coniques Σ, Σ' qui servent à déterminer les trois points à la fois.

336. Quand deux coniques ont leurs quatre points d'intersection réels, les trois points P, P', P'', dont chacun a la même polaire dans les deux courbes, sont réels : car ce sont les points de concours des couples de côtés opposés, et des diagonales du quadrilatère qui a pour sommets les quatre points communs aux deux coniques.

Mais, *quand deux coniques n'ont que deux points d'intersection réels, un seul des trois points* P, P', P'' *est réel, et les deux autres sont imaginaires.*

En effet, les deux coniques ont une corde commune qui joint les deux points d'intersection réels, et une seconde corde commune (303, *Coroll.*) sur laquelle sont deux points d'intersection imaginaires. Ces deux droites se coupent en un point P qui a la même polaire dans les deux coniques (328). Les deux autres points P′, P″ sont situés sur cette polaire (335, *Obs.*). Il faut prouver qu'ils sont imaginaires. Or le point P est nécessairement au dehors de chaque conique; sa polaire coupe donc les deux courbes; et il est évident que les deux segments interceptés sur cette droite par les deux courbes empiètent l'un sur l'autre; par suite, les deux points P′, P″ qui divisent harmoniquement ces deux segments sont imaginaires (*G. S.*, 253 et 210).

C. Q. F. P.

337. *Quand deux coniques n'ont aucun point d'intersection réel, les trois points* P, P′, P″ *sont réels.*

Nous savons qu'un de ces points P est réel (335). Il faut prouver que les deux autres P′, P″ le sont aussi.

Or ces points sont sur la polaire de P, et sont conjugués harmoniques par rapport aux deux segments que les coniques interceptent sur cette droite. Si l'un de ces segments, ou tous les deux, sont imaginaires, les deux points P′, P″ sont réels (*G. S.*, 77). Si les deux segments sont réels, ils n'empiètent pas l'un sur l'autre, parce que les deux coniques n'ayant aucun point d'intersection, sont nécessairement l'une intérieure, ou extérieure à l'autre; dès lors les deux points P′, P″ sont réels (*G. S.*, 253 et 210).

Donc, etc.

338. Quand deux coniques ont un point de contact P, ce point a la même polaire dans les deux courbes : cette polaire est la tangente en ce point. Il n'existe alors qu'un autre point P′ ayant aussi la même polaire dans les deux courbes. Ce point est situé sur la tangente. On le déter-

mine par cette considération, que les polaires des points de cette tangente, par rapport aux deux coniques, polaires qui passent par le point P, forment deux faisceaux homographiques, en vertu de la proposition (117). Ces faisceaux ont deux rayons doubles : l'un est la tangente en P, polaire de ce point P ; l'autre a évidemment le même pôle dans les deux coniques. Ce pôle, déterminé ainsi par le rayon double des deux faisceaux, est le point P′ cherché. C'est par ce point que passe la corde commune aux deux coniques, associée à la tangente en leur point de contact (334).

§ III. — *Réalité de deux cordes communes à deux coniques quelconques.*

339. *Deux coniques quelconques ont toujours un ou trois systèmes de deux cordes communes réelles.*

Si les deux coniques ont leurs quatre points d'intersection réels, elles ont évidemment trois systèmes de deux cordes communes réelles. Quand elles n'ont que deux points d'intersection réels, elles ont toujours deux cordes communes réelles, comme il a été démontré (332) ; et elles ne peuvent en avoir deux autres.

Il reste à prouver que quand les deux coniques n'ont aucun point d'intersection réel, elles ont néanmoins un sytème de deux cordes communes toujours réelles.

Dans le cas dont il s'agit, les trois points P, P′, P″ (*fig.* 121) sont réels (337). Ces points forment un système de trois points conjugués relativement à chacune des deux coniques ; conséquemment un de ces points est intérieur à une conique, et les deux autres extérieurs (114). D'après cela, supposons le point P intérieur à la conique C, et P′, P″ extérieurs. Les deux coniques n'ont aucun point d'intersection réel ; ce qui exige que l'une d'elles enveloppe l'autre, ou bien qu'elles soient extérieures l'une à l'autre. Le raisonnement va s'appliquer à ces deux cas.

Le point P représente une conique infiniment petite, puisqu'il est intérieur à la conique C. L'un des deux autres, P′, par exemple, représente aussi nécessairement une conique infiniment petite, car les deux coniques ne peuvent pas avoir deux systèmes de cordes communes réelles. Il faut donc prouver que P et P′ étant deux coniques infiniment petites, qui passent par les quatre points imaginaires des deux coniques proposées (328), P″ est l'intersection de deux cordes communes réelles de ces deux coniques, ou, ce qui revient au même, des deux coniques infiniment petites.

Disons donc, d'une manière générale, que : *Deux coniques infiniment petites* P, P′ (*fig.* 121) *ont toujours deux cordes communes réelles.*

En effet le diamètre de la première, conjugué à la droite PP′, rencontre le diamètre de la seconde conjugué à P′P en un point P″ qui a la même polaire PP′ dans les deux coniques.

Toute transversale menée par P″ rencontre la première conique en deux points imaginaires, conjugués harmoniques par rapport à P″ et au point *p*″ où cette droite rencontre PP′. La même transversale rencontre la seconde conique en deux autres points imaginaires conjugués harmoniques par rapport aux deux mêmes points P″, *p*″. Il faut donc prouver qu'il existe deux positions de la transversale P″*p*″, pour lesquelles les deux points de la première conique se confondent avec les deux points de la seconde.

Or, si l'on prend le milieu des deux points de la première conique, le lieu de ce point milieu sera une ellipse passant par le point P″ (209, *Coroll.*), tangente en P à la droite PP′, et dont la tangente en P″ est parallèle à cette droite (*).

(*) L'ellipse est tangente en P à la droite PP′, parce qu'elle ne peut pas avoir un autre point sur cette droite, puisque chaque point *p*″ de PP′ est le conjugué harmonique de P par rapport aux deux points de la conique infi-

De même pour la conique P′. On aura donc deux ellipses tangentes à la droite PP′, et ayant une tangente commune en P″. Ces deux ellipses pénètrent nécessairement l'une dans l'autre, et ont, par conséquent, au moins un autre point commun e. Mais, étant tangentes en P″, elles ont une corde commune autre que la tangente en ce point (334). Cette corde passe par le point e, et rencontre donc les deux courbes en un second point commun e'. Les deux droites P″e, P″e' sont deux cordes communes des deux coniques infiniment petites ; c'est-à-dire que chacune d'elles rencontre ces coniques aux deux mêmes points. Effectivement, les deux points de chaque conique situés sur la droite P″e, par exemple, ont leur milieu en e, et sont conjugués harmoniques par rapport à deux points P″, p''. Ce qui suffit pour les déterminer. Donc, etc.

Démonstration analytique. — En éliminant x entre les équations des deux coniques, on obtient une équation en y du quatrième degré. Ses quatre racines sont, par hypothèse, imaginaires, et conjuguées deux à deux, de la forme

$$y' = a + b\sqrt{-1},$$
$$y'' = a - b\sqrt{-1}.$$

A chaque ordonnée y' ou y'' correspondent dans chaque courbe deux abscisses, dont l'une répond au point d'intersection des deux courbes. Pour déterminer cette abscisse commune aux deux courbes, il suffit de tirer des deux équations de ces courbes une

---

niment petite situés sur P″p'', et ne peut être le milieu de ces deux points que s'ils se confondent; ce qui n'arrive qu'en P.

En outre, la tangente à l'ellipse, en P″, est parallèle à PP′. Car la conique infiniment petite P peut être regardée comme l'ensemble de deux droites imaginaires par rapport auxquelles les deux droites PP″, PP′ sont conjuguées harmoniques. Par conséquent la parallèle à PP′, menée par P″, rencontre ces deux droites en deux points dont le milieu coïncide en P″. Cette parallèle est donc la tangente à l'ellipse.

équation où x n'entre qu'au premier degré. Soit

$$By^2 + Cxy + Ex + Fy + l = 0$$

cette équation. On en conclut immédiatement l'abscisse x' qui correspond à la valeur de y'; soit

$$x' = a' + b'\sqrt{-1}.$$

Pour l'abscisse correspondante à l'ordonnée y'', il suffit de changer le signe de $\sqrt{-1}$, de sorte qu'elle est

$$x'' = a' - b'\sqrt{-1}.$$

La droite menée par les deux points d'intersection a pour équation

$$y - y' = \frac{y' - y''}{x' - x''}(x - x'),$$

qui devient

$$bx - b'y = ba' - b'a:$$

équation d'une droite réelle qui passe par deux des quatre points d'intersection imaginaires des deux coniques. Les deux autres points sont pareillement sur une autre droite réelle. Ainsi le théorème est démontré.

340. On conclut des considérations précédentes le résumé suivant, relatif au quadrilatère inscrit à deux coniques.

Le quadrilatère a toujours deux côtés réels. Les deux autres côtés peuvent être imaginaires; ainsi que les deux diagonales. La droite qui joint le point de concours de ces deux autres côtés, réels ou imaginaires, au point de concours des deux diagonales, est toujours réelle. Mais ces deux points de concours peuvent être réels ou imaginaires. Ils sont réels, quand les deux coniques ne se coupent pas; et imaginaires, quand les deux coniques se coupent en deux points.

Lorsque les coniques se coupent en quatre points, toutes les parties du quadrilatère sont réelles.

§ IV. — *Construction des cordes communes.*

341. *Étant données deux coniques, construire leurs cordes communes.*

1° On cherche les trois points conjugués communs aux deux coniques : il suffit de décrire deux autres coniques qui ont un point commun connu à priori, et dont les trois autres points d'intersection sont les points cherchés (338).

2° Si un seul de ces trois points, P'' par exemple, est réel, les deux cordes communes aux deux coniques passent par ce point, et on les détermine ainsi : on prend les polaires d'un point O quelconque, lesquelles se coupent en O'; puis les polaires d'un autre point Ω, lesquelles se coupent en Ω'. Les polaires des points O et Ω, relatives à la conique représentée par les deux droites cherchées, passent par O' et Ω', respectivement (308); conséquemment les deux droites cherchées divisent harmoniquement les deux angles $OP''O'$, $\Omega P''\Omega'$.

3° Si les trois points conjugués communs aux deux coniques sont réels, on détermine pour chacun d'eux les deux cordes communes qui ont leur intersection en ce point. Ces trois systèmes de deux cordes communes aux deux coniques seront réels quand les deux courbes auront leurs quatre points d'intersection réels; et un seul sera réel quand deux points d'intersection seulement seront réels.

Remarque. — La construction des points d'intersection de deux coniques, question qui admet quatre solutions (réelles ou imaginaires), se ramène donc à la recherche des points d'intersection de deux coniques qui ont un point commun connu; question qui admet trois solutions.

Ces considérations géométriques s'accordent avec l'Analyse qui apprend à ramener la résolution des équations du quatrième degré à celle des équations du troisième degré, suivie de la résolution d'équations du second degré.

Cas particuliers et conséquences du problème.

342. I. — *L'une des deux coniques données est infiniment petite, ou, en d'autres termes, est l'ensemble de deux droites imaginaires* (329).

On suppose que les systèmes de diamètres conjugués de la conique infiniment petite sont donnés; ce sont des droites parallèles aux diamètres conjugués d'une conique homothétique à la conique infiniment petite, ou bien des droites conjuguées harmoniques par rapport aux deux droites imaginaires qui représentent la conique infiniment petite.

Soit P la conique infiniment petite, ou le point d'intersection de ces deux droites. Ce point est un des trois dont chacun a la même polaire dans les deux coniques proposées. Les deux autres P′, P″ sont sur la polaire de P, et on les détermine comme on l'a vu ci-dessus (335, *Obs.*).

Les deux cordes communes cherchées passent par un de ces points P′, P″; on les construira comme il vient d'être dit (341, 3°).

Observation. — Ce problème revient, sous un énoncé différent, à celui-ci : *Étant données les deux diagonales imaginaires d'un quadrilatère inscrit dans une conique, déterminer les points de concours des côtés opposés, et les deux côtés réels.*

L'existence de ces deux côtés réels, démontrée par ce qui précède, avait été annoncée dans l'article (129).

II. — *Le point de rencontre* P *des deux droites imaginaires données, est situé sur la conique.*

Les cordes communes à la conique et aux deux droites imaginaires, qui représentent une conique infiniment petite P, connue d'espèce, sont la tangente en ce point P et une autre droite sur laquelle se trouvent les deux points imaginaires, intersection de la conique et des deux droites imaginaires données.

On construit sur la tangente en P le point P′ qui a la même polaire dans les deux coniques, et par lequel passe la corde commune cherchée (338). Pour obtenir ensuite la direction de cette droite, il suffit de prendre les polaires d'un point quelconque Q relatives aux deux coniques : ces polaires se rencontrent en un point Q′, par lequel passe aussi la polaire du point Q relative au système formé de la tangente P′P et de la droite cherchée (308). Conséquemment cette dernière droite est conjuguée harmonique de la tangente P′P par rapport aux deux droites P′Q, P′Q′, et se trouve ainsi déterminée.

III. — *Les deux coniques données sont, l'une et l'autre, l'ensemble de deux droites imaginaires.*

On peut dire aussi, comme dans la question précédente, que les points d'intersection des deux systèmes de droites imaginaires représentent deux coniques infiniment petites connues d'espèce.

Soient P, P′ les deux points, ou les deux coniques. Les diamètres conjugués du diamètre PP′ commun aux deux coniques se croisent en un point P″ qui a la même polaire dans les deux courbes, savoir la droite PP′. Par conséquent les deux cordes communes cherchées passent par ce point P″.

La construction de ces droites rentre dans le cas général (341, 2°).

Observation.—Puisque chacune des deux coniques P, P représente l'ensemble de deux droites imaginaires, la question revient à celle-ci :

Étant donnés les couples de côtés opposés, imaginaires, d'un quadrilatère, trouver les diagonales.

Ces diagonales sont toujours réelles, puisqu'elles seront les cordes communes des deux coniques infiniment petites représentées par les deux couples de côtés imaginaires.

343. *Mener par un point* Q *une conique qui ait pour cordes communes avec une conique donnée* C, *deux droites* D, D′ (*réelles ou imaginaires*).

Cet énoncé n'est qu'un cas particulier du problème (303) dans lequel on prend pour l'une des deux coniques données, l'ensemble des deux droites D, D′.

Corollaire. — Les droites peuvent se confondre en une seule D; et l'on a ce problème à résoudre : *Mener par un point* Q *une conique qui ait deux points de contact avec une conique donnée* C, *sur une droite* D.

On prend sur une transversale menée par le point Q, et qui coupe la conique donnée en a et a', et la droite D en b, le point Q′ conjugué de Q dans une involution dont a, a' sont deux points conjugués, et b un point double. Le point Q′ appartient à la conique demandée.

Remarque. — Si la droite D ne rencontre pas la conique C, la construction subsiste; mais les deux points de contact de C et de la conique construite *sont imaginaires.*

344. *Construire une conique tangente à deux droites imaginaires et passant par trois points dont deux sont aussi imaginaires.*

Appelons L, L′ les deux droites, S leur point de concours (qui est réel), et a, b, c les trois points, dont deux b, c, sont imaginaires. Que l'on décrive un cercle tangent aux deux droites L, L′. Ce cercle est homologique à la conique cherchée, le point S étant le centre d'homologie. Les deux droites imaginaires Sb, Sc rencontrent le cercle en des couples de points imaginaires b', b'' et c', c'', situés sur deux droites réelles $b'c'$, $b''c''$ déterminées (342, I).

La droite Sa rencontre le cercle en deux points a', a''.

Regardons les trois points a, b, c de la conique cherchée comme correspondant aux trois points a', b', c' du cercle. Pour construire la conique, il suffit de déterminer l'axe d'homologie. On connaît un point de cet axe, savoir, le point de rencontre des deux droites homologues ab, $a'b'$. Pour en déterminer un second, on observera que les points homologues des deux figures situés sur la droite Saa' forment deux divisions homographiques dont les points doubles sont le point S et le point α où cette droite rencontre l'axe d'homologie. Les deux points d, d' où cette même droite rencontre les droites bc, $b'c'$ sont, de même que a, a', deux points homologues des deux divisions. Conséquemment on connaîtra le point double α : et l'axe d'homologie sera déterminé. On pourra donc construire la conique par points (264).

Faisant correspondre les trois points a, b, c aux trois a', b'', c'' du cercle, on déterminera une seconde conique; puis une troisième, et une quatrième, en faisant correspondre a, b, c à a'', b', c'; puis à a'', b'', c'.

Ce sont les quatre solutions de la question (47).

Cas particuliers. I. — Les deux droites imaginaires L, L' peuvent être les asymptotes d'un cercle; alors, d'après le théorème (292), on résout ce problème : *Construire une conique qui ait un foyer en un point donné, et qui passe par trois points dont deux sont imaginaires.*

II. — Si les deux points imaginaires b, c sont situés à l'infini, sur une conique donnée, la question peut prendre cet énoncé : *Construire une conique homothétique à une conique donnée* (*), *tangente à deux droites imaginaires et passant par un point donné.*

(*) *Voir* ci-après (374).

CHAPITRE XIV.

DES POINTS DE CONCOURS DES TANGENTES COMMUNES A DEUX CONIQUES, OU POINTS OMBILICAUX.

§ I. — *Points ombilicaux de deux coniques.*

345. Le point d'intersection de deux tangentes (réelles ou imaginaires) communes à deux coniques peut être considéré comme l'un des *sommets,* ou des *points de concours de deux côtés opposés, du quadrilatère circonscrit aux deux coniques.*

La dénomination de *point d'intersection de deux tangentes* (*réelles ou imaginaires*) *communes à deux coniques* est longue et serait d'un usage incommode dans le discours; celle de *sommet* ou *point de concours des côtés opposés du quadrilatère circonscrit aux deux coniques,* outre le défaut aussi de la longueur, aurait encore l'inconvénient d'impliquer l'idée d'un quadrilatère complet, bien qu'imaginaire le plus souvent, quand on peut n'avoir à considérer qu'un seul point de ce quadrilatère. Il nous paraît donc nécessaire de substituer à ces dénominations une expression plus simple; et nous appellerons le point dont il s'agit, *ombilic* ou *point ombilical* des deux coniques. Le mot *ombilic* a servi pendant longtemps pour désigner les foyers (*) :

(*) *Voir* : C. Mydorge, *Conicorum libri quatuor priores.* Parisiis, 1641, in-fol. : *Umbilicos hyperbolarum et ellipsium dicimus, puncta...*; p. 8, 64-68, 76. — J. de Witt, *Elementa curvarum linearum, etc.* Amstelædami, 1659, in-4° : *Si... ad utrumque Umbilicum rectæ ducantur...*; p. 293-294, 301-303. — De la Hire, *Sectiones conicæ...* Parisiis, 1685, in fol. : *Neoterici geometræ* Umbilicum, *et* Focum *tale punctum* (*in Parabola*) *vocitaverunt*; p. 177. —

et puisqu'il n'a plus cette signification, on peut lui donner une acception différente. Au surplus on reconnaîtra dans ce qui suit qu'il était indispensable de dénommer les points dont il s'agit par un mot unique (*).

346. La propriété suivante suffit à distinguer un *point ombilical*, ou point de concours de deux tangentes (réelles ou imaginaires) communes à deux coniques : *Toute droite menée par ce point a ses pôles, relatifs aux deux coniques, situés sur une seconde droite qui passe par le point;* en d'autres termes : *Les systèmes de deux droites conjuguées autour d'un point ombilical, sont les mêmes dans les deux coniques.*

Et réciproquement : *S'il existe un point tel, que tous les systèmes de deux droites conjuguées autour de ce point soient les mêmes dans deux coniques (auquel cas il suffit que cela ait lieu pour deux systèmes), ce point est un ombilic ou point de concours de deux tangentes communes aux deux coniques.*

Cela est évident, d'après la définition des droites conju-

Jac. Milnes, *Sectionum conicarum Elementa*..., ed. 3ª. Oxoniæ, 1733 : *Puncta* H, F, *Veteribus Puncta ex comparatione, Neotericis* Foci *seu* Umbilici *appellantur;* p. 90. — Euler, *Introductio in Analysin infinitorum*, lib. 2dus : *Vocantur ista puncta* Foci *seu* Umbilici *sectionis conicæ;* p. 63.

(*) Le point de rencontre de deux tangentes communes à deux coniques peut être parfois un *centre d'homologie* des deux courbes, et a été ainsi nommé par M. Poncelet (*Traité des Propriétés projectives*, p. 164). Mais cette propriété n'est pas générale, c'est-à-dire qu'elle n'appartient pas à tous les points de rencontre des tangentes communes; il faut, pour qu'il y ait homologie, que les deux coniques soient comprises dans le même angle des deux tangentes ou dans deux angles opposés au sommet. Par exemple, des six points de rencontre des quatre tangentes communes à deux cercles, il n'y en a que deux qui soient des *centres d'homologie*. De plus, l'idée d'homologie implique la considération des cordes communes (qui sont les axes d'homologie), et ne se rattache pas à une simple et primordiale propriété des tangentes communes à deux coniques. Enfin elle ne s'étend pas aux coniques sphériques pour lesquelles il nous faudrait créer une expression différente.

guées (107), puisque les tangentes aux deux coniques issues du point ombilical sont les mêmes.

347. *La droite qui joint deux points ombilicaux communs à deux coniques, a le même pôle dans les deux courbes.*

En effet, si les deux pôles étaient différents, ils seraient sur une droite qui devrait passer tout à la fois par les deux ombilics. Ce qui n'est pas possible.

Réciproquement : *Quand une droite a le même pôle dans deux coniques, cette droite passe par deux des points ombilicaux de ces courbes, et représente une conique infiniment aplatie qui a ses deux sommets en ces points, et qui satisfait à la condition d'être inscrite dans le quadrilatère circonscrit aux deux coniques proposées;*

Quand ces points sont imaginaires, on peut regarder la droite comme une hyperbole infiniment ouverte, dont l'axe transverse est nul, dont les deux branches coïncident avec la droite, et qui satisfait aussi à la condition d'être inscrite dans le quadrilatère (imaginaire) circonscrit aux deux coniques.

En effet, soit L la droite qui a le même pôle P dans les deux coniques C, C' : cherchons la conique tangente à cette droite et inscrite dans le quadrilatère circonscrit à C et C'. Pour déterminer les tangentes à cette courbe, on mène par un point m de la droite L les tangentes à C et C', puis la droite qui fait avec ces couples de tangentes et L une involution : cette droite est tangente à la conique cherchée (316). Or ici cette droite se confond avec L : car les deux droites L et mP sont conjuguées relativement aux deux coniques, par conséquent sont les rayons doubles de l'involution déterminée par les deux couples de tangentes menées du point m. Donc tout point de L peut être considéré comme l'intersection de deux tangentes à une conique, qui se confondent avec cette droite.

Cela prouve que cette droite représente une conique infiniment aplatie inscrite dans le quadrilatère circonscrit aux deux coniques proposées, c'est-à-dire une diagonale du quadrilatère, comme nous l'avons déjà vu (317). Les deux sommets, extrémités de cette diagonale, sont les ombilics des deux coniques.

Lorsque ces points sont imaginaires, on peut dire encore que la conique infiniment aplatie, représentée par la droite, est une hyperbole infiniment ouverte, dont l'axe transverse est nul et dont les deux sommets sont imaginaires.

348. Quand deux coniques ont une tangente commune réelle, si on les transforme par la méthode des polaires en deux autres (252), celles-ci ont un point commun réel, et par conséquent un second point commun pareillement réel (331); donc les deux premières coniques ont une seconde tangente commune réelle. Ainsi : *Quand deux coniques ont une tangente commune réelle, elles en ont nécessairement une seconde aussi réelle.*

349. Le point de rencontre des deux tangentes est un ombilic des deux coniques; conséquemment les deux courbes ont un second ombilic (318). Ainsi : *Lorsque deux coniques ont une tangente commune réelle, elles ont toujours deux ombilics réels, dont l'un est situé sur cette tangente.*

Si les deux coniques sont tangentes entre elles, le point de contact est un ombilic, et elles en ont toujours un second qui est l'intersection de deux tangentes communes (réelles ou imaginaires). La droite qui joint ces deux points représente une conique infiniment aplatie inscrite dans le quadrilatère circonscrit aux deux coniques (347).

Observation. — Aux propositions concernant les points d'intersection et les cordes communes de deux coniques, correspondent, comme *corrélatives* ou *polaires réciproques*, des propositions concernant les tangentes communes et les points ombilicaux (chap. IX, § Ier). Nous nous bornerons à énoncer ces propositions sans les démontrer directement, et en indiquant seulement celles auxquelles elles correspondent.

350. I. — *Quand deux coniques ont quatre tangentes communes réelles, elles ont trois couples de points ombilicaux* (333, I).

II. — *Quand deux coniques ont deux tangentes communes réelles et deux tangentes communes imaginaires, elles n'ont que deux points ombilicaux* (333, II).

351. *Étant données deux coniques, il existe, en général, trois droites* L, L′, L″, *dont chacune a le même pôle dans les deux courbes. Une de ces droites est toujours réelle; les deux autres peuvent être imaginaires.*

Concevons qu'autour d'un point Q on fasse tourner une transversale; la droite qui joindra ses pôles dans les deux coniques données C, C′ enveloppera une conique Σ (324). Pour un autre point Q′, on aura une autre conique Σ′. Ces deux courbes ont une tangente commune, connue à priori, c'est la droite qui joint les pôles de QQ′. Les trois autres tangentes communes, dont une sera toujours réelle (348), sont les trois droites dont chacune a le même pôle dans les deux coniques C, C′.

Remarque. — La proposition actuelle ne diffère point au fond de la proposition (335), dont elle est d'ailleurs la corrélative. Nous en indiquons ici la démonstration directe, parce qu'elle implique une nouvelle construction des trois droites L, L′, L″.

352. Quand les quatre tangentes communes à deux coniques sont réelles, les trois droites L, L′, L″, dont chacune a le même pôle dans les deux courbes, sont réelles; car

ces droites sont les diagonales et la droite qui joint les points de concours des côtés opposés du quadrilatère circonscrit aux deux courbes.

Mais *quand les deux coniques n'ont que deux tangentes communes réelles, une des trois droites* L, L′, L″ *est réelle, et les deux autres sont imaginaires* (336).

353. *Quand deux coniques n'ont aucune tangente commune réelle, les trois droites* L, L′, L″ *sont réelles* (337).

354. Quand deux coniques ont un point de contact, la tangente L, qui leur est commune en ce point, a le même pôle dans les courbes : c'est le point de contact ; et il n'existe qu'une autre droite L′ ayant aussi le même pôle ; cette droite passe par le point de contact (338).

355. *Deux coniques ont toujours un système de deux ombilics réels, quoiqu'elles puissent n'avoir aucune tangente commune réelle* (339).

356. Des énoncés qui précèdent, on peut, au point de vue du quadrilatère circonscrit, faire le résumé suivant.

Le quadrilatère circonscrit à deux coniques a toujours deux sommets réels. Les deux autres sommets peuvent être imaginaires, et alors les deux points de concours des côtés opposés le sont aussi. Le point d'intersection des deux droites sur lesquelles se trouvent, respectivement, ces deux sommets et ces deux points de concours est toujours réel. Mais les deux droites peuvent être réelles ou imaginaires : elles sont réelles, quand les coniques n'ont aucune tangente commune ; et imaginaires, quand les deux coniques ont deux tangentes communes réelles.

Lorsque les deux coniques ont quatre tangentes communes réelles, toutes les parties du quadrilatère circonscrit sont réelles.

§ II. — *Construction des points ombilicaux.*

357. *Étant données deux coniques, déterminer les ombilics, ou points de concours de leurs tangentes communes.*

1° On cherche les trois droites L, L′, L″, dont chacune a le même pôle dans les deux coniques; ce qui se fait au moyen de deux autres coniques que l'on construit (351). Celles-ci ont une tangente commune connue à priori; et leurs trois autres tangentes communes sont les trois droites cherchées (351).

On peut aussi déterminer, comme précédemment (335), les trois points dont chacun a la même polaire dans les deux coniques proposées. Les polaires de ces points sont les droites cherchées.

2° Il existe sur chacune de ces droites deux ombilics, réels ou imaginaires (347). Néanmoins un des trois couples d'ombilics est toujours reel (355), de même qu'un des trois couples de cordes communes à deux coniques est toujours réel.

3° Pour construire les deux ombilics S, S′ situés sur l'une des trois droites, L, on mène une droite D arbitrairement, et la droite D′ qui joint les pôles de D dans les deux coniques. Ces droites D, D′ coupent L en deux points d, d'. Le pôle de D relatif à la conique infiniment aplatie représentée par la droite SS′ est le conjugué harmonique de d par rapport aux deux points S, S′. Ce pôle est situé sur D′ (323): c'est donc le point d'. Ainsi, les deux points d, d' sont conjugués harmoniques par rapport aux deux points cherchés S, S′. On construit de même, avec une autre droite D_1, deux autres points d_1, d'_1 conjugués harmoniques par rapport à S et S′. Dès lors ces deux points sont déterminés.

4° Si une seule des trois droites L, L′, L″, est réelle, les deux points S, S′ déterminés sur cette droite sont les deux seuls ombilics communs aux deux courbes.

5° Si les trois droites sont réelles, on cherche sur chacune d'elles les deux ombilics (réels ou imaginaires) qui s'y trouvent.

Cas particuliers et conséquences du problème.

358. I. — *L'une des deux coniques données est une droite* L *limitée à deux points imaginaires.*

Cette droite est l'une des trois L, L', L'', dont chacune a le même pôle dans les deux coniques. On détermine les deux autres, au moyen des deux points de L conjugués par rapport à la conique donnée et par rapport aux deux points imaginaires donnés. Ces deux points, ainsi déterminés, appartiennent aux deux droites L', L'', qui d'ailleurs passent par le pôle de la droite donnée L dans la conique.

Puis, on cherche sur chacune des deux droites L', L'' les ombilics qui s'y trouvent (357, 3°), dont deux sont réels et les deux autres imaginaires.

Observation. — Ce problème revient à celui-ci, sous un autre énoncé : *Étant donnés les deux points de concours imaginaires des côtés opposés d'un quadrilatère circonscrit à une conique, déterminer les diagonales du quadrilatère et ses deux sommets réels* (356).

II. — *La droite donnée est tangente à la conique.*

La question peut prendre cet énoncé :

Étant donnés une conique et deux points, réels ou imaginaires, situés sur une de ses tangentes, on demande de construire le point d'intersection des tangentes (réelles ou imaginaires) qui passent par les deux points donnés.

Soit a le point de contact de la tangente sur laquelle sont donnés deux points ε et φ, réels ou imaginaires; on prend le conjugué harmonique a' de a, par rapport aux deux points ε et φ; et par ce point a' on mène à la conique la tangente $a'b$, dont b est le point de contact. La droite ab a le même pôle a' dans la conique proposée et dans celle qui est représentée par la droite $\varepsilon\varphi$. Par conséquent, l'ombilic cherché, au point de concours des deux tangentes qui partent de ε et φ, se trouve sur la droite ab.

Pour déterminer ce point on mène une droite quelconque D, et on construit ses pôles relatifs à la conique et au segment $\varepsilon\varphi$. On joint ces pôles par une droite D'. Ces deux droites rencontrent ab en deux points d, d'; et le point cherché est le conjugué harmonique du point a par rapport à d et d'. Dès lors ce point est déterminé.

III. — *Les deux coniques sont deux droites terminées chacune à deux points réels ou imaginaires.*

On cherche la droite qui a le même pôle dans les deux coniques. C'est la droite L qui joint les conjugués harmoniques du point d'intersection des deux droites proposées par rapport aux deux couples de points donnés sur ces droites.

Pour construire les deux points cherchés sur la droite L, on mène une transversale et la droite qui joint ses pôles dans les deux coniques : ces deux droites rencontrent la droite L en deux points. On obtient un second couple de points semblables, à l'aide d'une autre transversale : et les points doubles de l'involution déterminée par ces deux couples de points sont les points cherchés.

Observation. — La question peut prendre cet énoncé :

Étant donnés sur deux droites les sommets, réels ou imaginaires, d'un quadrilatère, trouver les points de concours des côtés opposés.

359. Ces considérations serviront à résoudre la question suivante, corrélative de (344).

Construire une conique qui passe par deux points imaginaires et soit tangente à trois droites dont deux sont aussi imaginaires.

CHAPITRE XV.

RELATIONS ENTRE LES CORDES COMMUNES ET LES OMBILICS DE DEUX CONIQUES. — CONIQUES HOMOTHÉTIQUES. — PERSPECTIVE DE DEUX CONIQUES TRANSFORMÉES EN CONIQUES HOMOFOCALES.

§ I.

360. Les cordes communes à deux coniques existent par couples, comme on l'a vu (303, *Coroll.*), ainsi que les ombilics (318). En-outre les couples d'ombilics correspondent, en vertu de certaines relations, aux couples de cordes communes. Car deux cordes communes passent par un des trois points P, P′, P″, dont chacun a pour polaire, dans les deux coniques, la droite qui joint les deux autres (328); et deux ombilics conjugués sont situés sur une des trois droites qui joignent ces points deux à deux (347). Ainsi les ombilics situés sur la droite P′P″ *correspondent* aux cordes communes qui passent par le point P.

Les relations auxquelles donne lieu cette correspondance font le sujet du présent paragraphe.

361. *Si d'un point d'une corde commune à deux coniques on mène des tangentes aux deux courbes, les quatre droites qui joindront les points de contact de la première aux points de contact de la seconde passeront, deux à deux, par les deux ombilics correspondants à la corde commune.*

Soient (*fig.* 122) na, nb et na', nb' les couples de tangentes aux deux coniques, menées par un point n d'une corde commune L. Les droites ab, $a'b'$ passent respectivement par les pôles p, p' de cette corde, et se rencontrent en un point m de L (327). La droite aa' coupe pp' en un point S. Prouvons d'abord que ce point reste fixe, quel que soit le point n de la droite L.

Le triangle mpp', coupé par la transversale aa'S, donne l'équation

$$\frac{am}{ap} \cdot \frac{a'p'}{a'm} \cdot \frac{Sp}{Sp'} = 1;$$

d'où, en élevant au carré,

$$\left(\frac{Sp}{Sp'}\right)^2 = \left(\frac{ap}{am}\right)^2 \cdot \left(\frac{a'm}{a'p'}\right)^2.$$

Le point p étant le pôle de la droite L, on a

$$\frac{ap}{am} = -\frac{bp}{bm};$$

et conséquemment

$$\left(\frac{ap}{am}\right)^2 = -\frac{ap.bp}{am.bm} = -\frac{pa.pb}{ma.mb}.$$

Une parallèle à la droite L, menée par le point p, rencontre la première conique en deux points g, h. Appelons ε, φ les points (réels ou imaginaires) communs aux deux coniques sur la droite L; on sait que

$$\frac{pa.pb}{ma.mb} = \frac{ph.pg}{m\varepsilon.m\varphi} \quad (49).$$

Par suite,

$$\left(\frac{ap}{am}\right)^2 = -\frac{ph.pg}{m\varepsilon.m\varphi}.$$

Pareillement dans la seconde conique

$$\left(\frac{a'p'}{a'm}\right)^2 = -\frac{p'h'.p'g'}{m\varepsilon.m\varphi}.$$

Donc

$$\left(\frac{Sp}{Sp'}\right)^2 = \frac{ph.pg}{p'h'.p'g'},$$

$$\frac{Sp}{Sp'} = \pm\sqrt{\frac{ph.pg}{p'h'.p'g'}} = \text{const.}$$

Ce qui prouve que la droite aa' passe par un point fixe S de la droite pp'. La droite ab' passe aussi par un point fixe S'. Ces deux points correspondent aux deux signes de l'expression du rapport $\frac{Sp}{Sp'}$. Conséquemment *ces points* S, S' *divisent harmoniquement le segment* pp'.

Il reste à prouver que chacun de ces points est un ombilic des deux coniques. Or, cela se voit sans difficulté; car si l'on prend le point n de la droite L sur une tangente commune aux deux coniques, les deux tangentes na, na', et conséquemment la droite aa' qui joint les points de contact, coïncident avec cette tangente commune, qui passe donc par le point S ou le point S'.

Ces points sont donc deux points de concours des tangentes communes aux deux coniques, c'est-à-dire deux ombilics.

Ainsi le théorème est démontré.

Réciproquement : *Si par un point ombilical commun à deux coniques on mène une droite qui coupe ces courbes, chacune en deux points réels, et qu'en ces points on mène les tangentes : les tangentes à la première courbe rencontreront les tangentes à la seconde en quatre points situés, deux à deux, sur les deux cordes communes correspondantes à l'ombilic.*

En effet, soient a, a' deux des points des deux coniques situés sur la droite menée par un ombilic S. La tangente en a coupe chacune des deux cordes communes *correspondantes* à cet ombilic (360) en un point; et l'un des deux points de contact des tangentes menées de ce point à la seconde conique, est situé sur la droite Sa, d'après le théorème démontré. Ce point de contact est donc a'. Donc, etc.

362. On voit sans difficulté que la démonstration du théorème (361) s'applique à cet énoncé différent :

Si d'un point d'une corde commune à deux coniques on mène aux pôles de cette corde, deux droites qui rencontrent les deux coniques, respectivement, en deux couples de points (a, b *et* a', b') *: les droites menées des points d'un couple aux points de l'autre passeront, deux à deux, par les deux ombilics qui correspondent à la corde commune.*

363. Soient α et π (*fig.* 122) les points où les droites Saa' et Spp' rencontrent la corde commune L : les trois droites ap, $a'p'$ et L concourent en un même point m, comme on l'a dit ci-dessus (361); on a dès lors

$$\frac{Sa}{Sa'} : \frac{\alpha a}{\alpha a'} = \frac{Sp}{Sp'} : \frac{\pi p}{\pi p'} = \text{const.}$$

Cette relation montre que les deux courbes sont homologiques (264). Donc :

Deux coniques quelconques sont deux figures homologiques dans lesquelles l'axe d'homologie est une corde commune, et le centre d'homologie est un ombilic correspondant à cette corde (*).

Toutefois il faut que les deux coniques soient tellement placées, que les transversales menées par l'ombilic les rencontrent à la fois en des points réels, ou en des points imaginaires; car si cela n'avait pas lieu, c'est-à-dire si une

(*) Cette propriété de deux coniques a été démontrée par des considérations de perspective, dans le *Traité des Propriétés projectives* de M. Poncelet. (*Voir* p. 158.)

transversale rencontrait une conique en des points réels et l'autre conique en des points imaginaires, ces deux courbes ne seraient point homologiques.

On peut dire encore que la corde commune prise pour axe d'homologie doit avoir chacun de ses points extérieur, ou intérieur, aux deux coniques à la fois. De sorte que si un point de la corde commune se trouve intérieur à une conique et extérieur à l'autre, comme cela peut avoir lieu à l'égard d'une ellipse et d'une hyperbole, cette corde n'est pas un axe d'homologie des deux courbes.

364. Puisque, sauf cette restriction, deux coniques sont homologiques par rapport à une corde commune, prise pour axe d'homologie, il s'ensuit que *si l'on fait tourner le plan d'une des deux coniques autour de la corde commune, les deux courbes se trouveront en perspective, c'est-à-dire sur un même cône* (*G. S.*, 369).

365. *Dans deux coniques, deux ombilics conjugués* S, S′ *forment une involution avec les couples de points des deux courbes situés sur la droite* SS′.

En effet, cette droite SS′ a le même pôle P dans les deux coniques; et les tangentes aux points où elle rencontre ces courbes passent par ce point P. Mais ces tangentes et les deux droites menées du point P aux deux ombilics, forment une involution (313), puisque les ombilics sont deux sommets opposés du quadrilatère circonscrit aux coniques (345). Donc les six points en question sont en involution.

Corollaire. — Il résulte de là que : *Par deux ombilics conjugués communs à deux coniques on peut mener une troisième conique passant par les quatre points d'intersection des deux proposées* (302).

366. Dans le quadrilatère $aa'b'b$ (*fig.* 122) les deux points S, S′, points de concours des deux côtés aa', bb'

et des deux diagonales ab', $a'b$, divisent harmoniquement pp'. Donc :

Les pôles d'une corde commune à deux coniques sont conjugués harmoniques par rapport aux deux ombilics correspondants.

367. *Les polaires d'un ombilic sont conjuguées harmoniques par rapport aux deux cordes communes.*

Car, si par l'ombilic on mène une transversale qui rencontre les deux coniques, les tangentes aux points de rencontre se coupent deux à deux sur les deux cordes communes (361, *Récipr.*), et forment par conséquent un quadrilatère dont ces cordes sont les diagonales, et dont les points de concours des côtés opposés sont sur les deux polaires de l'ombilic. Donc ces deux points sont conjugués harmoniques par rapport à ceux où la droite qui les joint rencontre les deux cordes communes (*G. S.*, 341). Donc, etc.

§ II. — *Cas particuliers relatifs à la position des deux coniques.*

368. Quand deux coniques ont un point de contact et deux points d'intersection, réels ou imaginaires, elles n'ont que deux systèmes de deux cordes communes. La tangente au point de contact, et la corde, toujours réelle, qui joint les deux points d'intersection, forment le premier système, lequel est toujours réel. Les deux droites, réelles ou imaginaires, menées du point de contact aux deux points d'intersection forment le second système (réel ou imaginaire) (334).

A chaque système de deux cordes communes correspond un système de deux ombilics.

Un ombilic du premier système, toujours réel, est le point de contact des deux coniques, et le second ombilic, dès lors réel aussi (318), est le point de concours de deux tangentes (réelles ou imaginaires) communes aux coniques.

Les deux ombilics du second système (réels ou imaginaires) sont les points où la tangente aux coniques, en leur point de contact, est coupée par les deux autres tangentes communes aux deux courbes.

369. Quand deux coniques ont un point d'*osculation*, c'est-à-dire un point de contact du second ordre, qu'on peut considérer comme trois points consécutifs réunis en un seul, les deux courbes ont toujours un quatrième point commun réel, et une tangente commune réelle.

Alors elles n'ont qu'un système de deux cordes communes, savoir : leur tangente au point de contact et la corde qui joint ce point au point d'intersection des deux courbes. Elles ont aussi un seul couple d'ombilics, savoir : leur point de contact et le point où leur tangente commune rencontre la tangente au point de contact.

370. 1° Quand deux coniques ont un double contact, c'est-à-dire deux points de contact, elles ont deux systèmes de deux cordes communes : les tangentes aux points de contact forment le premier système ; et la corde qui joint les deux points de contact forme seule le second système. Cette droite, indéfinie, représente alors deux cordes communes coïncidentes et peut être regardée comme une conique passant par les points d'intersection des deux proposées.

2° Les deux coniques ont aussi deux systèmes d'ombilics : les deux points de contact forment le premier système ; et le pôle de la corde de contact, qui est le point d'intersection des tangentes aux deux coniques en leurs points de contact, forme le second système ; ce point représente deux ombilics coïncidents. La corde de contact est une conique infiniment aplatie limitée aux deux points de contact et dès lors inscrite dans le quadrilatère circonscrit aux deux proposées; le pôle de cette droite représente une conique infiniment petite, inscrite aussi dans le quadrilatère.

3° On a vu que deux coniques peuvent avoir un double contact imaginaire, c'est-à-dire deux points de contact imaginaires sur une droite déterminée (343, *Rem.*). Dans ce cas le premier système de cordes communes est imaginaire, et il ne subsiste que la droite, ou *corde de contact*, qui représente deux cordes communes coïncidentes : le pôle de cette droite, ou *pôle de contact*, représente le point d'intersection des deux cordes communes, imaginaires.

De même, le premier couple d'ombilics est imaginaire; et il ne reste que le pôle de la corde de contact, ou *pôle de contact*, qui représente deux ombilics coïncidents.

371. Quand deux coniques ont un contact du troisième ordre, auquel cas leurs quatre points d'intersection sont réunis en un seul, et leurs quatre tangentes communes se confondent, elles n'ont qu'une corde commune, qui est la tangente en leur point de contact, et un seul ombilic, qui est ce point de contact.

Il s'ensuit que : *Si d'un point de la tangente commune on mène des tangentes aux deux coniques, la droite qui joint les deux points de contact passe par le point de contact des deux courbes* (361).

Réciproquement : *Quand deux coniques se touchent en un point* A, *si les tangentes menées d'un point quelconque de leur tangente commune en* A *ont leurs points de contact toujours en ligne droite avec ce point* A, *les deux coniques ont un contact du troisième ordre en ce point.*

En effet, les deux coniques se touchant en A, ce point est un ombilic, et la tangente est une corde commune. Une droite menée par l'ombilic coupe les coniques en deux points, et les tangentes en ces points se rencontrent sur la seconde corde commune aux deux coniques (361, *Récipr.*). Mais ici, par hypothèse, ce point de rencontre est sur la tangente en A. Cette tangente représente donc deux cordes communes coïncidentes. Ainsi les deux coniques ont quatre points communs réunis en A, c'est-à-dire un contact du troisième ordre en ce point.

Corollaire. — *Deux paraboles égales, qui ont le même axe, ont un contact du troisième ordre à l'infini.*

Car si l'on mène aux paraboles deux tangentes parallèles, la droite qui joint les points de contact est évidemment parallèle à leur axe commun, et passe par conséquent par le point de contact des deux paraboles, situé à l'infini sur cet axe. Donc, etc.

372. Si par le point de concours de deux cordes communes à deux coniques, on mène des parallèles au système de diamètres conjugués communs en direction aux deux coniques (307), ces parallèles sont conjuguées harmoniques relativement aux deux cordes, parce qu'elles passent par les deux points à l'infini conjugués par rapport aux deux coniques, et conséquemment par rapport aux deux cordes communes (300). Si l'une des coniques est un cercle, ces droites sont parallèles aux axes de l'autre courbe; mais, étant rectangulaires, elles sont les bissectrices des angles formés par les deux cordes communes (*G. S.*, 80). Donc :

Les deux cordes communes à une conique et à un cercle font des angles égaux avec un axe de la conique.

Corollaire I. — On conclut de là que : *Quand un cercle est tangent à une conique, la corde qu'il intercepte dans la conique, et la tangente au point de contact, sont également inclinées sur un axe de la conique.*

Cette proposition donne le moyen de mener par deux points d'une conique un cercle tangent à cette courbe. On voit immédiatement que la question admet quatre solutions.

Corollaire II. — *Le cercle osculateur en un point d'une conique rencontre la courbe en un autre point tel, que la corde qui joint ce point au point de contact, et la tangente en celui-ci, sont également inclinées sur un axe de la conique.*

De là résulte une construction très-simple du cercle osculateur en un point d'une conique.

§ III. — *Coniques homothétiques.*

373. *Lorsque dans deux coniques il existe deux systèmes de diamètres conjugués de l'une, parallèles à des diamètres conjugués de l'autre, ces coniques sont homothétiques, c'est-à-dire semblables et semblablement placées.*

D'abord, tout système quelconque de diamètres conjugués de l'une aura dans l'autre un système de diamètres conjugués parallèles, parce que trois systèmes de deux diamètres conjugués d'une conique forment une involution (172).

Soient ensuite AB et *ab* deux diamètres parallèles dans les deux coniques. Pour construire un point de la première courbe, on mène deux droites AM, BM parallèles à deux diamètres conjugués. Les parallèles à ces droites, *am*, *bm*, déterminent un point de la seconde conique. Mais il est clair que les deux points M, *m* forment deux figures semblables et semblablement placées, dans lesquelles le rapport de deux lignes homologues est égal à $\frac{AB}{ab}$. Donc, etc.

374. *Deux coniques homothétiques ont une corde commune, à l'infini.*

Si les deux coniques sont des hyperboles, leurs asymptotes sont parallèles, par conséquent les deux courbes ont deux points d'intersection à l'infini, et la corde qui joint ces points est elle-même à l'infini.

Quand les deux coniques sont des ellipses, deux diamètres conjugués de l'une sont parallèles à leurs homologues dans l'autre; par conséquent deux points à l'infini, conjugués par rapport à une conique, sont conjugués par rapport à l'autre. La droite située à l'infini est donc une corde commune (327).

Réciproquement : *Quand la droite située à l'infini est une corde commune à deux coniques, ces courbes sont homothétiques*.

En effet, les deux courbes ont les mêmes systèmes de deux points conjugués sur la corde commune située à l'infini (327); dès lors deux diamètres conjugués quelconques de l'une sont parallèles, respectivement, à deux diamètres conjugués de l'autre; ce qui prouve qu'elles sont homothétiques (373).

375. *Deux paraboles quelconques sont toujours deux figures semblables.*

En effet, les équations des deux paraboles sont de la forme

$$\overline{mp}^2 = \lambda . Ap \qquad \overline{m'p'}^2 = \lambda' . A'p' \ (208).$$

Le point m de la première étant pris arbitrairement, il existe sur la seconde un point m' dont les coordonnées sont

$$A'p' = \frac{\lambda'}{\lambda} Ap \quad \text{et} \quad m'p' = \frac{\lambda'}{\lambda} \cdot mp.$$

Car ces coordonnées satisfont à l'équation de la seconde courbe, en vertu de celle de la première. Ainsi aux points m de la première parabole, correspondent sur la seconde des points m' dont les coordonnées sont proportionnelles à celles des points m. Donc les deux courbes sont semblables.

Corollaire. — Si les axes des deux paraboles sont parallèles, les deux courbes sont *semblablement placées ;* de sorte qu'elles sont *homothétiques*. Alors elles ont un point de contact à l'infini. C'est le point situé sur leurs axes parallèles : et leur tangente en ce point est la droite située à l'infini. Cette droite est une corde commune aux deux courbes (368); ainsi on peut dire que : *Deux paraboles quelconques, qui ont leurs axes parallèles, sont homothétiques et ont conséquemment une corde commune à l'infini.*

376. *Deux coniques homothétiques et concentriques ont un double contact sur la droite située à l'infini.*

En effet, les deux coniques ont les mêmes systèmes de diamètres conjugués (373); par conséquent elles ont les mêmes tangentes issues de leur centre commun, parce que ces tangentes sont les rayons doubles de l'involution formée par les couples de diamètres conjugués (111); et les points de contact sont les mêmes, puisqu'ils sont sur la droite située à l'infini. Les deux coniques sont donc tangentes entre elles en ces deux points. Donc, etc.

Réciproquement : *Quand deux coniques ont deux points de contact à l'infini, elles sont concentriques et homothétiques.*

En effet, d'une part, le pôle de la corde de contact, qui est le même dans les deux courbes, est aussi le centre de chacune d'elles. Et d'autre part, les systèmes de diamètres conjugués sont les mêmes dans les deux coniques, puisque les tangentes issues du centre sont les mêmes. Donc les deux coniques sont homothétiques (373). Donc, etc.

377. *Quand deux coniques homothétiques sont concentriques, les segments interceptés entre les deux courbes sur une transversale sont égaux.*

En effet, les deux segments aa', AA' (*fig.* 123) appartiennent à une involution (300) dont un point double est situé à l'infini ; c'est le point situé sur la corde de contact des deux coniques (376), qui représente deux cordes communes coïncidentes (370). On a donc

$$Aa = A'a'. \quad (G.\ S.,\ 195.) \qquad \text{C. Q. F. D.}$$

Cette démonstration s'applique à une hyperbole et à ses deux asymptotes.

Elle s'applique aussi à deux paraboles égales dont les axes coïncident en direction. Car ces courbes ont un contact du troisième ordre à l'infini (371, *Coroll.*), et conséquemment deux cordes communes qui se confondent avec la droite située à l'infini.

378. *Mener par trois points une conique homothétique à une conique donnée.*

Soient A, B, C les trois points donnés. Qu'on mène par le milieu de la corde AB une droite parallèle au diamètre de la conique donnée conjugué à la direction de AB. Cette parallèle sera un diamètre de la conique cherchée. Avec la corde AC, on déterminera un second diamètre. De sorte que le centre de la conique se trouve déterminé. Et par suite la construction de la courbe est connue (166).

379. *Construire une conique homothétique à une conique donnée et tangente à trois droites.*

Qu'on mène à la conique donnée six tangentes parallèles, deux à deux, aux trois droites; elles forment, trois à trois, huit triangles, égaux deux à deux, qui se réduisent à quatre différents, et tous semblables au triangle formé par les trois droites données. Qu'on mène, des sommets d'un triangle, des droites au centre de la conique, et par les sommets du triangle donné des parallèles à ces droites; ces parallèles détermineront le centre d'une conique satisfaisant à la question.

Il y a donc quatre solutions.

§ IV. — *Propriétés relatives à trois coniques qui ont une corde commune, ou un ombilic commun.*

380. *Quand trois coniques* C, C′, C″ *ont une corde commune, les trois cordes conjuguées à celle-là, dans les coniques prises deux à deux, passent par un même point.*

En effet, soit D la corde commune aux trois coniques, D′, D″, D‴ les trois autres cordes appartenant, la première aux courbes C et C′, la seconde à C et C″, et la troisième à C′ et C″. Soit d' le point de rencontre des deux droites D′, D″. Une transversale menée par ce point rencontre la droite D en d, la droite D‴ en d''', et les trois coniques en trois couples de points a, a'; b, b', et c, c'.

Les trois couples de points a, a'; b, b' et d, d' sont en involution (300); de même les trois couples a, a'; c, c' et d, d'. Donc les trois couples b, b'; c, c' et d, d' sont en involution (*G. S.*, 196). Mais les trois couples b, b'; c, c' et d, d''' sont aussi en involution (300) : donc d''' coïncide avec d'. C'est-à-dire que la droite D‴ passe par le point de rencontre de D′ et D″. Ce qu'il fallait démontrer.

381. *Quand trois coniques ont une corde commune, les trois couples d'ombilics qui correspondent à cette corde, forment les quatre sommets et les deux points de concours des côtés opposés d'un quadrilatère; de sorte que les six ombilics sont, trois à trois, sur quatre droites.*

En effet, soient O, O′, O″ les pôles de la corde commune aux trois coniques; les six ombilics sont situés deux à deux sur les trois droites OO′, OO″, O′O″ (361). Que d'un point m de la corde commune on mène aux trois points O, O′, O″ des droites qui rencontrent, respectivement, les trois coniques en trois couples de points a, a'; b, b' et c, c'. Considérons trois de ces six points, pris sur les trois coniques, tels que a, b, c. Les droites ab, bc, ca qui les joignent deux à deux passent par trois des ombilics (362), lesquels sont les points où ces droites rencontreront, respectivement, les trois OO′, O′O″ et O″O (361). Mais ces trois points de rencontre sont en ligne droite, parce que les trois droites Oa, O′b, O″c qui joignent deux à deux les sommets des deux triangles OO′O″ et abc, partent d'un même point m (*G. S.*, 365). Ce qui démontre la proposition.

382. *Quand trois coniques ont un ombilic commun, les trois autres ombilics conjugués à celui-là sont en ligne droite.*

Les démonstrations de cette proposition et de la suivante sont en quelque sorte calquées sur celles des propositions (381 et 382) ; il serait superflu de les reproduire.

383. *Quand trois coniques ont un ombilic commun, les trois couples de cordes communes aux coniques prises deux à deux, qui correspondent à cet ombilic, forment les côtés et les diagonales d'un quadrilatère, de sorte que ces six droites passent, trois à trois, par quatre points.*

§ V. — *Perspective de deux coniques devenant deux coniques homofocales ou deux cercles.*

384. *Étant données deux coniques, on demande de faire la perspective de ces courbes, de manière qu'elles deviennent deux coniques homofocales.*

Les deux coniques doivent n'avoir qu'un système de deux ombilics réels, et ces points doivent être intérieurs aux deux courbes.

Première solution. — Soient F, F′ ces deux ombilics. Il suffit de faire la perspective de manière que ces points deviennent les foyers de l'une des deux nouvelles courbes (298, 5°). Ils seront aussi les foyers de l'autre, parce que quand un ombilic commun à deux coniques est un foyer de l'une, il est aussi un foyer de l'autre, en vertu de la propriété (276) des foyers. Ainsi le problème est résolu.

Deuxième solution. — Deux coniques homofocales ont deux ombilics imaginaires à l'infini sur un cercle (294). D'après cela, qu'on cherche les trois droites dont chacune a le même pôle dans les deux coniques proposées. Sur l'une de ces droites se trouvent les deux ombilics réels F, F', des deux coniques (347), et sur chacune des deux autres sont deux ombilics imaginaires. Il suffit donc de faire la perspective de la figure de manière que l'une de ces dernières droites, L, passe à l'infini, et que les deux ombilics qu'elle contient se trouvent sur un cercle.

A cet effet, qu'on prenne sur la droite L, deux couples de points conjugués harmoniques par rapport aux deux ombilics situés sur cette droite; soient a, a' et b, b' ces deux couples de points. Qu'on décrive sur les segments aa', bb' comme diamètres, deux circonférences qui se rencontrent en deux points O, O'; et sur la droite OO' comme diamètre, une circonférence dans le plan perpendiculaire au plan de la figure. L'œil qui fera la perspective sera placé en un point quelconque de cette circonférence : et le problème sera résolu.

385. *Étant données deux coniques, on demande d'en faire la perspective de manière que ces courbes deviennent deux cercles.*

Il est évident qu'il faut que les deux coniques n'aient pas leurs quatre points d'intersection réels, mais deux au plus. Dès lors elles n'ont que deux cordes communes réelles; et sur une de ces droites, ou sur les deux, les points d'intersection sont imaginaires.

Soit L une corde commune satisfaisant à cette condition. On fera la perspective de manière que l'une des deux coniques devienne un cercle dans lequel la droite L aura passé à l'infini (298, 1°). L'autre conique sera aussi un cercle, puisque ces courbes, ayant une corde commune à l'infini, seront homothétiques (374). Le problème est donc résolu (*).

Observation. — On peut résoudre, par les mêmes principes, diverses autres questions concernant la perspective de deux coniques : par exemple, demander que les deux courbes deviennent deux hyperboles équilatères, ayant un foyer commun ; deux paraboles ayant un foyer commun ; deux coniques homothétiques ayant un foyer commun ; l'une un cercle, et l'autre une conique ayant son foyer au centre du cercle.

(*) Cette question seule a été résolue, par des considérations fort différentes, dans le *Traité des Propriétés projectives des figures* de M. Poncelet (art. 110 et 121).

CHAPITRE XVI.

PROPRIÉTÉS DE TROIS ET DE QUATRE CONIQUES PASSANT PAR QUATRE POINTS, OU TANGENTES A QUATRE DROITES.

§ I. — *Trois coniques passant par quatre points.*

386. Théorème général. — *Quand trois coniques passent par quatre points (réels ou imaginaires), si de chaque point* m *de l'une, on mène à deux points fixes* O, O', *des droites qui rencontreront respectivement les deux autres coniques en des points* a, a' *et* b, b' : *on a la relation constante*

$$\frac{ma \cdot ma'}{Oa \cdot Oa'} : \frac{mb \cdot mb'}{O'b \cdot O'b'} = \text{const.} \tag{1}$$

C'est-à-dire que si d'un autre point μ de la première conique on mène aux points O, O' deux autres transversales, qui rencontreront les deux autres courbes en a_1, a'_1 et b_1, b'_1, respectivement, on aura l'équation

$$\frac{ma \cdot ma'}{Oa \cdot Oa'} : \frac{mb \cdot mb'}{O'b \cdot O'b'} = \frac{\mu a_1 \cdot \mu a'_1}{Oa_1 \cdot Oa'_1} : \frac{\mu b_1 \cdot \mu b'_1}{O'b_1 \cdot O'b'_1}. \tag{1'}$$

Soient A, A' et B, B' les points où la droite $m\mu$ rencontre la deuxième et la troisième conique : on a dans le triangle $mO\mu$, par le théorème de Carnot (23), l'équation

$$\frac{ma \cdot ma'}{Oa \cdot Oa'} : \frac{\mu a_1 \cdot \mu a'_1}{Oa_1 \cdot Oa'_1} = \frac{mA \cdot mA'}{\mu A \cdot \mu A'}.$$

Et pareillement dans le triangle $mO'\mu$,

$$\frac{mb \cdot mb'}{O'b \cdot O'b'} : \frac{\mu b_1 \cdot \mu b'_1}{O'b_1 \cdot O'b'_1} = \frac{mB \cdot mB'}{\mu B \cdot \mu B'}.$$

Mais les trois coniques passant par les quatre mêmes points, les trois couples de points m, μ; A, A′ et B, B′ sont en involution (302), et l'on a

$$\frac{m\mathrm{A}.m\mathrm{A}'}{\mu\mathrm{A}.\mu\mathrm{A}'}=\frac{m\mathrm{B}.m\mathrm{B}'}{\mu\mathrm{B}.\mu\mathrm{B}'}.$$

Cette équation et les deux précédentes donnent celle qu'il s'agit de démontrer. Donc, etc.

Réciproquement : *Si, ayant deux coniques* C, C′ *et deux points fixes* O, O′, *on cherche un point* m *tel, que les segments faits sur les deux droites* mO, mO′ *par les deux coniques, respectivement, satisfassent à la relation*

$$(1)\qquad \frac{ma.ma'}{\mathrm{O}a.\mathrm{O}a'}:\frac{mb.mb'}{\mathrm{O}'b.\mathrm{O}'b'}=\text{const.}=\lambda:$$

le lieu du point m *sera une conique passant par les points d'intersection (réels ou imaginaires) des deux coniques proposées.*

Cherchons les points d'une droite donnée L qui satisfont à la question : soit m un de ces points, et a_1, a'_1; b_1, b'_1 les couples de points dans lesquels la droite L rencontre les deux coniques C, C′.

Que par les points O, O′ on mène parallèlement à L, deux droites qui rencontreront les coniques en a_2, a'_2 et b_2, b'_2 respectivement; on aura (49)

$$\frac{ma.ma'}{\mathrm{O}a.\mathrm{O}a'}=\frac{ma_1.ma'_1}{\mathrm{O}a_2.\mathrm{O}a'_2},\qquad \frac{mb.mb'}{\mathrm{O}'b.\mathrm{O}'b'}=\frac{mb_1.mb'_1}{\mathrm{O}'b_2.\mathrm{O}'b'_2};$$

d'où

$$(2)\qquad \frac{ma_1.ma'_1}{\mathrm{O}a_2\,\mathrm{O}a'_2}:\frac{mb_1.mb'_1}{\mathrm{O}'b_2.\mathrm{O}'b'_2}=\lambda.$$

On détermine par cette équation deux points m, m' appartenant au lieu géométrique cherché; et l'on a évidemment entre ces deux points la relation

$$\frac{ma_1 . ma'_1}{mb_1 . mb'_1} = \frac{m'a_1 . m'a'_1}{m'b_1 . m'b'_1},$$

qui exprime que les deux points m, m' forment une involution avec les deux couples a_1, a'_1 ; b_1, b'_1. Donc si la transversale L tourne autour d'un point m, appartenant à la courbe cherchée, le point m' décrira une conique passant par ce point m et par les quatre points d'intersection des deux proposées C, C' (303). Ce qui démontre le théorème.

387. Corollaires. — L'équation (1), et l'équation (2) qui en est une conséquence, comme nous venons de le voir, donnent lieu à de nombreux corollaires qui sont autant d'expressions différentes du même théorème général.

I. — Supposons d'abord que les points O et O' soient les centres des deux coniques C, C', et que D, D' soient les demi-diamètres parallèles à la droite L menée par un point m de la troisième courbe; l'équation (2) devient

$$\frac{ma_1 . ma'_1}{D^2} : \frac{mb_1 . mb'_1}{D'^2} = \text{const.} = \lambda.$$

Ainsi :

Quand trois coniques ont les mêmes cordes communes, si par un point m *de l'une, on mène une droite qui rencontre les deux autres en deux couples de points* a, a' *et* b, b', *et que* D, D' *soient les demi-diamètres de ces deux courbes, parallèles à la droite, on aura la relation constante*

$$(3) \qquad \frac{ma . ma'}{D^2} : \frac{mb . mb'}{D'^2} = \text{const.} = \lambda,$$

quels que soient le point m *de la première conique, et la direction de la droite menée par ce point.*

II. — La même équation a lieu, en vertu du théorème de Newton (49), lorsque les points a, a', b, b' des deux coniques sont sur des transversales différentes, menées par le point m dans des directions quelconques; D et D' étant les demi-diamètres parallèles à ces droites, respectivement. De sorte que si les deux droites ma, mb sont tangentes aux deux coniques, l'équation devient

$$\frac{ma}{D} : \frac{mb}{D'} = \text{const.}$$

Donc :

Quand trois coniques ont quatre points communs, si de chaque point de l'une on mène une tangente à chacune des deux autres, et qu'on prenne le rapport de chaque tangente au demi-diamètre qui lui est parallèle : les deux rapports sont entre eux en raison constante.

III. — Si dans le théorème général (386) le point O' est à l'infini, dans une direction déterminée, l'équation (1) subsistera comme si les segments comptés à partir de ce point devenaient égaux à l'unité, c'est-à-dire qu'on aura

$$(4) \qquad \frac{ma \, . \, ma'}{Oa \, . \, Oa'} : mb \, . \, mb' = \text{const.} = \lambda_1.$$

Car dans l'équation (1') le rapport $\frac{O'b \, . \, O'b'}{O'b_1 \, . \, O'b'_1}$ devient égal à l'unité.

IV. — Si le point O est aussi à l'infini, l'équation se réduit à

$$(5) \qquad \frac{ma \, . \, ma'}{mb \, . \, mb'} = \text{const.} = \lambda_2.$$

V. — Si les points O, O' coïncident, l'équation (1) devient

$$(6) \qquad \frac{ma \, . \, ma'}{mb \, . \, mb'} : \frac{Oa \, . \, Oa'}{Ob \, . \, Ob'} = \text{const.}$$

VI. — Soient α, β et μ les milieux des trois segments déterminés par chacune des trois coniques sur la transversale maO : on sait que

$$\frac{\mu\alpha}{\mu\beta} = \frac{ma \cdot ma'}{mb \cdot mb'}. \quad (G.\ S.,\ n^o\ 221.)$$

L'équation (6) devient donc

$$\frac{\mu\alpha}{\mu\beta} : \frac{Oa \cdot Oa'}{Ob \cdot Ob'} = \text{const.} \tag{7}$$

Cette équation fait connaître le milieu μ des deux points de la troisième conique sur la transversale aO.

Remarque. — Pour une autre transversale a_1O on aura une équation semblable, et conséquemment l'égalité

$$\frac{\mu\alpha}{\mu\beta} : \frac{Oa \cdot Oa'}{Ob \cdot Ob'} = \frac{\mu_1\alpha_1}{\mu_1\beta_1} : \frac{Oa_1 \cdot Oa'_1}{Ob_1 \cdot Ob'_1}.$$

Cette relation exprime la condition pour que deux points μ, μ_1 donnés sur deux droites, soient les milieux des segments qu'une conique passant par les quatre points d'intersection des deux coniques C, C' interceptera sur les deux droites.

VII. — On a encore l'équation

$$\frac{\mu\alpha}{\mu\beta} : \frac{D^2}{D'^2} = \text{const.}$$

Ainsi : *Quand trois coniques ont quatre points communs, les segments qu'elles forment sur une transversale jouissent de cette propriété, que le rapport des distances du milieu du troisième segment aux milieux des deux premiers est au rapport des carrés des demi-diamètres des deux premières coniques parallèles à la transversale, dans une raison constante, quelle que soit la transversale.*

388. *Conséquences de l'équation*

$$(1)\qquad \frac{ma.mb}{D^2} : \frac{ma'.mb'}{D'^2} = \lambda = \text{const.}$$

1° Quand les deux coniques C, C′ sont des ellipses, si un point de la troisième C″ est intérieur à l'une quelconque de ces deux-là et extérieur à l'autre, il en est de même de tous les autres points de cette courbe C″; et si, au contraire, un point de C″ est intérieur, ou extérieur, aux deux premières, tout autre point de la même conique est aussi intérieur, ou extérieur, indifféremment, aux deux premières.

En effet, dans le premier cas l'un des produits $ma.mb$, $ma'.mb'$ est positif et l'autre négatif; par conséquent la constante λ est négative. Il s'ensuit que réciproquement, pour toute autre transversale menée par tout autre point m, les deux produits sont toujours de signes contraires; ce qui prouve que le point m de la troisième conique est intérieur à l'une des deux premières et extérieur à l'autre.

Dans le second cas les deux produits $ma.mb$, $ma'.mb'$ sont de même signe (positif ou négatif); par conséquent la constante λ est positive, et par suite les deux produits, sur toute autre transversale, sont de même signe : ce qui exige que le point m de la troisième conique soit ou intérieur, ou extérieur aux deux premières.

2° Quand la conique C est une ellipse et la conique C′ une hyperbole, on a les mêmes résultats, parce qu'on peut toujours diriger une transversale, à partir d'un point m de C″, de manière qu'elle coupe les deux branches de l'hyperbole, auquel cas le carré du demi-diamètre parallèle est positif comme dans l'ellipse.

3° Quand les deux coniques C, C′ sont des hyperboles, on peut encore mener par chaque point de C″ une droite qui rencontre les deux branches de chacune des deux hyperboles, ce qu'on reconnaît en ramenant ce cas, par une perspective, à celui d'une ellipse et d'une hyperbole; de sorte qu'on obtient les mêmes résultats.

On peut donc énoncer ce théorème général :

Quand trois coniques C, C′, C″ *ont quatre points communs (réels ou imaginaires), si un point de* C″ *est intérieur à l'une des deux* C, C′ *et extérieur à l'autre, tous les points de* C″ *sont dans le même cas; c'est-à-dire que chaque point de cette conique est intérieur à l'une quelconque des deux* C, C′, *et extérieur à l'autre.*

Et si un point de C″ *est intérieur, ou extérieur, à* C *et à* C′, *il en est de même de tous les autres points de cette conique; c'est-à-dire que tout point* de C″ *est, soit intérieur, soit extérieur, indifféremment, aux deux autres courbes à la fois.*

389. Le théorème (386) fournit une solution du problème suivant.

Étant donnés deux coniques C, C′, *un point* m, *et une droite* L, *on demande de trouver les points d'intersection de cette droite et de la conique* Σ *déterminée par la condition de passer par le point* m *et par les quatre points d'intersection des deux coniques.*

Par le point m on mènera une droite quelconque rencontrant les deux coniques C, C′ en a, a' et b, b', et la droite L en O. Soient a_1, a'_1 et b_1, b'_1 les points où L coupe les deux courbes C, C′, et m_1 l'un des points cherchés où elle rencontre la conique inconnue Σ : on aura (386)

$$\frac{ma.ma'}{Oa.Oa'} : \frac{mb.mb'}{Ob.Ob'} = \frac{m_1a_1.m_1a'_1}{Oa_1.Oa'_1} : \frac{m_1b_1\ m_1b'_1}{Ob_1.Ob'_1}.$$

Le premier membre est connu; et l'équation donne par suite le point m_1. Elle a deux solutions, qui sont les deux points cherchés.

§ II. — *Cas particuliers et conséquences des théorèmes précédents.*

390. Si les trois coniques sont des cercles, l'équation (3) se réduit à

$$\frac{ma \, . \, ma'}{mb \, . \, mb'} = \text{const.}$$

On conclut de là que : *Quand trois cercles ont la même corde commune, les tangentes menées d'un point de l'un aux deux autres, sont entre elles dans un rapport constant.*

391. Supposons que la conique C soit un cercle, et C' l'ensemble de deux droites ; et que les deux points O, O' soient à l'infini, auquel cas on a l'équation (5)

$$\frac{ma \, . \, ma'}{mb \, . \, mb'} = \text{const.}$$

Le rectangle $ma \, . \, ma'$ est égal au carré de la tangente menée du point m au cercle C, et $mb \, . \, mb'$ est proportionnel au produit des distances du point m aux deux droites. Donc :

Étant donnés un cercle et deux droites, le lieu d'un point tel, que le carré de la tangente menée de ce point au cercle, et le produit des distances du même point aux deux droites, soient en raison donnée, est une conique qui passe par les quatre points d'intersection du cercle et des deux droites.

Corollaire. — Si les deux droites se confondent, la conique lieu du point m aura un double contact avec le cercle sur la droite unique. Ainsi nous pouvons dire que :

Quand un cercle a un double contact (réel ou imaginaire) avec une conique, si de chaque point de la conique on mène une tangente au cercle et une perpendiculaire à la droite de contact, le rapport de la tangente à la perpendiculaire sera constant.

392. Il résulte de là, évidemment, que :

Quand deux cercles égaux ont un double contact avec une conique, et que les cordes de contact sont parallèles, la somme ou la différence des tangentes menées aux deux cercles par chaque point de la conique est constante.

393. Chacune des deux coniques C, C′ peut être l'ensemble de deux droites, ou bien un point qui représentera une conique infiniment petite, homothétique à une conique donnée.

Supposons que la première C soit un point P, et la seconde C′ l'ensemble de deux droites L, L′; on se servira de l'équation (4) de l'article (387), dans laquelle on pourra remplacer le produit $mb.mb'$ par le produit des distances du point m aux deux droites ; et on prendra pour le point O le point P lui-même. Le produit Oa.Oa', ou Pa.Pa', est proportionnel au carré du diamètre D parallèle à Pm dans la conique à laquelle la courbe infiniment petite C est homothétique. De sorte que l'équation deviendra

$$\frac{\overline{m\mathrm{P}}^2}{\mathrm{D}^2} : (m, \mathrm{L}).(m, \mathrm{L}') = \text{const.}$$

Le lieu du point m déterminé par cette équation est une conique ayant pour axes de symptose avec la conique infiniment petite les deux droites L, L′.

Corollaire. — Si la conique, à laquelle le point P, regardé comme une conique infiniment petite, est homothétique, est un cercle, l'équation se réduit à

$$\frac{\overline{m\mathrm{P}}^2}{(m, \mathrm{L}).(m, \mathrm{L}')} = \text{const.}$$

Donc :

Étant donnés un point fixe P, *deux droites et une raison* λ, *le lieu d'un point dont le carré de la distance au point fixe est au produit de ses distances aux deux* *droites, dans la raison λ, est une conique qui passe par les points d'intersection (imaginaires) des deux droites et du cercle infiniment petit représenté par le point fixe.*

Réciproquement : *Étant pris arbitrairement un point* P *dans le plan d'une conique, on pourra toujours déterminer deux droites telles, que le carré de la distance de chaque point de la conique au point* P, *et le produit des distances du même point de la courbe aux deux droites, soient en raison constante.*

En effet, ces deux droites seront les axes de symptose de la conique et du cercle infiniment petit représenté par le point.

Conséquemment ces droites sont également inclinées sur l'un des axes de la conique (372).

394. Si les deux coniques C, C' se réduisent à des points P, P' qui représentent des coniques infiniment petites données d'espèce, c'est-à-dire homothétiques à deux coniques données Σ, Σ', l'équation (1) devient

$$\frac{\overline{mP}^2}{D^2} : \frac{\overline{mP'}^2}{D'^2} = \text{const.} \quad \text{ou} \quad \frac{mP}{D} : \frac{mP'}{D'} = \text{const.}$$

D, D' sont les demi-diamètres parallèles à Pm et P'm dans les deux coniques Σ, Σ'. De sorte que si ces courbes ont leurs centres en P et P' (*fig.* 124), l'équation s'écrira

$$\frac{mP}{PA} : \frac{mP'}{P'A'} = \text{const.}$$

Donc :

Étant données deux coniques quelconques dont les centres sont P *et* P', *si l'on demande de trouver un point* m *tel, que le rapport de ses distances à ces deux centres et le rapport des demi-diamètres des deux coniques situés sur les droites* Pm, P'm, *soient en raison donnée : le lieu du point* m *sera une conique qui passera par les points d'intersection (imaginaires) des deux coni-*

ques infiniment petites placées aux points P, P′ *et homothétiques aux deux coniques données.*

La conique trouvée divise harmoniquement le segment PP′.

Réciproquement : *Si l'on prend dans le plan d'une conique* C″ *deux points* P, P′ *conjugués par rapport à cette conique, on peut déterminer deux autres coniques* Σ, Σ′ *ayant leurs centres en ces points, et telles, que le rapport des distances de chaque point de la conique* C″ *aux deux points* P, P′, *divisées respectivement par les demi-diamètres des deux coniques* Σ, Σ′ *situés dans la direction de ces distances, sera constant.*

395. Si l'on conçoit deux cylindres quelconques ayant pour bases les deux coniques Σ, Σ′ (*fig.* 124), et qu'on mène par le point m des plans qui coupent les deux cylindres suivant des cercles, leurs axes en deux points p, p', et les arêtes qui partent des points A, A′ en deux points a, a', on aura

$$\frac{m\mathrm{P}}{\mathrm{PA}} = \frac{mp}{pa} \quad \text{et} \quad \frac{m\mathrm{P}'}{\mathrm{P}'\mathrm{A}'} = \frac{mp'}{p'a'}.$$

Donc

$$\frac{mp}{mp'} = \frac{pa}{p'a'} \times \text{const.}$$

Le second membre est constant, parce que pa et $p'a'$ sont les rayons de deux cercles. Donc

$$\frac{mp}{mp'} = \text{const.}$$

Ainsi :

Lorsque deux droites sont données dans l'espace, si l'on demande de trouver dans un plan donné un point dont les distances aux deux droites, estimées parallèlement à des plans fixes donnés, soient dans un rapport constant : le lieu de ce point est une conique.

Réciproquement : *Si l'on prend deux points* P, P′ *conjugués par rapport à une conique* C″, *et qu'on mène par ces points deux droites fixes quelconques* Δ, Δ′, *obliques ou perpendiculaires au plan de la figure* : *on pourra déterminer les directions de deux plans* Q, Q′ *tels, que les distances de chaque point* m *de la conique* C″ *aux deux axes* Δ, Δ′, *comptées parallèlement aux deux plans, aient un rapport constant.*

Car ces plans seront ceux qui couperont suivant des cercles les deux cylindres ayant pour axes les droites Δ, Δ′, et pour bases les deux coniques Σ, Σ′ de la réciproque du théorème précédent.

§ III. — *Propriétés relatives à trois coniques inscrites dans un même quadrilatère.*

396. Théorème général. — *Étant données trois coniques* C, C′ et Σ *inscrites dans un quadrilatère, et deux droites fixes* O, O′ ; *si par les points où une tangente* M *de la conique* Σ *rencontre les deux droites* O, O′, *on mène les tangentes* A, A′ *et* B, B′ *aux deux coniques* C, C′ *respectivement, on aura la relation*

$$(1)\quad \frac{\sin(M, A).\sin(M, A')}{\sin(O, A).\sin(O, A')} : \frac{\sin(M, B).\sin(M, B')}{\sin(O', B).\sin(O', B')} = \text{const.},$$

quelle que soit la tangente M.

La démonstration sera imitée de celle du théorème (386).

Réciproquement : *Étant données deux coniques* C, C′ *et deux droites fixes* O, O′, *si l'on mène une transversale* M, *de manière que les tangentes* A, A′ *et* B, B′ *menées aux deux coniques, par les points où cette transversale rencontre les deux droites* O, O′, *satisfassent à la relation*

$$\frac{\sin(M, A).\sin(M, A')}{\sin(O, A).\sin(O, A')} : \frac{\sin(M, B).\sin(M, B')}{\sin(O', B).\sin(O', B')} = \lambda,$$

λ *étant une constante donnée : l'enveloppe de la droite* M *sera une conique inscrite dans le quadrilatère circonscrit à* C *et* C'.

Corollaire. — Les deux droites fixes O, O' peuvent se confondre en une seule ; le théorème reçoit alors cet énoncé :

Étant données trois coniques C, C' et Σ *inscrites dans un même quadrilatère, et une droite fixe* O ; *si par chaque point de cette droite on mène des tangentes* A, A' *et* B, B' *aux deux coniques* C, C', *et une tangente* M *à la troisième conique* Σ, *on aura la relation*

$$\frac{\sin(M, A).\sin(M, A')}{\sin(O, A).\sin(O, A')} : \frac{\sin(M, B).\sin(M, B')}{\sin(O, B).\sin(O, B')} = \text{const.}$$

397. Supposons qu'une transversale rencontre les tangentes et la droite fixe O en des points m, a, a', b, b' et o ; l'expression $\frac{\sin(M, A)}{\sin(O, A)} : \frac{\sin(M, B)}{\sin(O, B)}$ est un rapport anharmonique égal à $\frac{ma}{oa} : \frac{mb}{ob}$. Il s'ensuit que l'équation entre les sinus donne celle-ci :

$$\frac{ma\,.\,ma'}{oa\,.\,oa'} : \frac{mb\,.\,mb'}{ob\,.\,ob'} = \text{const.}$$

Corollaire. — Si la transversale est menée parallèlement à la droite fixe O, cette équation se réduit à

$$\frac{ma\,.\,ma'}{mb\,.\,mb'} = \text{const.}$$

398. Si la droite fixe O est à l'infini, les cinq tangentes menées par un point de cette droite sont parallèles entre elles. On peut alors considérer les segments ma, ma', mb, mb' comme représentant les distances de la tangente de Σ

aux tangentes des deux autres courbes; et l'on a ce théorème :

Quand trois coniques C, C′, Σ *sont inscrites dans un quadrilatère, si on leur mène des tangentes parallèles entre elles : le produit des distances d'une des tangentes de la conique* Σ *aux deux tangentes de la conique* C, *et le produit des distances de la même tangente de* Σ *aux deux tangentes de* C′, *seront en raison constante.*

Corollaire I. — Si l'on prend pour la conique Σ la droite qui joint deux sommets opposés du quadrilatère circonscrit aux deux coniques C, C′, on en conclut cette propriété relative à deux coniques :

Si l'on mène à deux coniques, quatre tangentes parallèles, A, A′ *à l'une, et* B, B′ *à l'autre, le produit des distances de* A et A′ *à un sommet du quadrilatère circonscrit aux deux courbes, sera au produit des distances de* B et B′ *au même point, dans une raison constante, quelle que soit la direction commune des quatre tangentes;*

Et cette raison est la même à l'égard du sommet opposé.

Corollaire II. — Si les deux coniques Σ et C étant quelconques, on prend pour C′ la droite limitée à deux ombilics conjugués de ces deux courbes, le théorème a cet énoncé :

Étant données deux coniques Σ *et* C, *si on leur mène des tangentes parallèles, le produit des distances d'une tangente de la première aux deux tangentes de la seconde, et le produit des distances de la première tangente à deux ombilics conjugués des deux coniques, seront en raison constante.*

Corollaire III. — Si les deux coniques sont homofocales, les foyers sont deux ombilics conjugués (294); or le produit des distances de chaque tangente de la première, aux foyers, est constant (285, *Coroll.* II); il s'ensuit donc que :

Quand deux coniques sont homofocales, si on leur mène des tangentes parallèles, le produit des distances d'une tangente de la première aux deux tangentes de la seconde, est constant.

399. Soient C, C′ et Σ trois coniques quelconques inscrites dans un même quadrilatère; on leur mène des tangentes parallèles entre elles; A, A′ sont les deux tangentes à la première, B, B′ les deux tangentes à la seconde, et M une des tangentes à la troisième; en désignant par (M, A) la distance de la tangente M à la tangente A, et ainsi des autres distances, on a la relation

$$\frac{(M, A).(M, A')}{(M, B).(M, B')} = \text{const.}^{\text{e}} (398).$$

Le produit (M, A).(M, A′) est positif quand les deux tangentes A, A′ de la conique C sont d'un même côté de la tangente M, et négatif quand ces deux tangentes sont de côtés différents de la tangente M. Si la conique C est une ellipse, la tangente M la rencontre ou ne la rencontre pas, selon que le produit (M, A).(M, A′) est négatif ou positif; et si cette conique est une hyperbole, c'est le contraire; c'est-à-dire que la tangente M rencontre ou ne rencontre pas l'hyperbole, selon que le produit (M, A).(M, A′) est positif ou négatif.

Il en est de même du produit (M, B).(M, B′), à l'égard de la conique C′.

Le rapport des deux produits étant toujours le même, quelle que soit la tangente M qui roule sur la conique Σ, on conclut de ces considérations que :

Quand trois coniques C, C′, Σ *sont inscrites dans un quadrilatère (réel ou imaginaire), si une tangente de* Σ *rencontre une seule des deux coniques* C, C′, *il en sera de même de toute autre tangente de* Σ; *c'est-à-dire que chaque tangente rencontrera une des deux coniques* C, C′ *(l'une ou l'autre indifféremment), mais une seule.*

Et si une tangente de Σ *rencontre les deux coniques* C, C' *chacune en deux points, ou n'en rencontre aucune, il en sera de même encore pour toutes les autres tangentes de la conique* Σ.

400. Le théorème (396) fournit une solution de ce problème.

Étant données deux coniques et une droite M, *on demande de mener par un point donné* L *les tangentes à la conique déterminée par la condition d'être inscrite dans le quadrilatère circonscrit aux deux proposées et d'être tangente à la droite* M.

Par le point L on mène une droite quelconque O; par le point où cette droite rencontre la droite M on mène aux deux coniques proposées les tangentes A, A' et B, B'; on aura en appelant μ l'une des tangentes menées du point L à la conique inconnue, et α, α', 6, $6'$ les tangentes aux deux coniques proposées,

$$\frac{\sin(\text{M, A}).\sin(\text{M, A}')}{\sin(\text{O. A}).\sin(\text{O.A}')} : \frac{\sin(\text{M, B}).\sin(\text{M, B}')}{\sin(\text{O, B}).\sin(\text{O, B}')}$$

$$= \frac{\sin(\mu, \alpha).\sin(\mu, \alpha')}{\sin(\text{O}, \alpha).\sin(\text{O}, \alpha')} : \frac{\sin(\mu, 6).\sin(\mu, 6')}{\sin(\text{O}, 6).\sin(\text{O}, 6')}.$$

Le premier membre est connu, et l'équation servira à déterminer la position de la tangente μ. Il y aura deux solutions qui seront les deux tangentes à la conique inconnue, menées par le point L.

§ IV. — *Propriété générale de quatre coniques ayant les mêmes points d'intersection.*

401. *Quand quatre coniques* C, C', C'', C''' *ont les mêmes points d'intersection, si l'on mène une transversale, et qu'on représente par* a, a' *et* b, b' *les deux couples*

de points dans lesquels cette droite rencontre les deux premières coniques, et par m, n *deux des points dans lesquels elle rencontre la troisième et la quatrième, respectivement, on a la relation constante*

$$\frac{ma \,.\, ma'}{mb \,.\, mb'} : \frac{na \,.\, na'}{nb \,.\, nb'} = \text{const.},$$

quelle que soit la transversale.

En effet, soient D, D′ les demi-diamètres des deux coniques C, C′ parallèles à la transversale; on aura

$$\frac{ma \,.\, ma'}{D^2} : \frac{mb \,.\, mb'}{D'^2} = \text{const.} = \lambda;$$

et de même

$$\frac{na \,.\, na'}{D^2} : \frac{nb \,.\, nb'}{D'^2} = \text{const.} = \mu. \quad (387, \text{I.})$$

De ces deux équations on conclut celle qu'il s'agit de démontrer.

§ V. — *Propriété relative à quatre coniques inscrites dans un même quadrilatère.*

402. *Quand quatre coniques* C, C′, C″, C‴ *sont inscrites dans un quadrilatère, si d'un point* P *on mène aux deux premières deux couples de tangentes* A, A′ *et* B, B′, *à la troisième une tangente* M, *et à la quatrième une tangente* N, *on aura la relation*

$$\frac{\sin(M, A) \,.\, \sin(M, A')}{\sin(M, B) \,.\, \sin(M, B')} : \frac{\sin(N, A) \,.\, \sin(N, A')}{\sin(N, B) \,.\, \sin(N, B')} = \text{const.},$$

quel que soit le point P *par lequel on a mené les tangentes.*

Ce théorème est le corrélatif du précédent. Car l'équation

$$\frac{ma.ma'}{mb.mb'} : \frac{na.na'}{nb.nb'} = \text{const.}$$

s'écrit

$$\left(\frac{ma}{mb} : \frac{na}{nb}\right) \cdot \left(\frac{ma'}{mb'} : \frac{na'}{nb'}\right) = \text{const.},$$

et ne renferme que des rapports anharmoniques, de même que l'équation qu'il s'agit de démontrer, et qui est la corrélative de celle-là. Mais voici une démonstration directe du théorème.

Soit une droite O prise arbitrairement, et sur cette droite un point Q; que par le point où la tangente M rencontre cette droite on mène aux deux coniques C, C' les couples de tangentes α, α' et β, β'; et par le point Q les couples de tangentes A_1, A'_1 et B_1, B'_1. Représentons par I la droite PQ. Considérant le triangle formé par les trois droites M, O, I, et les tangentes aux deux coniques C, C', menées par ses sommets, on a (29) les deux équations

$$\frac{\sin(M, A).\sin(M, A')}{\sin(I, A).\sin(I, A')} \cdot \frac{\sin(I, A_1).\sin(I, A'_1)}{\sin(O, A_1).\sin(O, A'_1)} \cdot \frac{\sin(O, \alpha).\sin(O, \alpha')}{\sin(M, \alpha).\sin(M, \alpha')} = 1,$$

$$\frac{\sin(M, B).\sin(M, B')}{\sin(I, B).\sin(I, B')} \cdot \frac{\sin(I, B_1).\sin(I, B'_1)}{\sin(O, B_1).\sin(O, B'_1)} \cdot \frac{\sin(O, \beta).\sin(O, \beta')}{\sin(M, \beta).\sin(M, \beta')} = 1;$$

d'où, en divisant membre à membre,

$$\left[\frac{\sin(M, A).\sin(M, A')}{\sin(M, B).\sin(M, B')} : \frac{\sin(I, A).\sin(I, A')}{\sin(I, B).\sin(I, B')}\right]$$
$$\times \left[\frac{\sin(I, A_1).\sin(I, A'_1)}{\sin(O, A_1).\sin(O, A'_1)} : \frac{\sin(I, B_1).\sin(I, B'_1)}{\sin(O, B_1).\sin(O, B'_1)}\right]$$
$$\times \left[\frac{\sin(O, \alpha).\sin(O, \alpha')}{\sin(M, \alpha).\sin(M, \alpha')} : \frac{\sin(O, \beta).\sin(O, \beta')}{\sin(M, \beta).\sin(M, \beta')}\right] = 1.$$

On a semblablement, en appelant α_1, α'_1 et β_1, β'_1 les couples de tangentes aux deux coniques C, C', menées par le point où la tangente N rencontre la droite O,

$$\left[\frac{\sin(N, A).\sin(N, A')}{\sin(N, B).\sin(N, B')} : \frac{\sin(I, A).\sin(I, A')}{\sin(I, B).\sin(I, B')}\right]$$
$$\times\left[\frac{\sin(I, A_1).\sin(I, A'_1)}{\sin(O, A_1).\sin(O, A'_1)} : \frac{\sin(I, B_1).\sin(I, B'_1)}{\sin(O, B_1).\sin(O, B'_1)}\right]$$
$$\times\left[\frac{\sin(O, \alpha_1).\sin(O, \alpha'_1)}{\sin(N, \alpha_1).\sin(N, \alpha'_1)} : \frac{\sin(O, \beta_1).\sin(O, \beta'_1)}{\sin(N, \beta_1).\sin(N, \beta'_1)}\right] \doteq 1.$$

Divisant l'une par l'autre ces deux équations et observant que les troisièmes facteurs qui s'y trouvent sont des quantités constantes d'après le théorème (396, *Coroll.*), l'équation résultante est celle qu'il faut démontrer.

CHAPITRE XVII.

THÉORÈMES GÉNÉRAUX RELATIFS AUX POINTS D'INTERSECTION DE TROIS CONIQUES QUELCONQUES, ET AUX TANGENTES COMMUNES A CES COURBES PRISES DEUX A DEUX.

§ I. — *Théorèmes relatifs aux points d'intersection de trois coniques.*

403. Théorème général. — *Étant données trois coniques quelconques* U, A, A′, *si l'on en décrit deux autres* B, B′, *dont* B *passe par les points d'intersection de* U et A; *et* B′ *par les points d'intersection de* U *et* A′: *les quatre points d'intersection de* B *et* B′ *seront sur une conique* Σ *passant par les points d'intersection de* A *et* A′.

Représentons par

$$U = 0, \quad A = 0, \quad A' = 0,$$

les équations des trois coniques, soit entre les distances p, q, r de chaque point à trois droites fixes (24), soit entre les coordonnées x, y de Descartes (25). L'équation de la conique B, qui passe par les points d'intersection des deux U et A, doit être satisfaite par les équations simultanées $U = 0$, $A = 0$, et dès lors est de la forme

$$U + \lambda . A = 0;$$

λ étant une quantité constante indéterminée.

Pareillement, l'équation de B′, qui passe par les points d'intersection de U et A′, est

$$U + \lambda' . A' = 0.$$

Toute équation résultant de l'addition de ces deux premières multipliées par des coefficients constants quelconques, telle que

$$a.(U+\lambda A)+a'.(U+\lambda' A')=0,$$

représente une conique qui passe par les points d'intersection de B et B', puisqu'elle est satisfaite par les équations de celles-ci.

Soit

$$a'=-a,$$

l'équation se réduit à

$$\lambda.A-\lambda'.A'=0.$$

Elle représente donc une conique qui passe par les quatre points d'intersection de B et B'. Mais elle est satisfaite par les équations $A=0$, $A'=0$; la conique passe donc aussi par les quatre points d'intersection de A et A'. Ce qui démontre le théorème.

Autrement. Soient e, e_1 deux des points d'intersection des deux coniques B, B'. Prouvons que par ces deux points on peut mener une conique passant par les quatre points d'intersection des deux proposées A, A'. Soient a, a_1; a', a'_1 et u, u_1 les trois couples de points dans lesquels la droite ee_1 rencontre les trois coniques A, A' et U. Les trois courbes U, A et B ont quatre points communs; les trois couples u, u_1; a, a_1 et e, e_1 sont donc en involution (302). Les trois couples u, u_1; a', a'_1 et e, e_1 sont de même en involution. Donc les trois couples a, a_1; a', a'_1 et e, e_1 sont aussi en involution (*G. S.*, 198). Donc par les deux points e, e_1 on peut mener une conique passant par les points d'intersection de A et A'. Or cette conique est déterminée par le seul point e; donc elle reste la même, quel que soit celui des trois autres points d'intersection des deux coniques B, B' que e_1 représente. Ainsi le théorème est démontré.

Observation. — Cette démonstration est extrêmement

simple, puisqu'elle ne repose que sur le théorème de Desargues : toutefois elle laisse quelque chose à désirer, parce qu'on y raisonne sur les points d'intersection des deux coniques B, B′ pris isolément, ce qui suppose qu'ils sont réels; mais avec le secours d'une autre propriété des coniques (387, VI, *Rem.*), on étend la démonstration au cas où ces points sont imaginaires.

Soit L la corde commune aux deux coniques B, B′, sur laquelle sont leurs deux points d'intersection e, e_1 (réels ou imaginaires). Par ces points, on peut mener une conique Σ passant par les quatre points d'intersection de A et A′, ainsi qu'il vient d'être démontré. Il reste à prouver que cette conique passera par les deux autres points d'intersection e', e'_1, de B et B′, situés sur la seconde corde commune L′. Soient ν, α, α', ε les milieux des segments uu_1, aa_1, $a'a'_1$ et ee_1; et soient de même ν', α_1, α'_1, ε' les milieux des segments $u'u'_1$, a_2a_3, $a'_2a'_3$ et $e'e'_1$, interceptés par les quatre coniques U, A, A′, B sur la seconde corde L′. Soit enfin O le point de rencontre de L et de L′. La condition pour que les deux segments ee_1 et $e'e'_1$ soient interceptés par une même conique passant par les quatre points d'intersection des deux A, A′, est

$$\frac{\varepsilon\alpha}{Oa.Oa_1} : \frac{\varepsilon\alpha'}{Oa'.Oa'_1} = \frac{\varepsilon'\alpha_1}{Oa_2.Oa_3} : \frac{\varepsilon'\alpha'_1}{Oa'_2.Oa'_3} \quad (387, \text{VI}).$$

C'est donc cette équation qu'il faut démontrer. Or, la conique B passant par les quatre points d'intersection de A et U, on a

$$\frac{\varepsilon\alpha}{Oa.Oa_1} : \frac{\varepsilon\nu}{Ou.Ou_1} = \frac{\varepsilon'\alpha_1}{Oa_2.Oa_3} : \frac{\varepsilon'\nu'}{Ou'.Ou'_1}.$$

Pareillement, la conique B′ passant par les points d'intersection des deux U, A′, on a

$$\frac{\varepsilon\alpha'}{Oa'.Oa'_1} : \frac{\varepsilon\nu}{Ou.Ou_1} = \frac{\varepsilon'\alpha'_1}{Oa'_2.Oa'_3} : \frac{\varepsilon'\nu'}{Ou'.Ou'_1}.$$

Divisant cette équation et la précédente, membre à membre, on obtient celle qu'il faut démontrer. Donc, etc.

404. Autre énoncé du théorème (403). — *Étant données quatre coniques* A, A′, B, B′, *si les points d'intersection des deux* A, B *et ceux des deux autres* A′, B′ *sont situés tous les huit sur une même conique* U, *il en sera de même des huit points d'intersection des coniques combinées deux à deux d'une autre manière, comme* A, A′ *et* B, B′.

En effet, l'hypothèse et la conclusion dans cet énoncé sont les mêmes, en d'autres termes, que dans l'énoncé précédent.

Conséquences du théorème (403).

405. *Étant données trois coniques* A, A′ *et* U, *si par un point quelconque on mène trois autres coniques passant respectivement par les points d'intersection des trois proposées prises deux à deux : ces trois coniques auront, outre le point par lequel elles sont menées, trois autres points communs.*

En effet, soient B, B′ et Σ_1 les trois coniques menées, comme il est dit, par un point donné *a* : la conique Σ, sur laquelle se trouvent les quatre points d'intersection de B et B′ et les quatre points d'intersection de A et A′ (403), passe par ce point *a* et par conséquent se confond avec Σ_1. Donc, etc.

406. *Quand trois coniques* A, A′, A″ *sont circonscrites à un quadrilatère, si on les coupe par une conique quelconque* U, *et qu'on décrive deux autres coniques* B, B′, *dont la première passe par les points d'intersection de* U *et* A, *et la seconde par les points d'intersection de* U *et* A′ : *les points d'intersection de* B *et* B′ *et ceux de* U *et* A″ *seront huit points situés sur une même conique.*

En effet, les points d'intersection des deux coniques A', A'' et ceux de U et B sont sur une même conique A. Donc, en vertu de (404), les points d'intersection de B et A'', et ceux de U et A' ou de U et B', sont sur une même conique. Donc, par la même raison, les points d'intersection de B et B' et ceux de U et A'' sont sur une même conique. C. Q. F. D.

407. De là on conclut immédiatement que :

Étant données trois coniques A, A', A'' *circonscrites à un quadrilatère, et une quatrième conique quelconque* U; *si par un point donné* P *on mène trois autres coniques* B, B', B'' *passant respectivement par les trois groupes de quatre points d'intersection de* U *et de chacune des coniques* A, A', A'' : *ces trois courbes* B, B', B'' *auront, outre le point* P, *trois autres points communs.*

Observation. — Il est clair que ces énoncés, relatifs à trois coniques circonscrites à un quadrilatère, s'appliqueraient à un nombre quelconque de coniques circonscrites au quadrilatère.

§ II. — *Cas particuliers des théorèmes précédents.*

408. Dans le théorème (403), la conique B peut être le système de deux axes de symptose des coniques A et U, et la conique B' le système de deux axes de symptose des coniques A' et U. On peut donc dire que :

Étant données deux coniques A, A', *si l'on en décrit une troisième quelconque* U, *les axes de symptose de* U *et* A *rencontreront les axes de symptose de* U *et* A', *en quatre points qui seront sur une conique* Σ *passant par les quatre points d'intersection de* A *et* A'.

409. Quand une conique est l'ensemble de deux droites, ses axes de symptose avec une autre conique sont deux autres droites qui passent par les quatre points d'intersection de cette conique et des deux premières droites. En

d'autres termes, quand un quadrilatère est inscrit dans une conique, si l'on regarde deux côtés opposés comme formant une seconde conique, les axes de symptose de celle-ci et de la première sont les deux autres côtés, ou les deux diagonales du quadrilatère.

D'après cette remarque, le théorème précédent sera susceptible de plusieurs corollaires.

410. Si dans le théorème (403) la conique U est l'ensemble de deux droites, on dira que :

Deux droites étant menées arbitrairement dans le plan de deux coniques A, A′, *si par leurs quatre points de rencontre avec* A *on fait passer une autre conique* B, *et par leurs points de rencontre avec* A′ *une autre conique* B′ : *les quatre points d'intersection de ces deux coniques* B, B′ *et ceux des deux premières* A, A′ *seront huit points situés sur une même conique.*

Corollaires. I. — Prenant pour B et B′ deux couples de cordes sous-tendues par les deux droites dans A et A′, on est conduit à l'énoncé suivant :

Si les côtés d'un angle rencontrent deux coniques A, A′, *deux cordes sous-tendues par cet angle dans la première conique rencontrent deux cordes sous-tendues dans la seconde courbe, en quatre points situés sur une conique* Σ *passant par les quatre points d'intersection des deux proposées* A, A′.

II. — Si les deux côtés de l'angle sont tangents à la première conique, les deux cordes sous-tendues se confondront suivant la droite qui joindra les deux points de contact; il s'ensuit que la conique Σ touchera les deux cordes sous-tendues dans la seconde conique aux deux points où cette droite les rencontrera. On a donc ce théorème :

Étant données deux coniques A, A′, *si l'on inscrit dans*

la seconde un quadrilatère dont deux côtés opposés soient tangents à la première, la droite qui joindra les deux points de contact rencontrera les deux autres côtés en deux points, par lesquels on pourra mener une conique Σ *tangente à ces côtés en ces points, et passant par les quatre points d'intersection de* A *et* A′.

III. — Les deux droites, dans l'énoncé primitif (410), peuvent se confondre : alors les coniques B, B′ auront un double contact, sur une même droite, avec A et A′, respectivement; ce contact pouvant être réel ou imaginaire. Donc :

Étant données deux coniques A, A′ *et une droite quelconque* L, *si l'on décrit deux autres coniques* B, B′ *qui aient avec les deux premières, respectivement, un double contact sur la droite* L : *les quatre points d'intersection de ces deux courbes et les quatre points d'intersection des deux proposées seront huit points appartenant à une même conique.*

IV. — Qu'on prenne pour les coniques B, B′ les couples de tangentes à A et A′, il s'ensuit que :

Étant données deux coniques A, A′, *si l'on mène une droite qui les rencontre, et qu'aux points de rencontre on mène les tangentes aux deux courbes : les tangentes à la première rencontreront les tangentes à la seconde, en quatre points qui seront sur une conique passant par les quatre points d'intersection des deux proposées.*

411. Si, dans les théorèmes qui précèdent, les deux coniques A, A′ sont homothétiques (des cercles, par exemple), la conique Σ leur sera homothétique (374).

D'après cela, on conclut de (403) :

Étant donnés deux cercles A, A′ *et une conique quelconque* U, *si l'on décrit deux autres coniques* B, B′ *dont l'une passe par les points d'intersection de* U *et* A, *et l'autre par les points d'intersection de* U *et* A' : *les quatre points d'intersection des deux coniques* B, B' *seront sur un cercle* Σ *qui passera par les points d'intersection des deux premiers* A *et* A'.

Si les deux cercles A, A' sont concentriques, le cercle Σ leur sera concentrique (376).

Corollaires. I. — La conique B peut être l'ensemble des deux axes de symptose du cercle A et de la conique U; et la conique B' l'ensemble des deux axes de symptose de A' et de U. On a appelé *lignes conjointes* les deux axes de symptose d'un cercle et d'une conique (*). Nous dirons donc que :

Deux cercles A, A' *étant tracés dans le plan d'une conique* U : *les lignes conjointes du premier cercle et de la conique rencontrent les lignes conjointes du second cercle et de la conique, en quatre points situés sur un cercle qui passe par les points d'intersection de* A *et* A'.

II. — Que la conique U soit l'ensemble de deux droites, et que ces droites se confondent; on dira que :

Étant donnés deux cercles A, A' *et une droite* L, *si l'on décrit deux coniques* B, B' *dont l'une ait un double contact avec* A *sur la droite* L, *et l'autre un double contact avec* A' *sur la même droite : ces deux coniques se couperont en quatre points situés sur un cercle qui passera par les deux points d'intersection de* A *et* A'.

III. — Prenant pour les deux coniques, respectivement, les côtés des deux angles circonscrits aux cercles, et ayant leurs cordes de contact sur la droite L, on en conclut ce théorème :

(*) Voir *Journal de Mathématiques* de M. Liouville, t. III, p. 385, année 1838.

Quand une droite rencontre deux cercles A, A′, *si on mène des tangentes aux points de rencontre, les tangentes au premier cercle coupent les tangentes au second, en quatre points situés sur un cercle qui passe par les points d'intersection des deux cercles* A, A′.

412. *Étant données trois coniques* A, A′ et U, *si par un point* n *d'un axe de symptose de* A *et* A′ *on mène deux autres coniques, dont l'une* B *passe par les quatre points d'intersection de* A *et* U, *et l'autre* B′ *par les quatre points d'intersection de* A′ *et* U : *ces deux coniques se rencontreront sur les axes de symptose de* A *et* A′.

C'est-à-dire que leurs axes de symptose coïncideront avec ceux de A et A′.

En effet, ceux-ci représentent la conique qu'on peut faire passer par le point *n* et les quatre points d'intersection des deux coniques A et A′; donc, d'après le théorème (405), ces deux axes passent par les quatre points d'intersection des deux coniques B et B′. Donc, etc.

Corollaires. I. — Si A et A′ sont des cercles, les deux coniques B, B′ auront un axe de symptose à l'infini, et seront dès lors homothétiques (374). On peut donc dire que :

Une conique U *étant tracée dans le plan de deux cercles, si par un point de l'axe radical de ceux-ci on mène deux coniques, dont l'une passe par les quatre points d'intersection de* U *et du cercle* A, *et la seconde par les quatre points d'intersection de* U *et du second cercle* A′ : *ces deux coniques seront homothétiques et auront leur second point d'intersection sur l'axe radical des deux cercles.*

II. — La conique U peut être l'ensemble de deux droites, ou bien une seule droite qui représentera deux droites coïncidentes. Dans ce second cas, on a ce théorème :

Étant donnés deux cercles, si on les coupe par une transversale, et que par un point de leur axe radical on fasse passer deux coniques dont l'une ait un double contact avec le premier cercle sur la transversale, et l'autre avec le second cercle, également sur la transversale : ces deux coniques seront homothétiques; et leur second point d'intersection sera sur l'axe radical des deux cercles.

413. Supposons que la conique U du théorème (407) soit l'ensemble de deux droites qui se confondent; on en conclut cet énoncé :

Quand plusieurs coniques A, A′, A″,... *sont circonscrites à un quadrilatère, si on les coupe par une droite* D, *et que par un point donné* P *on mène d'autres coniques* B, B′, B″,... *ayant avec* A, A′, A″,..., *respectivement, un double contact sur la droite* D : *toutes ces coniques auront quatre points communs.*

Corollaire. — Si la droite D est à l'infini, le théorème prend cet énoncé :

Quand des coniques A, A′, A″,... *sont circonscrites à un quadrilatère, si par un point donné* P *on mène d'autres coniques* B, B′, B″,... *concentriques et homothétiques à* A, A′, A″,... : *toutes ces courbes auront quatre points communs.*

414. Si dans le même théorème (407), la conique U est telle, que trois de ses cordes communes avec A, A′, A″, respectivement, passent par un point P, les coniques B, B′, B″ seront, chacune, l'ensemble d'une corde commune et de sa conjuguée. De là résulte cet énoncé :

Quand trois coniques A, A′, A″ *sont circonscrites à un quadrilatère, si une quatrième conique* U *est telle, que trois de ses cordes communes avec* A, A′, A″, *respectivement, passent par un même point : ces trois cordes et les trois qui leur sont associées, forment trois couples de droites qui ont quatre points communs.*

En d'autres termes : *Ces trois couples de cordes communes sont les quatre côtés et les deux diagonales d'un quadrilatère.*

415. *Quand, dans une conique* U, *deux couples de cordes* ab, cd *et* a′b′, c′d′ *passent par un même point* O, *si par les points* a, b, c, d *du premier couple on mène une conique* B, *et par les points* a′, b′, c′, d′ *du second, une conique* B′ : *deux cordes communes à ces deux coniques* B, B′ *passeront par le point* O, *et feront une involution avec les deux couples de droites* ab, cd *et* a′b′, c′d′.

En effet, le point O, intersection des cordes communes à U et à B, a la même polaire dans ces deux courbes (328) ; et pareillement, dans les deux U et B′. Donc ce point a la même polaire dans B et B′, et dès lors est un point de concours de deux cordes (réelles ou imaginaires) communes à ces deux courbes.

Pour prouver que ces deux cordes font une involution avec les deux couples de droites *ab*, *cd* et *a′b′*, *c′d′*, il suffit de se reporter à la démonstration du théorème général (403), dans laquelle A et A′ représenteront les deux couples de cordes *ab*, *cd* et *a′b′*, *c′d′*, dont les équations seront donc

$$A = o \quad \text{et} \quad A' = o.$$

L'équation finale

$$\lambda A - \lambda' A' = o$$

représente la conique qui passe par les quatre points d'intersection des deux coniques B, B′, et par les quatre points communs aux deux couples de cordes, lesquels se confondent en O. Cette conique ne peut être que l'ensemble des deux cordes communes à B et B′.

Or une transversale quelconque, l'axe des x par exemple, rencontre les trois systèmes de cordes communes, en six points déterminés deux à deux par les trois équations ci-dessus; et la forme de la troisième équation prouve que les trois systèmes de points sont en involution (*G. S.*, 220). Donc les six cordes elles-mêmes, puisqu'elles passent par un même point O, sont en involution. C. Q. F. P.

Autre énoncé du théorème. — *Quand un point a la même polaire dans trois coniques, trois couples de cordes communes à ces courbes, prises deux à deux, passent par ce point* (328, *Récip.*), *et sont en involution.*

Réciproquement : *Étant données deux coniques* C, C', *si par le point de concours de leurs cordes communes* L, L', *on mène dans ces courbes, respectivement, deux couples de cordes* ab, cd *et* a'b', c'd', *formant involution avec* L *et* L' : *les extrémités* a, b, c, d, a', b', c', d' *de ces cordes sont huit points d'une même conique.*

En effet, si par les cinq points a, b, c, d, a' on fait passer une conique, le point de concours de L et L' aura la même polaire dans cette courbe que dans C, et conséquemment que dans C'. Les cordes communes à cette conique et à C' passeront donc par ce point, et formeront une involution avec les deux couples L, L' et ab, cd (415). Donc ces cordes sont $a'b'$, $c'd'$. Donc, etc.

Corollaire I. — Les deux cordes ab, cd peuvent se confondre, ainsi que les deux $a'b'$, $c'd'$. Il en résulte que :

Quand deux coniques B, B' *ont chacune un double contact avec une conique* U, *deux cordes communes à ces courbes* B, B' *passent par le point de rencontre des deux cordes de contact, et sont conjuguées harmoniques par rapport à ces droites.*

Réciproquement : *Si par le point de concours de deux cordes* L, L' *communes à deux coniques, on mène deux droites conjuguées harmoniques par rapport à* L *et* L', *il existera une conique ayant un double contact avec les proposées, sur ces droites, respectivement.*

Corollaire II. — *Si par le point de concours des cordes communes* L, L′ *de deux coniques* C, C′, *on mène deux cordes* ab, cd *de la première, puis les cordes de la seconde* a′b′, c′d′, *conjuguées harmoniques de* ab *et* cd *respectivement, par rapport à* L *et* L′ : *les huit points* a, b, c, d, a′, b′, c′, d′ *seront sur une même conique.*

En effet, les deux couples *ab*, *a′b′* et *cd*, *c′d′* étant conjugués harmoniques par rapport à L et L′, il s'ensuit que les trois couples *ab*, *cd*; *a′b′*, *c′d′* et L, L′ sont en involution (*G. S*, 277). Donc les huit points *a*, *b*, etc., sont sur une conique (415, *Récip.*).

Corollaire III. — On conclut de là, en vertu de la réciproque du corollaire I, que :

Lorsque deux coniques ont chacune un double contact avec deux autres coniques, si les quatre cordes de contact passent par un même point: les huit points de contact sont situés sur une conique.

Corollaire IV. — Par suite : *Quand deux coniques sont inscrites dans un quadrilatère, les huit points dans lesquels ces courbes touchent les quatre côtés du quadrilatère sont sur une même conique.*

Cette conique se représentera plus loin (457), dans une propriété importante de deux coniques quelconques.

§ III. — *Théorèmes relatifs aux tangentes communes à trois coniques quelconques prises deux à deux.*

416. Théorème général. — *Étant données trois coniques* A, A′ *et* U, *si l'on en mène deux autres* B, B′, *dont* B *soit inscrite dans le quadrilatère circonscrit à* U *et à* A, *et* B′ *dans le quadrilatère circonscrit à* U *et à* A′ : *les quatre tangentes communes aux courbes* B, B′, *et les*

quatre tangentes communes aux coniques données A *et* A′ *sont huit tangentes d'une même conique* Σ.

Ce théorème est le corrélatif du théorème général (403) concernant les points d'intersection de trois coniques quelconques. Nous nous dispenserons d'en donner ici la démonstration directe, que le lecteur établira sans difficulté.

417. Autre énoncé du théorème. — *Étant données quatre coniques* A, A′, B, B′, *si le quadrilatère circonscrit à deux d'entre elles* A, B, *et le quadrilatère circonscrit aux deux autres* A′, B′, *ont leurs huit côtés tangents à une même conique* U, *il en sera de même des deux quadrilatères circonscrits aux coniques prises deux à deux d'une autre manière, comme* A, A′ *et* B, B′; c'est-à-dire que ces deux quadrilatères auront leurs huit côtés *tangents à une conique* Σ.

Conséquences du théorème.

418. *Étant données trois coniques* A, A′, U, *si l'on décrit trois autres coniques* B, B′ et Σ *tangentes à une même droite* L, *et inscrites respectivement dans les trois quadrilatères* $\boxed{\mathrm{U\ A}}$, $\boxed{\mathrm{U\ A'}}$ *et* $\boxed{\mathrm{A\ A'}}$ (*) : *ces trois coniques auront, outre la droite* L, *trois autres tangentes communes.*

419. *Si l'on a trois coniques* A, A′, A″ *inscrites dans un quadrilatère, et une autre conique quelconque* U, *et que dans les quadrilatères* $\boxed{\mathrm{U\ A}}$, $\boxed{\mathrm{U\ A'}}$ *on inscrive deux coniques* B, B′ : *les deux quadrilatères* $\boxed{\mathrm{B\ B'}}$ *et* $\boxed{\mathrm{U\ A''}}$ *auront leurs huit côtés tangents à une même conique.*

(*) Nous désignons par $\boxed{\mathrm{U\ A}}$ le quadrilatère circonscrit aux deux coniques U, A; et ainsi des autres.

420. De là on conclut immédiatement que :

Étant données trois coniques A, A′, A″ *inscrites dans un quadrilatère, et une quatrième conique quelconque* U, *si l'on mène trois autres coniques* B, B′, B″ *tangentes à une même droite* L, *et inscrites, respectivement, dans les trois quadrilatères* [U A], [U A′], [U A″] : *ces trois coniques auront, outre la droite* L, *trois autres tangentes communes.*

Observation. — Il est clair que cet énoncé relatif à trois coniques inscrites dans un quadrilatère s'applique à un nombre quelconque de coniques inscrites dans le quadrilatère.

§ IV. — *Cas particuliers des théorèmes précédents.*

421. On peut regarder comme conique inscrite dans un quadrilatère, la droite qui joint deux sommets opposés : prenant donc pour A, B, A′, B′ dans le théorème (416) les diagonales de deux quadrilatères circonscrits à U, on en conclut celui-ci :

Quand deux quadrilatères sont circonscrits à une même conique, les quatre droites menées de deux sommets opposés du premier à deux sommets opposés du second, et les quatre droites menées des deux autres sommets du premier aux deux autres sommets du second, sont huit tangentes d'une même conique.

422. Si dans le théorème (416) la conique U est une droite limitée à deux points, on a cet énoncé :

Étant données deux coniques A, A′, *si par deux points on leur mène des tangentes, qui formeront deux quadrilatères circonscrits aux deux coniques ; puis, qu'on inscrive dans ces deux quadrilatères, respectivement, deux coniques quelconques* B, B′ : *les quatre tangentes communes à ces deux coniques et les quatre tangentes communes aux deux proposées seront huit droites tangentes à une même conique.*

Corollaires. I. — Les deux points peuvent se confondre en un seul. Alors chacune des deux tangentes menées de ce point à une conique représente deux côtés du quadrilatère primitif : les points de contact sont deux sommets opposés, et les coniques B, B′ sont tangentes en ces points aux coniques A et A′, respectivement. Donc :

Étant données deux coniques A, A′, *et un point* P *dont on prend les polaires dans les deux courbes ; si l'on décrit deux autres coniques* B, B′ *ayant un double contact avec les deux* A et A′, *respectivement, sur les polaires du point* P : *il existera une conique inscrite tout à la fois dans le quadrilatère circonscrit à ces deux nouvelles coniques et dans le quadrilatère circonscrit aux deux premières* A, A′.

II. — Prenant pour les coniques B, B′ les cordes de contact des tangentes menées à A et à A′ par le point P (370), on a cet énoncé :

Étant données deux coniques, si d'un point P *quelconque on leur mène des tangentes, et qu'on joigne par quatre droites les points de contact de la première, aux points de contact de la seconde : ces quatre droites seront tangentes à une même conique, inscrite dans le quadrilatère circonscrit aux deux proposées.*

423. Supposons, dans le théorème (416), que la conique U ait un double contact avec la conique A, et que l'on prenne pour la conique B le pôle de contact, qui représente une diagonale infiniment petite du quadrilatère circonscrit à U et à A (370) : il en résulte ce théorème :

Étant données deux coniques A, A′, *et une conique* U *qui ait un double contact avec* A, *si dans le quadrilatère circonscrit à* U *et à* A′ *on inscrit une conique quelconque* B′, *et que par le pôle de contact de* U *et de* A *on mène deux tangentes à cette conique* B′ : *on pourra faire passer par les deux points de contact de ces tangentes une conique* Σ *tangente en ces points à* B′ *et inscrite dans le quadrilatère* [A A′].

Corollaire. — On peut prendre pour la conique B′ une diagonale du quadrilatère circonscrit à U et A′, et pour la conique U une corde de A. On a alors cet énoncé :

Étant données deux coniques A, A′, *si par deux points* u, u_1 *de* A *on mène à* A′ *des tangentes qui formeront un quadrilatère circonscrit : deux sommets opposés de ce quadrilatère seront sur une conique* Σ *inscrite dans le quadrilatère* [A A′] *et dont les tangentes en ces points passeront par le pôle de la corde* uu_1 *relatif à* A.

424. Si dans l'énoncé (418) la droite L est à l'infini, les trois coniques B, B′ et Σ seront des paraboles, et l'on en déduit que :

Étant données trois coniques quelconques, les trois paraboles inscrites, respectivement, dans les trois quadrilatères circonscrits à ces courbes prises deux à deux, sont inscrites dans un même triangle.

Chacune des trois coniques peut se réduire à une droite limitée à deux points ; les trois paraboles subsistent et sont inscrites dans un triangle.

425. Si dans le théorème (420) on suppose la droite L à l'infini, on en conclut que :

Quand plusieurs coniques A, A′, A″, . . . *sont inscrites dans un quadrilatère, si l'on a une autre conique quelconque* U : *les paraboles inscrites dans les quadrilatères* [U A], [U A′], . . . *auront trois tangentes communes.*

426. Supposons que la conique U (420) se réduise à un point, on donne au théorème cet énoncé :

Quand plusieurs coniques A, A′, A″,... *sont inscrites dans un quadrilatère, si l'on prend les polaires d'un point* U, *et que l'on décrive d'autres coniques* B, B′, B″,... *tangentes à une droite donnée* L, *et ayant chacune un double contact avec les coniques* A, A′,..., *respectivement, sur les polaires respectives du point* U : *toutes ces coniques auront, outre la droite* L, *trois autres tangentes communes.*

Corollaire. — Si la droite L est à l'infini, les coniques B, B′,... seront des paraboles ayant trois tangentes communes.

427. Supposons que dans le théorème (420), la conique U soit telle, que trois des six ombilics communs à U et à chacune des trois coniques A, A′, A″, respectivement, soient en ligne droite, et que l'on prenne cette droite pour L, les trois coniques B, B′, B″ sont alors des droites, limitées à ces ombilics et à leurs conjugués. Donc :

Quand trois coniques A, A′, A″ *sont inscrites dans un quadrilatère, si trois des six ombilics communs à une autre conique* U *et à* A, A′, A″, *respectivement, sont en ligne droite : les six ombilics sont les sommets et les points de concours des côtés opposés d'un quadrilatère.*

428. Une grande partie des conséquences de la théorie actuelle se rapportent aux coniques homofocales. Nous les réunirons dans un chapitre spécial, et nous nous bornerons ici à en donner un seul exemple.

Soit, dans le théorème (421), *abcd* un des quadrilatères circonscrits à la conique U, et supposons que le second quadrilatère ait pour sommets opposés les deux points imaginaires situés à l'infini sur un cercle, auquel cas les deux autres sommets opposés seront les foyers de la conique (294). Les droites menées des deux sommets opposés *a*, *c* du premier quadrilatère aux deux foyers forment un quadrilatère dans lequel on peut inscrire une conique tangente aux droites menées des deux autres sommets b, d aux deux points imaginaires à l'infini sur un cercle (421). De sorte que ces deux points b, d sont les foyers de la conique (294). Donc :

Quand un quadrilatère est circonscrit à une conique, les droites menées de deux sommets opposés aux foyers de la courbe sont tangentes à une conique qui a pour foyers les deux autres sommets du quadrilatère.

429. *Quand deux quadrilatères sont circonscrits à une conique* U, *et que deux sommets opposés* a, a′ *de l'un et deux sommets opposés* b, b′ *de l'autre sont sur une même droite* O, *si l'on inscrit dans ces quadrilatères deux coniques* B, B′ : *le quadrilatère* [B B′] *a deux sommets opposés situés sur la droite* O, *et ces points forment une involution avec les deux couples* a, a′ *et* b, b′.

Ce théorème est le corrélatif de (415).

Autre énoncé. — *Quand une droite* L *a le même pôle dans trois coniques* U, B, B′ : *trois couples d'ombilics de ces courbes, prises deux à deux, sont situés sur cette droite, et sont en involution.*

Réciproquement : *Si sur la droite qui joint deux ombilics conjugués* S, S′ *de deux coniques* C, C′, *on prend deux couples de points* a, c *et* a′, c′ *en involution avec* S, S′, *et que par* a *et* c *on mène des tangentes à* C, *et par* a′ *et* c′ *des tangentes à* C′ : *ces huit droites sont tangentes à une même conique* U.

Corollaire I. — Si dans le théorème (429) les deux points a, a' coïncident, ainsi que les deux b, b', les coniques B et B′ ont chacune un double contact avec U; et le théorème reçoit cet énoncé :

Quand deux coniques B, B′ *ont chacune un double contact avec une troisième* U, *elles ont deux ombilics* (*réels ou imaginaires*) *situés sur la droite qui joint les deux pôles de contact; et ces ombilics sont conjugués harmoniques par rapport à ces pôles.*

Réciproquement : *Si deux points* a, a′, *sont conjugués harmoniques par rapport aux ombilics* S, S′ *de deux coniques, et que l'on mène par le point* a *deux tangentes à l'une des coniques, et par* a′ *deux tangentes à l'autre : les quatre points de contact sont sur une conique tangente en ces points aux proposées.*

Corollaire II. — *Si l'on prend sur la droite qui joint les ombilics* S, S′ *de deux coniques* C, C′ *deux points* a, c, *puis les points* a′, c′ *conjugués harmoniques, respectivement, de* a *et de* c *par rapport aux deux* S, S′, *et qu'on mène par* a *et* c *des tangentes à* C, *et par* a′ *et* c′ *des tangentes à* C′ : *ces huit droites sont tangentes à une même conique.*

Corollaire III. — On conclut de là, en vertu de la réciproque du corollaire I, que :

Lorsque deux coniques ont chacune un double contact avec deux autres coniques, si les quatre pôles de contact sont sur une même droite : les tangentes aux huit points de contact seront tangentes à une même conique.

Corollaire IV. — Par suite : *Lorsque deux coniques passent par quatre points, leurs tangentes en ces points sont huit droites tangentes à une même conique.*

En effet A, B, C, D étant les quatre points communs aux deux coniques, les cordes AB et CD représentent deux coniques infiniment aplaties ayant chacune un double contact avec les deux coniques. Les quatre pôles de contact sont en ligne droite sur la polaire du point de concours des deux cordes AB, CD. Donc, etc.

On trouvera plus loin (453) une propriété générale de deux coniques, qui se rapporte à la troisième conique dont il s'agit ici.

CHAPITRE XVIII.

NOUVELLES PROPRIÉTÉS RELATIVES A DES CONIQUES CIRCONSCRITES OU INSCRITES A UN QUADRILATÈRE.

§ I. — *Trois coniques circonscrites ou inscrites à un quadrilatère.*

430. Lemme. — *On mène par un point* a *d'une conique* (*fig.* 125) *la tangente* aT *et une corde* ab; Δ, D *représentent les demi-diamètres de la courbe parallèles à ces deux droites, et* A, B *les deux demi-axes : le sinus de l'angle* α, *compris entre la tangente et la corde, a pour expression*

$$\sin\alpha = \frac{ab.\mathrm{A}.\mathrm{B}}{2.\mathrm{D}^2.\Delta}.$$

Que par le point p infiniment voisin de a (*fig.* 126) sur le prolongement de la corde ba, on mène la droite $pa'\mathrm{K}$ passant par le centre O de la conique; on aura

$$\frac{pa.pb}{pa'.p\mathrm{K}} = \frac{\overline{\mathrm{OD}}^2}{\overline{\mathrm{OK}}^2} = \frac{\mathrm{D}^2}{\overline{\mathrm{OK}}^2} \quad (49).$$

Or, dans le triangle paa',

$$\frac{pa}{pa'} = \frac{\sin a'}{\sin a}.$$

Donc

$$\frac{pb}{p\mathrm{K}} = \frac{\mathrm{D}^2.\sin a}{\overline{\mathrm{OK}}^2.\sin a'}.$$

A la limite, où le point p coïncide avec a (*fig.* 125), cette équation devient

$$\frac{ab}{aK} = \frac{D^2 . \sin Tab}{\overline{OK}^2 . \sin TaK},$$

ou

$$\sin Tab = \sin\alpha = \frac{ab . OK . \sin TaK}{2D^2}.$$

Mais

$$OK . \Delta . \sin TaK = A . B (200).$$

Donc

$$\sin\alpha = \frac{ab . A . B}{2D^2 . \Delta}.$$

Ce qu'il fallait démontrer.

Corollaire. — Soit p le point où la corde ab rencontre le diamètre $O\Delta$: le triangle aOp donne $\frac{\sin Tab}{\sin TaK} = \frac{OK}{ap}$; et l'on conclut de l'expression ci-dessus de $\sin Tab$,

$$\frac{ab}{2D^2} = \frac{1}{ap}, \quad \text{ou} \quad ap . ab = 2D^2.$$

C'est-à-dire que :

Si par un point a *d'une conique on mène une corde* ab, *qui rencontre en* p *le diamètre parallèle à la tangente en* a : *le rectangle construit sur la corde et sur le segment* ap *est égal au double du carré construit sur le demi-diamètre parallèle à la corde.*

431. *Quand trois coniques* C, C′, C″ (*fig.* 127) *ont quatre points communs, si de chaque point* m *de* C″ *on mène une tangente à chacune des deux* C, C′, *et qu'on joigne les deux points de contact* a, a′, *par une droite qui rencontre les deux courbes en deux nouveaux points* b, b′ : *on aura entre les deux cordes* ab, a′b′ *de* C *et* C′ *et les demi-diamètres* D, D′ *de ces courbes, parallèles à la droite* aa′, *la relation numérique*

$$\frac{ab}{D^2} : \frac{a'b'}{D'^2} = \lambda;$$

λ étant une constante.

En effet, on a, d'après le lemme,

$$\frac{ab}{D^2} = \frac{2\Delta . \sin a}{A.B} \quad \text{et} \quad \frac{a'b'}{D'^2} = \frac{2\Delta' . \sin a'}{A'.B'};$$

A, B étant les deux demi-axes de la première conique; Δ, D les demi-diamètres parallèles à la tangente *ma* et à la corde *ab*; et A', B', Δ', D' ayant les mêmes significations à l'égard de la seconde conique.

De plus, dans le triangle *ama'*,

$$\frac{\sin a}{\sin a'} = \frac{ma'}{ma}.$$

Donc

$$\frac{ab}{D^2} : \frac{a'b'}{D'^2} = \left(\frac{\Delta}{ma} : \frac{\Delta'}{ma'}\right) . \frac{A'.B'}{A.B}.$$

Or, le point *m* se trouvant sur la conique C'' qui passe par les points d'intersection des deux C et C', on a vu (387, II) que

$$\frac{ma}{\Delta} : \frac{ma'}{\Delta'} = \text{const}.$$

Donc

$$\frac{ab}{D^2} : \frac{a'b'}{D'^2} = \text{const.} = \lambda. \quad \text{C. Q. F. D.}$$

Remarque. — En vertu du corollaire précédent, on peut substituer aux rapports $\frac{D^2}{ab}$, $\frac{D'^2}{a'b'}$ de simples segments *ap*, *a'p'*. Le rapport de ces segments est constant.

Corollaire. En prenant pour C'' deux axes de symptose de C et C', on obtiendra une propriété relative à deux coniques.

Réciproque de (431). *Étant données deux coniques* C, C', *si l'on mène des droites de manière que les deux cordes* ab, a′b′ *que ces courbes interceptent sur chaque droite, divisées respectivement par les carrés des demi-diamètres des deux coniques, parallèles à cette droite, aient un rapport constant : les tangentes aux points* a, b *de la conique* C *rencontreront les tangentes aux points* a′, b′ *de* C′, *en quatre points dont le lieu sera une conique passant par les quatre points d'intersection des deux coniques* C, C′.

En effet, concevons une droite satisfaisant à la question ; les quatre points de rencontre des tangentes à la première conique et des tangentes à la seconde sont sur une conique C″ qui passe par les points d'intersection des deux proposées (410, *Coroll.* IV). Et si l'on mène à celles-ci deux tangentes par chaque point de C″, la droite qui joindra les deux points de contact satisfera, d'après la proposition directe, aux conditions de la réciproque.

432. Dans ces théorèmes on peut remplacer les carrés des diamètres des deux coniques par les rectangles des segments faits par les deux courbes sur des parallèles à ces diamètres, menées de deux points fixes. Ce qui permettra d'appliquer les théorèmes aux coniques dépourvues de centre. L'énoncé (431) devient par cette substitution :

Quand trois coniques C, C′, C″ *ont quatre points communs, si d'un point quelconque de* C″ *on mène une tangente à chacune des deux* C, C′, *et qu'on joigne les deux points de contact* a, a′ *par une droite qui coupe ces courbes en deux nouveaux points* b, b′ ; *puis, que par deux points fixes* O, O′ *on mène à cette droite des parallèles qui rencontreront les deux coniques, respectivement, en des couples de points* α, β et α′, β′ : *on aura la relation*

$$\frac{ab}{O\alpha \cdot O\beta} : \frac{a'b'}{O'\alpha' \cdot O'\beta'} = \lambda ;$$

λ *étant une constante.*

433. *Quand trois coniques* C, C', C'' *sont inscrites dans un quadrilatère, si une tangente roule sur la troisième* C'' *et rencontre les deux premières* C, C' *en deux couples de points* a, b *et* a', b' : *on a la relation*

$$\frac{ab}{D^2} : \frac{a'b'}{D'^2} = \lambda;$$

D^2 *et* D'^2 *étant, dans* C *et* C', *les carrés des demi-diamètres parallèles à la tangente mobile, et* λ *une constante.*

Qu'on mène à la conique C (*fig.* 128) les tangentes parallèles à une tangente L de C''; soient r, s leurs points de contact; O le point où le diamètre rs rencontre la droite L, et Op, Oq les distances de ce point aux deux tangentes; enfin C le centre de la conique C, et CD le diamètre parallèle à L : on a

$$Op.Oq = Or.Os.\sin^2.DCr.$$

Or

$$Cr.CD.\sin DCr = A.B \ (200),$$

A et B étant les deux demi-axes de la conique. Donc

$$(1) \qquad Op.Oq = \frac{Or.Os.A^2.B^2}{\overline{Cr}^2.\overline{CD}^2}.$$

Mais

$$\frac{Or.Os}{\overline{Cr}^2} = \frac{\overline{Oa}^2}{\overline{CD}^2} = \frac{\overline{Oa}^2}{D^2} \ (49),$$

en faisant abstraction des signes des segments.

Donc

$$Op.Oq = A^2.B^2.\frac{\overline{Oa}^2}{D^4} = \frac{A^2.B^2}{4}.\frac{\overline{ab}^2}{D^4}.$$

Pour la seconde conique on a semblablement

$$O'p'.O'q' = \frac{A'^2.B'^2}{4}.\frac{\overline{a'b'}^2}{D'^4};$$

Or

$$\frac{Op.Oq}{O'p'.O'q'} = \text{const.} \ (398).$$

Donc

$$\frac{A.B}{A'.B'} \cdot \frac{ab}{D^2} : \frac{a'b'}{D'^2} = \text{const.}$$

ou

$$\frac{ab}{D^2} : \frac{a'b'}{D'^2} = \text{const.}$$

Ce qu'il fallait démontrer.

Corollaire. — Prenant pour C″ une diagonale du quadrilatère $\boxed{CC'}$, on conclut du théorème cet énoncé :

Si autour d'un ombilic de deux coniques on fait tourner une transversale qui rencontre ces courbes en deux couples de points a, b; a′, b′ *: il existe entre les cordes* ab, a′*b′ et les deux demi-diamètres* D, D′, *qui leur sont parallèles, la relation*

$$\frac{ab}{D^2} : \frac{a'b'}{D'^2} = \text{const.}$$

Remarque. — La formule (3) de l'article (271) est un cas particulier de ce théorème.

Réciproque de (433) : *Étant données deux coniques* C, C′, *si l'on mène une transversale qui les rencontre en deux couples de points* a, b *et* a′, b′ *de manière qu'on ait la relation constante*

$$\frac{ab}{D^2} : \frac{a'b'}{D'^2} = \text{const.} = \lambda,$$

D^2 *et* D'^2 *étant les carrés des demi-diamètres des deux coniques, parallèles à la transversale : cette transversale, en changeant de position, enveloppera une conique inscrite dans le quadrilatère circonscrit aux deux proposées.*

Cela résulte immédiatement du théorème (433).

434. On peut remplacer les carrés des diamètres des deux courbes par des rectangles, comme ci-dessus (432). On obtient cet énoncé :

Quand trois coniques C, C′, C″ *sont inscrites dans un quadrilatère, si une tangente roule sur* C″ *et rencontre* C *et* C′ *en deux couples de points* a, b; a′, b′; *et que par deux points fixes* O, O′ *on mène à cette tangente des parallèles qui rencontrent, respectivement, les deux coniques* C, C′ *aux points* α, β *et* α', β' : *on aura la relation*

$$\frac{ab}{O\alpha \,.\, O\beta} : \frac{a'b'}{O'\alpha' \,.\, O'\beta'} = \lambda,$$

λ *étant une constante.*

435. *Quand trois coniques* C, C′, Σ *ont quatre points communs, si de chaque point de la troisième* Σ *on mène deux tangentes à chacune des deux autres : les droites qui joindront les points de contact de la conique* C *aux points de contact de la conique* C′ *seront toujours tangentes à une même conique* Ξ *inscrite dans le quadrilatère* $\boxed{\text{C C}'}$.

En effet, soient a, a' deux points de contact sur C et C′, respectivement; ab, $a'b'$ les cordes interceptées par ces deux coniques sur la droite aa'; D, D′ les demi-diamètres des deux coniques parallèles à cette droite : on a

$$\frac{ab}{D^2} : \frac{a'b'}{D'^2} = \lambda \text{ (431)},$$

λ étant une constante. Mais cette équation prouve que les droites aa' enveloppent une conique inscrite dans le quadrilatère circonscrit à C et C′ (433, *Récip.*). Donc, etc.

Remarque. — En prenant pour Σ l'ensemble de deux axes de symptose de C et C′, on retrouve le théorème (361).

436. *Quand trois coniques* C, C′, Ξ *sont inscrites dans*

un quadrilatère, si une tangente roule sur la troisième Ξ, *et que par les quatre points où cette droite rencontre les deux coniques* C, C′ *on mène les tangentes à ces courbes : les tangentes à la première rencontreront les tangentes à la seconde en quatre points dont le lieu sera une conique* Σ *passant par les quatre points d'intersection de* C *et de* C′.

En effet, soient *a*, *a′* deux des points dans lesquels une tangente de Ξ rencontre les deux coniques C, C′ : les tangentes en ces points se coupent en un point P qui détermine une conique Σ passant par ce point et par les quatre points d'intersection de C et de C′. Et d'après le théorème (435), les droites qui joignent les points de contact des tangentes menées par chaque point de cette conique Σ aux deux courbes C, C′, sont les tangentes à la conique Ξ. Donc, etc.

Remarque. — Ce théorème, qu'on peut considérer comme le réciproque du précédent, en est aussi le corrélatif.

437. Etant données deux coniques quelconques C, C′, à chaque conique Σ menée par leurs points d'intersection correspond une conique Ξ inscrite dans leur quadrilatère circonscrit (435). Réciproquement, à une conique Ξ correspond une conique Σ, et une seule (436).

Il s'ensuit que la loi de correspondance entre les deux coniques Σ et Ξ est bien simple, et consiste en ce que : *le rapport anharmonique de quatre coniques* Σ *passant par les points d'intersection des deux* C *et* C′, *est égal à celui des quatre coniques correspondantes* Ξ *inscrites dans le quadrilatère circonscrit aux deux* C, C′ (*).

(*) En effet, une conique Ξ est déterminée par le point α où elle touche un côté du quadrilatère [C C′] ; et la conique correspondante Σ est déterminée par sa tangente Pβ menée en l'un des points d'intersection P des coniques C et C′, et rencontrant en β une droite fixe quelconque L. Les deux points α, β se correspondent donc de manière qu'à un point α ne corres-

Cela donne le moyen de déterminer immédiatement la conique Ξ qui correspond à une conique Σ.

En effet, quand la conique Σ coïncide avec C, la conique Ξ coïncide avec C'; et de même quand Σ coïncide avec C', Ξ coïncide avec C. Aux deux axes de symptose des coniques C, C', considérés comme formant une conique Σ, correspond une diagonale du quadrilatère circonscrit à C et C' (435, *Remarq.*), considérée comme conique inscrite Ξ. Ainsi l'on connaît à priori trois coniques Ξ correspondantes à trois coniques Σ. Donc, par l'égalité des rapports anharmoniques des deux systèmes de coniques, on détermine immédiatement la quatrième conique Ξ correspondante à une quatrième conique Σ prise arbitrairement.

§ II. — *Quatre coniques circonscrites ou inscrites à un quadrilatère.*

438. *Quatre coniques* C, C', C'', C''' *sont circonscrites à un quadrilatère; de chaque point de la troisième* C'' *on mène une tangente à chacune des deux premières; la droite qui joint les deux points de contact* a, a' *rencontre ces courbes en deux nouveaux points* b, b', *et la quatrième* C''' *en deux points* : m *étant l'un de ces points, on a la relation*

$$\frac{ma.mb}{ab} : \frac{ma'.mb'}{a'b'} = \text{const.} = \lambda.$$

En effet, soient D, D' les demi-diamètres de C et C', parallèles à la transversale $aba'b'$. Puisque les deux couples de points a, b; a', b' et le point m appartiennent à trois

pond qu'un point β, et réciproquement; ce qui est le caractère des divisions homographiques. Quatre points α ont donc le même rapport anharmonique que les quatre points correspondants β, et conséquemment, que les quatre tangentes Pβ. Donc quatre coniques Ξ ont le même rapport anharmonique (326) que les quatre coniques Σ (325).

coniques circonscrites à un quadrilatère, on a

$$\frac{ma.mb}{D^2} : \frac{ma'.mb'}{D'^2} = \text{const. } (387, \text{ I}).$$

Mais on a aussi

$$\frac{ab}{D^2} : \frac{a'b'}{D'^2} = \text{const. } (431).$$

Donc

$$\frac{ma.mb}{ab} : \frac{ma'.mb'}{a'b'} = \text{const.}$$

Ce qu'il fallait prouver.

439. Si l'on suppose que la constante λ soit donnée, et qu'on ait à déterminer la conique C‴ ou C″, on est conduit aux deux théorèmes suivants, qui peuvent être considérés comme les réciproques du premier.

Quand trois coniques C, C′, C‴ *sont circonscrites à un quadrilatère, si l'on demande un point* P, *tel, que la droite* aa′ *qui joint les points de contact de deux tangentes menées de ce point à* C *et à* C′, *rencontre ces deux courbes en deux autres points* b, b′, *et la troisième conique* C‴ *en un point* m, *satisfaisant ensemble à l'équation*

$$\frac{ma.mb}{ab} : \frac{ma'.mb'}{a'b'} = \lambda,$$

dans laquelle λ *est une constante donnée : le lieu du point* P *sera une conique passant par les quatre points communs aux coniques proposées.*

Car, si par un point satisfaisant à la question, on mène une conique C″ passant par les points d'intersection de C et C′, tous les autres points de cette courbe satisferont aussi à la question, d'après le théorème (438).

Corollaire. — Supposant $\lambda = 1$, on donne au théorème cet énoncé :

Quand trois coniques C, C′, C‴ *sont circonscrites à un*

quadrilatère, et qu'on mène d'un point P *les tangentes* Pa, Pa′ *à* C *et* C′; *puis la droite* aa′ *qui joint les points de contact, et rencontre ces courbes en deux nouveaux points* b, b′, *et* C‴ *en deux points* m, m′; *si l'on demande que ces deux points divisent harmoniquement les deux cordes* ab, a′b′ : *le lieu du point* P *sera une conique passant par les quatre points communs aux coniques proposées.*

Car les deux points qui divisent harmoniquement les deux segments ab, $a'b'$ sont déterminés par l'équation

$$ma.a'b'.bm = -ma'.ab.b'm \quad (G. S., 256)$$

ou

$$\frac{ma.mb}{ab} : \frac{ma'.mb'}{a'b'} = -1,$$

qui est un cas particulier de l'équation précédente.

440. *Étant données trois coniques* C, C′, C″ *circonscrites à un quadrilatère, et une constante* λ, *si l'on mène de chaque point de* C″ *une tangente à* C *et une tangente à* C′, *et que sur la droite* aa′, *qui joint les deux points de contact* a, a′, *et qui rencontre les deux mêmes coniques en deux autres points* b, b′, *on prenne les quatre points* m *déterminés par la relation*

$$\frac{ma.mb}{ab} : \frac{ma'.mb'}{a'b'} = \pm\lambda :$$

le lieu de ces points sera l'ensemble de deux coniques passant par les quatre points communs aux proposées.

En effet, les deux points m déterminés sur une transversale avec le signe + formeront une involution avec les deux couples a, b; a', b' (*G. S.*, 282), et par conséquent appartiendront à une conique C‴ passant par les points d'intersection des proposées (302). Pareillement les deux points déterminés sur la même transversale avec le signe — appartiendront à une autre conique C^{iv} passant aussi par les quatre points d'intersection des proposées. Mais d'après le théorème (438), toute autre droite déterminée comme aa' rencontrera chacune de ces deux coniques en des points qui satisferont à l'équation. Ce qui démontre la proposition.

Corollaire. — Si l'on suppose $\lambda = 1$, l'énoncé précédent se modifie comme il suit :

Étant données trois coniques C, C', C'' *circonscrites à un quadrilatère, si de chaque point de* C'' *on mène une tangente à chacune des deux* C, C', *et que sur la droite qui joint les deux points de contact* a, a', *et qui rencontre* C *et* C' *en deux autres points* b, b', *on prenne les deux points* m, m' *qui divisent harmoniquement les deux segments* aa', bb', *et les deux points* m_1, m'_1 *qui divisent harmoniquement les deux segments* ab', ba' : *le lieu des quatre points* m, m', m_1, m'_1 *est l'ensemble de deux coniques qui passent par les points d'intersection des proposées.*

En effet, il existe, comme ci-dessus (439, *Coroll.*), entre les segments aa', bb' et ceux que forme le point m, la relation

$$ma.a'b'.bm = -ma'.ab.b'm,$$

ou

$$\frac{ma.mb}{ab} : \frac{ma'.mb'}{a'b'} = -1.$$

Pareillement, les points qui divisent harmoniquement les deux segments ab', ba', donnent la relation

$$\frac{m_1a.m_1b}{ab} : \frac{m_1a'.m_1b'}{a'b'} = +1.$$

Chacune de ces équations rentre dans l'équation générale

$$\frac{ma.mb}{ab} : \frac{ma'.mb'}{a'b'} = \lambda.$$

Donc le lieu des points m, m'; m_1, m'_1 est l'ensemble de deux coniques. C. Q. F. P.

441. *Étant données quatre coniques* C, C′, C″, C‴ *inscrites dans un quadrilatère, si une tangente roule sur* C″, *et que par deux des points où elle rencontre les coniques* C, C′, *on mène à ces courbes les tangentes* A, A′; *puis, que par le point d'intersection de ces tangentes on mène aux deux mêmes coniques les deux autres tangentes* B, B′, *et à la conique* C‴ *une tangente* M : *on aura la relation*

$$\frac{\sin(M, A).\sin(M, B)}{\sin(A, B)} : \frac{\sin(M, A').\sin(M, B')}{\sin(A', B')} = \text{const.} = \lambda.$$

Ce théorème est le corrélatif du théorème (438) concernant quatre coniques circonscrites à un quadrilatère, exprimé par la relation

$$\frac{ma.mb}{ab} : \frac{ma'.mb'}{a'b'} = \lambda;$$

car celle-ci s'écrit

$$\left(\frac{ma}{ma'} : \frac{ba}{ba'}\right) \cdot \left(\frac{mb}{mb'} : \frac{a'b}{a'b'}\right) = \lambda;$$

et sous cette forme, qui ne renferme que des rapports anharmoniques, elle donne immédiatement

$$\left[\frac{\sin(M, A)}{\sin(M, A')} : \frac{\sin(B, A)}{\sin(B, A')}\right] \cdot \left[\frac{\sin(M, B)}{\sin(M, B')} : \frac{\sin(A', B)}{\sin(A', B')}\right] = \lambda,$$

ou

$$\frac{\sin(M, A).(\sin M, B)}{\sin(A, B)} : \frac{\sin(M, A').\sin(M, B')}{\sin(A', B')} = \lambda.$$

Si l'on suppose que la constante λ soit donnée, on

déterminera soit la conique C''', soit C''. Il en résulte les deux théorèmes suivants, qu'on peut regarder comme les réciproques du premier.

442. *Lorsque trois coniques* C, C', C''' *inscrites dans un quadrilatère, et une constante* λ *sont données, si l'on mène une droite* L *de manière que,* A *et* A' *étant les tangentes en deux des points où elle rencontre les coniques* C, C', *et* B, B' *les deux autres tangentes à ces courbes, qui partent du point d'intersection des deux premières* A, A', *enfin* M *une des tangentes de* C''' *passant par le même point, on ait toujours la relation*

$$\frac{\sin(M, A).\sin(M, B)}{\sin(A, B)} : \frac{\sin(M, A').\sin(M, B')}{\sin(A', B')} = \lambda :$$

la droite L *envcloppera une conique inscrite dans le quadrilatère circonscrit aux proposées.*

Corollaire. — Si $\lambda = 1$, le théorème prend cet énoncé :

Quand trois coniques C, C', C''' *sont inscrites dans un quadrilatère, et qu'on mène une droite* L, *de manière que,* A *et* A' *étant les tangentes en deux des points où cette droite rencontre les coniques* C, C', *et* M, M' *les tangentes de* C''', *menées par le point d'intersection de* A *et* A', *ces tangentes* M, M' *soient conjuguées par rapport à* C *et à* C' : *l'enveloppe de la droite* L *sera une conique inscrite dans le quadrilatère* $\boxed{C\,C'\,C'''}$.

443. *Lorsque trois coniques* C, C', C'' *inscrites dans un quadrilatère, et une constante* λ *sont données, si une tangente roule sur* C'' *et que,* A *étant la tangente en un des points où cette droite rencontre la conique* C, *et* A' *la tangente en un des points où elle rencontre* C', *on mène par le point d'intersection de* A *et* A' *les deux autres tangentes* B, B' *aux deux coniques, et les quatre droites* M, *déterminées par l'équation*

$$\frac{\sin(M, A).\sin(M, B)}{\sin(A, B)} : \frac{\sin(M, A').\sin(M, B')}{\sin(A', B')} = \pm\lambda :$$

ces droites M *envelopperont deux coniques inscrites dans le même quadrilatère que les proposées.*

Corollaire. — Si $\lambda = 1$ le théorème prend cet énoncé :

Lorsque trois coniques C, C′, C″ *sont inscrites dans un quadrilatère, si sur* C″ *on fait rouler une tangente qui rencontre* C *et* C′, *et que,* A *et* A′ *étant les tangentes à ces courbes en deux des points de rencontre, on mène par le point de concours de ces tangentes les deux autres tangentes* B, B′ *aux mêmes coniques, puis les deux droites* M, M′ *qui divisent harmoniquement les deux angles* (A, A′), (B, B′) : *l'enveloppe de ces droites sera l'ensemble de deux coniques inscrites dans le quadrilatère circonscrit aux proposées.*

§ III. — *Quatre coniques* C, C′, Σ, Ξ, *dont* Σ *passe par les points d'intersection des deux* C, C′, *et* Ξ *est inscrite dans le quadrilatère* $\boxed{\text{C C}'}$.

444. *Lorsque trois coniques* C, C′, Σ *circonscrites à un quadrilatère, et une conique* Ξ *inscrite dans le quadrilatère circonscrit aux deux premières* C, C′, *sont données; si une tangente roule sur* Ξ *et rencontre* C *et* C′ *en deux couples de points* a, b; a′, b′, *et la conique* Σ *en deux points* m : *on a toujours la relation*

$$\frac{ma.mb}{ab} : \frac{ma'.mb'}{a'b'} = \text{const.} = \lambda.$$

En effet, d'après le théorème (436), les tangentes à la conique C en ses points a, b rencontrent les tangentes à C′ en ses points a', b', en quatre points situés sur une conique C″

qui passe par les points d'intersection de C et C'. Donc, d'après le théorème (438), l'équation a lieu.

445. Le théorème (444) conduit aux deux suivants, qui peuvent être considérés comme des réciproques de celui-là.

Étant données trois coniques C, C', Σ *circonscrites à un quadrilatère, si l'on mène une droite, de manière que l'on ait, entre les deux couples de points* a, b; a', b', *dans lesquels elle coupe les deux coniques* C, C', *et l'un de ses points de rencontre* m *avec la conique* Σ, *la relation*

$$\frac{ma \, . \, mb}{ab} : \frac{ma' \, . \, mb'}{a'b'} = \lambda,$$

λ étant une constante : cette droite enveloppera une conique Ξ *inscrite dans le quadrilatère circonscrit aux deux coniques* C, C'.

En effet, une position de la droite détermine une conique Ξ tangente à cette droite et inscrite dans le quadrilatère $\boxed{C\ C'}$; et toutes les tangentes à cette conique satisfont à la question, d'après le théorème (444).

446. *Quand trois coniques* C, C', Ξ *sont inscrites dans un quadrilatère, si l'on fait rouler sur* Ξ *une tangente qui rencontre* C *et* C' *en deux couples de points* a, b; a', b'; *et qu'on prenne sur cette droite les points* m *déterminés par la relation*

$$\frac{ma \, . \, mb}{ab} : \frac{ma' \, . \, mb'}{a'b'} = \lambda,$$

dans laquelle λ est une constante : ces points auront pour lieu géométrique deux coniques passant par les points d'intersection de C *et* C'.

Il y a deux manières de placer les deux lettres *a*, *b*, ainsi que *a'*, *b'*, des coniques C et C', sur une tangente de Ξ ;

ce qui donne lieu aux quatre cas suivants : a, b, a', b'; a, b, b', a'; b, a, a', b'; b, a, b', a'. Et quant à la direction relative des segments ab, $a'b'$, qui résulte de là, on voit aisément que ces segments n'entrant dans l'équation proposée que par leur rapport, les quatre cas se réduisent à deux : celui où les deux segments ont la même direction, et celui où ils ont des directions différentes. Dans chacun de ces cas, les deux points m déterminés par l'équation forment une involution avec les deux couples a, b; a', b' (*G. S.*, 282). Dès lors ces points appartiennent à une conique qui passe par les points d'intersection de C et C′ (302). D'après le théorème (444), toute tangente de Ξ détermine sur cette conique deux points qui satisfont à l'équation proposée, et conséquemment à la question. Donc, etc.

Observation. — Si l'on donnait à λ le signe —, avec la même valeur numérique, les deux coniques déterminées seraient les mêmes qu'avec le signe +; seulement la conique répondant au cas où les deux cordes ab, $a'b'$ ont la même direction serait celle qui répondait primitivement au cas où ces deux cordes sont de directions contraires.

447. *Étant données trois coniques* C, C′, Ξ *inscrites dans un quadrilatère, et une conique* Σ *qui passe par les points d'intersection des deux premières* C, C′, *si de chaque point de cette conique on mène les couples de tangentes* A, B; A′, B′ *à* C *et* C′, *et une tangente unique* M *à* Ξ : *on aura la relation*

$$\frac{\sin(M, A).\sin(M, B)}{\sin(A, B)} : \frac{\sin(M, A').\sin(M, B')}{\sin(A', B')} = \lambda,$$

λ étant une constante.

En effet, d'après le théorème (435), les droites qui joindront les points de contact des tangentes A, B aux points de contact des tangentes A′, B′ envelopperont une conique C″ inscrite dans le quadrilatère $\boxed{C\,C'}$. Donc, d'après le théorème (441), l'équation a lieu.

448. Si dans ce théorème on suppose que la constante λ soit donnée, on est conduit aux deux propositions suivantes.

Étant données trois coniques C, C′, Ξ *inscrites dans un quadrilatère, et une constante* λ, *si l'on demande un point tel, que les tangentes menées de ce point aux deux premières coniques étant* A, B *et* A′, B′, *et une des tangentes menées à la troisième conique étant* M, *on ait toujours la relation*

$$\frac{\sin(M, A).\sin(M, B)}{\sin(A, B)} : \frac{\sin(M, A').\sin(M, B')}{\sin(A', B')} = \lambda :$$

le lieu du point demandé est une conique Σ *qui passe par les quatre points d'intersection des deux* C, C′.

En effet, si après qu'on a déterminé un point satisfaisant à la question, on mène par ce point une conique Σ passant par les points d'intersection des deux C, C′, tous les points de cette conique satisferont aussi à la question, d'après le théorème (447).

449. *Lorsque trois coniques* C, C′, Σ *circonscrites à un quadrilatère, et une constante* λ *sont données, si de chaque point de* Σ *on mène deux couples de tangentes* A, B *et* A′, B′ *à* C *et à* C′, *et les deux couples de droites* M *déterminées par l'équation*

$$\frac{\sin(M, A).\sin(M, B)}{\sin(A, B)} : \frac{\sin(M, A').\sin(M, B')}{\sin(A', B')} = \lambda :$$

l'enveloppe de ces droites M *sera l'ensemble de deux coniques inscrites dans le quadrilatère circonscrit aux deux* C *et* C′.

En effet, on peut mener par un point de la conique Σ deux couples de droites M satisfaisant à la question, parce qu'il y a deux manières différentes de placer les lettres A, B, A′, B′ sur les tangentes de C et C′. Les droites M de chaque couple forment involution avec les deux couples de tangentes de C et C′; conséquemment on peut décrire deux coniques tangentes, respectivement, aux deux couples de droites, et inscrites dans le quadrilatère $\boxed{\text{C C}'}$ (315). Ces deux coniques satisfont évidemment à la question, d'après le théorème (447).

§ IV. — *Conséquences des théorèmes généraux.*

450. *Quand trois coniques* C, C′, Ξ *sont inscrites dans un quadrilatère, si l'on fait rouler sur l'une* Ξ *une tangente qui rencontre* C *et* C′ *en deux couples de points* a, b; a′, b′; *et qu'on prenne sur cette droite les quatre points* m *dont deux divisent harmoniquement les deux segments* aa′, bb′, *et les deux autres les deux segments* ab′, ba′ : *le lieu de ces quatre points sera l'ensemble de deux coniques passant par les quatre points d'intersection de* C *et* C′, *et dont les tangentes en ces points seront tangentes à la conique* Ξ.

En effet, m étant un des deux points qui divisent harmoniquement les segments aa', bb', on a la relation

$$ma.a'b'.bm = -ma'.ab.b'm \quad (G.\ S.,\ 256)$$

ou

$$\frac{ma.mb}{ab} : \frac{ma'.mb'}{a'b'} = -1.$$

Et pareillement, désignant par m_1 un des points qui divisent harmoniquement les deux segments ab', ba', on a la relation

$$m_1a.b'a'.bm_1 = -m_1b'.ab\ a'm_1,$$

ou

$$\frac{m_1a.m_1b}{ab} : \frac{m_1a'.m_1b'}{a'b'} = +1.$$

De sorte que les deux points m et les deux m_1 sont déterminés par l'équation

$$\frac{ma.mb}{ab} : \frac{ma'.mb'}{a'b'} = \pm 1.$$

Donc le lieu des quatre points est l'ensemble de deux coniques qui passent par les points d'intersection de C et C' (446).

Il reste à prouver que les tangentes menées de ces derniers points à la conique Ξ sont tangentes en ces points aux deux coniques trouvées.

Soit a un des quatre points d'intersection de C et C'; une des tangentes à Ξ, menée par ce point, rencontre les deux courbes C, C' en deux points coïncidents a, a', et en deux autres points b, b' : les deux points m, qui divisent harmoniquement les deux segments aa', bb', et qui appartiennent tous deux à une des deux coniques cherchées, sont l'un en a et l'autre en un point ω, déterminé par la relation $\frac{ab}{ab'} = -\frac{\omega b}{\omega b'}$.

Et les deux points m_1 qui divisent harmoniquement les deux segments ab' et $a'b$, et qui appartiennent à l'autre conique, sont tous deux en a : c'est-à-dire que cette conique est tangente à la droite ab. Ce qu'il fallait prouver.

Corollaire I. — Si la conique Ξ est une diagonale du quadrilatère circonscrit à C et C' (317), le théorème prend cet énoncé :

Si autour d'un sommet S *du quadrilatère circonscrit à deux coniques* C, C', *on fait tourner une droite qui rencontre ces courbes en deux couples de points* a, b; a', b'; *et qu'on prenne sur cette droite les deux points qui divisent harmoniquement les segments* aa′, bb′, *et les deux points qui divisent de même les segments* ab′, ba′ : *les quatre points ainsi déterminés ont pour lieu géométrique deux coniques qui passent par les quatre points d'intersection de* C *et de* C′, *et dont les tangentes en ces points concourent, quatre à quatre, au sommet* S *du quadrilatère circonscrit, et au sommet opposé* S′.

Ces deux coniques restent les mêmes, quel que soit celui des deux sommets opposés S, S′ *autour duquel on a fait tourner la transversale.*

Corollaire II. — Supposant que C et C′ soient des cercles, et Ξ la droite limitée à leurs centres de similitude, on obtient cet énoncé :

Si autour d'un centre de similitude de deux cercles C, C′ *on fait tourner une droite qui les rencontre en deux couples de points* a, b; a′, b′, *et qu'on prenne sur cette droite les deux points qui divisent harmoniquement les segments* aa′, bb′, *et les deux qui divisent harmoniquement les segments* ab′, ba′ : *le lieu de ces quatre points est l'ensemble de deux cercles qui passent par les points d'intersection des deux* C, C′; *les centres de ces cercles sont les centres de similitude de* C *et* C′; *et les tangentes de l'un d'eux, aux points d'intersection de* C *et* C′, *passent par le centre de l'autre; conséquemment les deux cercles se coupent à angles droits.*

451. Lemme I. — *Quand trois coniques* C, C′, Σ *sont circonscrites à un quadrilatère, et qu'une transversale les rencontre en trois couples de points* a, b; a′, b′ *et* e, f; *si les points* e, f *sont conjugués harmoniques par rapport à* a *et* a′ : *ils le seront aussi par rapport à* b *et* b′.

En effet, on a par hypothèse

$$\frac{ea}{ea'} = -\frac{fa}{fa'}.$$

Mais les trois coniques étant circonscrites à un même quadrilatère, les trois couples de points a, b; a', b' et e, f sont en involution (302); ce qu'on exprime par l'équation

$$\frac{ea.eb}{ea'.eb'} = \frac{fa.fb}{fa'.fb'}.$$

Cette équation, en vertu de la précédente, donne celle-ci :

$$\frac{eb}{eb'} = -\frac{fb}{fb'}.$$

Les points e, f sont donc conjugués harmoniques par rapport à b et b'. C. Q. F. P.

Pareillement :

LEMME II. — *Quand trois coniques* C, C', Ξ *sont inscrites dans un quadrilatère, et que d'un point on mène aux deux premières les couples de tangentes* A, B; A', B'; *si les tangentes* A, A' *appartenant à* C *et à* C', *respectivement, sont conjuguées par rapport à la troisième conique* Ξ : *il en sera de même des deux autres tangentes* B, B'.

452. *Étant données trois coniques* C, C', Σ *circonscrites à un quadrilatère, si l'on prend sur les deux premières, respectivement, deux points* a, a' *qui soient conjugués par rapport à la troisième : la droite* aa' *enveloppera une conique* Ξ *inscrite tout à la fois dans le quadrilatère* [C C'] , *et dans le quadrilatère formé par les tangentes à* Σ *en ses quatre points communs avec ces deux coniques* C, C'.

En effet, soit une droite L satisfaisant à la condition prescrite, c'est-à-dire, rencontrant les trois coniques en trois couples de points a, b; a', b' et m, m' tels, que a et a' divisent harmoniquement le segment mm'. Les deux points b, b', d'après le premier des deux lemmes précédents, divisent aussi harmoniquement le segment mm'. Conséquemment, m, m' sont les points doubles de l'involution déterminée par les deux segments aa', bb' (*G. S.*, 205) :

il s'ensuit la relation

$$ma.a'b'.bm = -ma'.ab.b'm \quad (G.S., 192),$$

ou

$$\frac{ma.mb}{ab} : \frac{ma'.mb'}{a'b'} = -1,$$

ce qui prouve, d'après le théorème (445), que la droite L enveloppe une conique inscrite dans le quadrilatère $\boxed{CC'}$.

Il reste à prouver que chacune des tangentes de la conique Σ, en ses quatre points communs avec les deux courbes C, C', est une droite satisfaisant à la question. Effectivement, soit a un de ces points; la tangente de Σ en ce point rencontre C en b, et C' en deux points dont un coïncide avec a; appelons-le b', l'autre sera a'. Les deux points m, m' coïncident aussi avec a, puisque la droite est, par hypothèse, tangente à la conique Σ. On peut donc dire que les deux points m, m' divisent harmoniquement le segment aa', aussi bien que le segment $b'b$. Ainsi la tangente satisfait à la question, et conséquemment la conique Ξ la touche en quelque point, comme l'indique l'énoncé du théorème.

Corollaire I. — *Quand trois coniques* C, C', Σ *passent par quatre points, les tangentes de l'une* Σ *en ces points, et les tangentes communes aux deux autres* C, C', *sont huit droites tangentes à une même conique* Ξ.

Le théorème (452), qui implique ce corollaire, exprime une propriété de cette conique Ξ.

Corollaire II. — Si la conique Σ est l'ensemble des deux axes de symptose des coniques C, C' (327), le théorème prend cet énoncé :

Étant données deux coniques C, C', *si par le point de concours de leurs axes de symptose, on mène deux droites conjuguées harmoniques par rapport à ces axes, lesquelles rencontreront les deux coniques* C, C' *respectivement en deux couples de points : les droites qui joindront les points de l'une aux points de l'autre envelopperont une conique inscrite dans le quadrilatère* [C C'] *et tangente aux deux axes de symptose.*

On reconnaît immédiatement qu'on peut inscrire dans le quadrilatère circonscrit à deux coniques C, C', une troisième conique tangente à leurs axes de symptose. Car les tangentes menées aux deux coniques, par le point de rencontre de ces axes, ont leur point de contact sur la polaire de ce point, et conséquemment forment avec ces axes une involution (300). Ce qui prouve, en vertu de (315), que parmi les coniques inscrites dans le quadrilatère [C C'] il en est une qui touche à la fois les deux axes de symptose.

La proposition actuelle exprime une propriété de cette conique.

Corollaire III. — Si les deux coniques C, C' sont homothétiques, elles n'ont qu'un axe de symptose L déterminé, l'autre étant à l'infini; deux droites conjuguées harmoniques par rapport aux deux axes sont parallèles à L, et de part et d'autre à égale distance; de sorte que deux points a, a', dans lesquels les deux parallèles rencontrent les deux coniques, sont à égale distance de l'axe L. La droite aa' coupe les deux coniques en deux autres points b, b', qui sont aussi à égale distance de L, parce que les deux couples a, a' et b, b' déterminent une involution (300), dont le point central est sur L (*G. S.*, 197). Il s'ensuit que les deux cordes ab, $a'b'$ des coniques sont égales. Et réciproquement, si l'on mène une transversale sur laquelle les deux coniques interceptent deux cordes égales ab, $a'b'$, les extrémités de la première et celles de la seconde sont, deux à deux respectivement, à la même distance de la droite L (*G. S.*, 195). Par conséquent, le corollaire précédent reçoit cet énoncé :

Quand deux coniques sont homothétiques, si l'on mène des transversales, sur chacune desquelles les deux coniques interceptent des cordes égales : ces droites enveloppent une parabole inscrite dans le quadrilatère circonscrit aux deux coniques, et tangente à leur axe de symptose.

Corollaire IV. — Si les deux coniques C, C′, dans le théorème (452), sont des cercles qui ne se rencontrent pas, il existe sur leur diamètre commun deux points e, f dont chacun a la même polaire dans les deux cercles (*G. S.*, 759) ; chacun de ces points peut être considéré comme un cercle infiniment petit qui passe par les points d'intersection de C et C′. Prenant un de ces points pour Σ, et observant que deux points conjugués par rapport à un cercle infiniment petit sont situés sur deux diamètres rectangulaires, on en conclut ce théorème :

Étant donnés deux cercles C, C′ *qui ne se rencontrent pas, si autour d'un des deux points dont chacun a la même polaire dans les deux cercles, on fait tourner les deux côtés d'un angle droit, et qu'on joigne par des droites les points où chaque côté rencontre le cercle* C, *aux points où l'autre côté rencontre le cercle* C′ : *ces droites (au nombre de huit) sont toujours tangentes à une même conique, inscrite dans le quadrilatère circonscrit aux deux cercles; et cette conique a l'un de ses foyers au point autour duquel tourne l'angle droit.*

Par suite, en vertu du théorème (436) : *Les tangentes à l'un des cercles en ses points situés sur les côtés de l'angle droit, coupent les tangentes menées au second cercle, par ses points situés sur les mêmes côtés, en huit points toujours situés sur un même cercle qui passe par les points d'intersection (imaginaires) des deux cercles proposés.*

453. Si l'on suppose dans le théorème (452) que les deux

coniques C, C′ s'approchent indéfiniment et se confondent, le théorème prend cet énoncé :

Étant données deux coniques C, Σ, *si l'on mène des droites dont chacune les rencontre en deux couples de points en rapport harmonique : ces droites enveloppent une conique qui est inscrite dans les deux quadrilatères formés par les tangentes aux deux coniques en leurs quatre points d'intersection.*

On a vu (429, *Coroll. IV*) que quand deux coniques se coupent en quatre points, *leurs tangentes en ces points sont huit droites tangentes à une même conique*. Le théorème actuel exprime une propriété de cette conique, savoir : que *chacune de ses tangentes rencontre les deux coniques proposées en quatre points qui sont en rapport harmonique.*

Remarque. — Si l'on suppose que Σ soit l'ensemble de deux droites, on retrouve le théorème déjà démontré directement (211).

Corollaire I. — Si les deux coniques sont des cercles, les tangentes en leurs deux points communs imaginaires situés à l'infini (374) sont les asymptotes des deux cercles, et puisqu'elles sont tangentes à la conique trouvée, on en conclut que cette conique a pour foyers les centres des deux cercles (292). Donc :

Étant donnés deux cercles, les droites dont chacune les rencontre en deux couples de points en rapport harmonique enveloppent une conique, qui a pour foyers les centres des deux cercles, et qui est inscrite dans le quadrilatère formé par les tangentes aux deux cercles en leurs points d'intersection.

Corollaire II. — On conclut de là que :

Si des centres de deux cercles on abaisse des perpendiculaires sur les tangentes de chaque cercle, menées par leurs points d'intersection, les pieds de ces perpendicu-

laires et les deux points d'intersection sont six points situés sur un même cercle (285).

454. Le théorème (452) donne encore lieu au suivant, en vertu de (436) :

Quand trois coniques C, C′, Σ *sont circonscrites à un quadrilatère, si sur* C *et* C′ *on prend deux points* a, a′ *conjugués par rapport à* Σ, *les tangentes en ces points ont leur point de concours sur une conique qui passe par les quatre sommets du quadrilatère.*

§ V. — *Théorèmes corrélatifs.*

455. Au théorème (450) correspond celui-ci :

Quand trois coniques C, C′, Σ *sont circonscrites à un quadrilatère, si de chaque point de* Σ *on mène les couples de tangentes* A, B *et* A′, B′, *à* C *et* C′, *et les quatre droites, dont deux divisent harmoniquement les deux angles* (A, A′), (B, B′), *et les deux autres les deux angles* (A, B′), (B, A′) : *ces droites envelopperont deux coniques inscrites dans le quadrilatère* [C C′], *et dont les points de contact avec les côtés de ce quadrilatère seront sur la conique* Σ.

Corollaire. — Si l'on prend pour la conique Σ deux cordes communes aux deux coniques C, C′, le théorème s'énoncera ainsi :

Étant données deux coniques C, C′, *dont deux cordes communes conjuguées sont* L, L′, *si de chaque point de l'une quelconque de ces droites on mène les couples de tangentes* A, B; A′, B′ *aux deux courbes, et quatre droites dont deux divisent harmoniquement les angles* (A, A′) (B, B′), *et les deux autres les angles* (A, B′), (B, A′) : *ces quatre droites enveloppent deux coniques inscrites dans le quadrilatère* [C C′], *et qui touchent les côtés de ce quadrilatère aux points où les deux cordes* L, L′ *rencontrent ces côtés.*

456. Supposant $\lambda = 1$ dans le théorème (448), on en conclut cet énoncé, corrélatif de (452) :

Quand trois coniques C, C′, Ξ *sont inscrites dans un quadrilatère, si l'on mène à* C *et à* C′ *deux tangentes* A, A′ *qui soient conjuguées par rapport à* Ξ : *le lieu du point de rencontre de ces deux tangentes est une conique* Σ *qui passe par les quatre points d'intersection des deux courbes* C, C′ *et par les quatre points où la conique* Ξ *touche les côtés du quadrilatère* [CC′Ξ].

Corollaire I. — *Quand trois coniques sont inscrites dans un quadrilatère, les quatre points d'intersection de deux d'entre elles, et les quatre points dans lesquels la troisième touche les côtés du quadrilatère, sont huit points appartenant à une même conique.*

Le théorème (456), d'où résulte ce corollaire, exprime une propriété de cette conique.

Corollaire II. — Si la conique Ξ (456) est la droite limitée à deux ombilics conjugués de C et C′, la conique Σ passe par ces points, et le théorème prend cet énoncé :

Étant données deux coniques, si l'on demande un point tel, que deux tangentes A, A′ *menées de ce point aux deux courbes soient conjuguées harmoniques par rapport aux droites menées du même point à deux ombilics conjugués des deux coniques : le lieu de ce point est une conique qui passe par les quatre points d'intersection des deux proposées et par les deux ombilics.*

On savait (365, *Coroll.*) que par les quatre points d'intersection de deux coniques et deux ombilics conjugués, passe une conique. Le théorème actuel exprime une propriété de cette courbe.

Corollaire III. — Si les deux coniques sont des cercles,

et qu'on prenne leurs centres de similitude pour les deux ombilics, la conique Σ sera un cercle passant par ces points. Donc :

Si sur la droite qui joint les centres de similitude de deux cercles, prise pour diamètre, on décrit un troisième cercle : ce cercle passe par les points d'intersection des deux proposés ; et deux tangentes menées de chacun de ses points à ces deux cercles, respectivement, divisent en rapport harmonique le segment compris entre les deux centres de similitude.

COROLLAIRE IV. — Il résulte de cette propriété des deux tangentes, qu'elles sont également inclinées sur la droite menée du même point à l'un des deux centres de similitude (*G. S.*, 81). Il en est de même des deux autres tangentes menées du même point. On en conclut que les angles formés chacun par les deux tangentes d'un cercle sont égaux. Donc :

Étant donnés deux cercles : le lieu d'un point d'où on les voit sous deux angles égaux, est un troisième cercle qui passe par leurs points d'intersection et par leurs centres de similitude.

457. Lorsque dans le théorème (456) on suppose que les deux coniques C, C' diffèrent infiniment peu l'une de l'autre, et à la limite se confondent, on est conduit à cet énoncé :

Étant données deux coniques C, Ξ, *si l'on demande un point tel, que les deux couples de tangentes menées aux coniques, par ce point, forment un faisceau harmonique : le lieu de ce point est une conique qui passe par les huit points où* C *et* Ξ *touchent les quatre côtés du quadrilatère qui leur est circonscrit* (*).

(*) M. Salmon, dans son excellent *Traité des Sections coniques* (4e édition, page 291), est parvenu à une équation fort simple du lieu cherché.

On a déjà vu (415, *Coroll. IV*) que quand deux coniques sont inscrites dans un quadrilatère, les huit points de contact des quatre côtés du quadrilatère sont sur une même conique. Le théorème actuel fait connaître une propriété de cette conique.

Remarque. — Si la conique Ξ est une droite limitée à deux points, on retrouve le théorème (212).

458. Le théorème (456) donne lieu au suivant, en vertu du théorème (435) :

Quand trois coniques C, C′, Ξ *sont inscrites dans un quadrilatère, si l'on mène aux deux premières deux tangentes* A, A′ *conjuguées par rapport à la troisième : la droite qui joint les points de contact enveloppe une conique inscrite dans le même quadrilatère que les proposées.*

Résumé.

459. Les propositions de ce chapitre XVIII se rapportent à des systèmes très-variés de sections coniques. Pour qu'on en voie mieux les caractères distinctifs, nous en présenterons un bref résumé.

On considère :

Quatre coniques circonscrites à un quadrilatère : 438.

Quatre coniques inscrites dans un quadrilatère : 441.

Quatre coniques C, C′, Σ, Ξ dont Σ passe par les points d'intersection de C et C′, et Ξ est inscrite dans le quadrilatère [C C′] : 444, 447.

Trois coniques circonscrites à un quadrilatère : 431, 432, 435, 437, 439, 439 *Coroll.*, 440, 440 *Coroll.*, 445, 449, 451 *Lemme I*, 452, 452 *Coroll. I*, 454, 455.

Trois coniques inscrites dans un quadrilatère : 433, 434, 436, 437, 442, 442 *Coroll.*, 443, 443 *Coroll.*, 446, 448, 450, 451 *Lemme II*, 456, 456 *Coroll. I*, 458.

Deux coniques quelconques : 431 *Coroll.*, 431 *Récipr.*, 433 *Coroll.*, 433 *Récipr.*, 435 *Rem.*, 450 *Coroll. I*, 452 *Coroll. II*, 453, 455 *Coroll.*, 456 *Coroll. II*, 457.

Deux coniques homothétiques : 452 *Coroll. III.*

Deux cercles : 450 *Coroll. II*, 452 *Coroll. IV*, 453 *Coroll. I et II*, 456 *Coroll III et IV*.

CHAPITRE XIX.

CONIQUES AYANT UN DOUBLE CONTACT.

§ I.

460. Rappelons quelques notions qui vont avoir des applications fréquentes.

1° On dit que deux coniques ont un *double contact*, réel ou imaginaire, ou bien, qu'elles sont inscrites l'une à l'autre, lorsqu'elles ont deux points de contact, ces points pouvant être imaginaires (343, *Coroll.*).

La droite sur laquelle sont ces deux points s'appelle *corde de contact*; et son pôle, qui est le même dans les deux coniques, *pôle de contact*.

2° Quand deux coniques ont un double contact, les tangentes aux points de contact représentent une conique ayant avec ces courbes un double contact.

3° La corde de contact représente aussi une conique ayant un double contact avec les proposées. Cette conique est infiniment aplatie et a pour sommets les deux points de contact.

4° Enfin, le pôle de contact représente aussi une conique, infiniment petite, ayant un double contact avec les proposées (370, 2°).

461. *Quand deux coniques ont un double contact, les polaires d'un point quelconque* Q *se coupent sur la corde de contact.*

Car ces polaires se coupent sur celle du point Q relative au système de deux cordes communes aux deux coniques (308). Que l'on prenne pour ces cordes communes celles qui se confondent avec la corde de contact (370, 1°), la polaire se confondra aussi avec cette corde. Donc, etc.

Corollaire. — *Quand deux points sont conjugués par rapport à deux coniques qui ont un double contact, l'un d'eux est toujours situé sur la corde de contact.*

Car il est à l'intersection des polaires de l'autre (103).

462. *Lorsque deux coniques ont un double contact, les pôles d'une droite quelconque sont en ligne droite avec le pôle de contact.*

Le pôle de contact des deux coniques proposées est une conique infiniment petite inscrite dans le quadrilatère circonscrit aux deux courbes (370, 2°). Les pôles d'une droite relatifs à cette conique et aux deux proposées sont en ligne droite (323). Mais le pôle relatif à la conique infiniment petite est le point qui représente cette conique. Donc, etc.

Corollaire. — *Quand deux droites sont conjuguées par rapport à deux coniques qui ont un double contact, l'une d'elles passe nécessairement par le pôle de contact.*

463. *Quand deux coniques ont un double contact, tout point de la corde de contact a la même polaire dans les deux courbes.*

Car, dans chacune des coniques, la polaire d'un point G de la corde de contact passe par le pôle de contact, et par le point G′ qui avec G divise harmoniquement la corde de contact (99, 4°). Cette polaire est donc la même dans les deux courbes.

Réciproquement : *Quand deux coniques ont un double contact, toute droite menée par le pôle de contact a le même pôle dans les deux courbes, lequel est situé sur la corde de contact.*

464. *Lorsque deux coniques ont un double contact, si par les deux points de contact on fait passer une troisième conique quelconque, les cordes qu'elle intercepte dans les deux courbes concourent en un point de la corde de contact.*

Car les trois coniques ont une corde commune qui est la corde de contact; et elles ont, deux à deux, trois autres cordes communes qui passent par un même point (380). Or une de ces trois cordes, celle qui appartient aux deux premières coniques, est la corde de contact. Donc, etc.

Corollaires. I. — *Quand deux coniques ont un double contact, tout angle dont les côtés passent par les deux points de contact, intercepte dans les deux courbes deux cordes qui concourent en un point de la corde de contact.*

II. — Si les coniques sont deux hyperboles ayant les mêmes asymptotes, on dira :

Lorsque deux hyperboles ont les mêmes asymptotes, tout angle dont les côtés sont parallèles aux asymptotes intercepte dans les courbes deux cordes parallèles.

III. — Ce théorème s'applique à une hyperbole et à ses asymptotes considérées comme représentant une seconde hyperbole. Donc :

Deux droites parallèles aux asymptotes d'une hyperbole interceptent dans la courbe et entre les asymptotes deux cordes parallèles.

Ainsi, aa', bb' (*fig.* 129) étant des parallèles aux asymptotes d'une hyperbole, menées par deux points a, b de la courbe, le théorème exprime que les deux cordes ab, $a'b'$ sont parallèles.

Démonstration directe. Les deux points a, b étant sur l'hyperbole, on a l'égalité

$$\text{O}a'.\text{OS} = bb'.\text{O}b', \quad \text{ou} \quad \frac{\text{O}a'}{bb'} = \frac{\text{O}b'}{\text{OS}} \quad (35),$$

qui devient, dans le parallélogramme $a'\text{O}b'\text{O}'$ formé par les asymptotes et leurs parallèles,

$$\frac{\text{O}'b'}{bb'} = \frac{\text{O}'a'}{aa'}.$$

Cette proportion prouve que les deux cordes ab, $a'b'$ sont parallèles.

465. On aperçoit immédiatement que ce théorème fournit une solution du problème suivant :

Inscrire dans un angle donné une corde de longueur donnée, qui passe par un point donné.

Soient SL, SL′ les deux côtés de l'angle (*même fig.*), et a' le point donné. Par ce point on mène à ces côtés des parallèles qui forment le parallélogramme a'OSa; et l'on décrit une hyperbole ayant pour asymptotes les deux droites Oa', OL′, et passant par le point a. Puis, on prend dans cette courbe, à partir du point a, une corde ab de la longueur donnée; et par son extrémité b on mène, parallèlement à SL, une droite bb' qui coupe SL′ en b'. La droite $a'b'$ satisfait à la question.

Car cette droite est parallèle à ab (464, III); par conséquent la partie $b'c'$ comprise entre les parallèles bb', aS est égale à ab, comme on se l'était proposé.

A partir du point a on peut placer, en général, dans l'hyperbole, quatre cordes d'une longueur donnée; le problème admet donc quatre solutions, dont deux évidemment seront toujours réelles, et les deux autres pourront être imaginaires (*).

466. *Quand deux coniques ont un double contact, si dans l'angle formé par les tangentes aux points de contact, on inscrit une troisième conique, les deux points de concours respectifs des deux autres couples de tangentes communes à cette courbe et à chacune des deux premières, sont en ligne droite avec le pôle de contact de celles-ci.*

(*) Le problème se résout aussi, comme on sait, par la conchoïde de Nicomède. La solution au moyen de l'hyperbole a été donnée par Pappus dans ses *Collections mathématiques* (liv. IV, proposition 31). Ce géomètre parle d'une hyperbole équilatère, parce qu'il applique la construction au problème de la trisection de l'angle, où les deux droites entre lesquelles on inscrit une corde de longueur donnée, sont rectangulaires. Mais sa construction est générale.

Ce théorème, qui est le corrélatif de (464), se démontre par des considérations analogues.

Corollaire. — On peut prendre pour la troisième conique une droite limitée à deux points situés sur les deux tangentes communes aux proposées.

467. *Quand une corde commune à deux coniques a le même pôle dans les deux courbes, ces coniques ont un double contact sur cette droite.*

En effet, les droites menées de ce pôle aux deux points des deux coniques situés sur la corde commune sont tangentes à ces courbes en ces points; dès lors les deux coniques sont tangentes entre elles en ces mêmes points.

468. *Quand le point de concours de deux tangentes (réelles ou imaginaires) communes à deux coniques, a la même polaire dans les deux courbes, ces coniques ont un double contact sur cette polaire.*

En effet, les points d'intersection des deux tangentes communes et de la polaire sont les points où chacune des coniques touche les tangentes. Par conséquent les deux coniques sont tangentes entre elles en ces deux points.

§ II.

469. *Quand deux coniques* C, C′ (*fig.* 130) *ont un double contact (réel ou imaginaire) sur une droite* ef, *si par deux points* m, m′ *de* C′ *on mène à cette courbe des tangentes, qui rencontrent* C *en deux couples de points* a, b *et* a′, b′ :

1° *Deux cordes* aa′, bb′ *passent par le point de rencontre des deux droites* ef, mm′ ;

2° *Les deux autres cordes* ab′, ba′ *coupent* mm′ *en deux points* n, n′, *par lesquels on peut mener une conique tangente à ces droites, et ayant un double contact avec les deux coniques proposées en leurs points de contact* e, f.

En effet, les deux tangentes *ab*, *a'b'* représentent une conique ayant un double contact avec C' sur la droite *mm'*. Par conséquent, deux cordes communes à cette conique et à C, telles que *aa'* et *bb'*, passent par le point de rencontre des deux cordes de contact *ef* et *mm'* (415, *Coroll. I*). Ce qui démontre la première partie du théorème.

La seconde partie est une conséquence immédiate du théorème (410, *Coroll. II*).

470. *Quand deux coniques* C, C' (*fig.* 131) *ont un double contact, si de deux points* m, m' *de* C' *on mène à* C *des tangentes qui forment le quadrilatère circonscrit* abcd :

1° *Une diagonale* ac *de ce quadrilatère passe par le pôle de contact* P *des deux coniques et par le pôle* Q *de* mm', *relatif à* C';

2° *On peut mener par les sommets* b, d *du quadrilatère une conique ayant un double contact avec les deux proposées en leurs points de contact, et dont les tangentes en* b *et* d *passeront par le point* Q.

En effet, la conique C et la conique représentée par la corde *mm'* (460, 3°) ont chacune un double contact avec C'. Donc deux points de concours de leurs tangentes communes, tels que les sommets *a*, *c* du quadrilatère *abcd*, sont situés sur la droite qui joint les deux pôles de contact P, Q (429, *Coroll. I*); ce qui démontre la première partie du théorème. La deuxième partie est une conséquence immédiate du théorème (423, *Coroll.*).

Remarque. — Ce théorème est le corrélatif du précédent.

471. *Quand deux coniques* (*fig.* 132) *ont un double contact, si par le pôle de contact* S *on mène une transversale qui rencontre la première en deux points* a, b, *et la seconde en deux points dont* a' *soit l'un; on a tou-*

jours l'équation

$$\frac{Sa}{Sb}:\frac{a'a}{a'b}=\lambda \quad \text{ou} \quad \frac{1}{\lambda},$$

λ étant une constante.

C'est-à-dire que a' et b' étant les deux points de la deuxième conique, situés sur la transversale, on a pour l'un, a',

$$\frac{Sa}{Sb}:\frac{a'a}{a'b}=\lambda,$$

et pour l'autre, b',

$$\frac{Sa}{Sb}:\frac{b'a}{b'b}=\frac{1}{\lambda}.$$

Démontrons d'abord que pour chaque transversale on a l'égalité

$$\frac{Sa}{Sb}:\frac{a'a}{a'b}=1:\left(\frac{Sa}{Sb}:\frac{b'a}{b'b}\right),$$

ou

$$\left(\frac{Sa}{Sb}\right)^2=\frac{a'a.b'a}{a'b.b'b}.$$

En effet, les deux coniques sont circonscrites à un quadrilatère dont deux côtés opposés coïncident avec la corde de contact II′, et les deux autres sont les tangentes en I et I′. Le point S est donc le point de concours de ces deux côtés, et conséquemment ce point est un des points doubles de l'involution déterminée par les deux segments ab, $a'b'$ (300). Dès lors on a l'équation

$$\frac{\overline{aS}^2}{\overline{bS}^2}=\frac{aa'.ab'}{ba'.bb'}.$$

Maintenant, soit menée par le point S une seconde transversale qui rencontre les deux coniques en A, B et A′, B′.

Ces deux courbes sont homologiques; le point S étant le centre d'homologie, et la corde de contact II' l'axe d'homologie (363) : les points A, a correspondent aux points A', a'; de sorte que les cordes Aa, A'a' se coupent sur II'. Mais les droites Aa et Bb se coupent aussi sur II' (98, 1°). Donc les trois cordes Aa, Bb, A'a' concourent en un même point de II'; et conséquemment les rapports anharmoniques des deux systèmes de quatre points S, a, b, a' et S, A, B, A' sont égaux. Ainsi

$$\frac{Sa}{Sb}:\frac{a'a}{a'b}=\frac{SA}{SB}:\frac{A'A}{A'B},$$

ou

$$\frac{Sa}{Sb}:\frac{a'a}{a'b}=\text{const.} \qquad \text{C. Q. F. D.}$$

Corollaire. — *Si autour d'un point* S *on fait tourner une transversale qui rencontre une conique en deux points* a, b, *et qu'on prenne sur cette droite les deux points* m *déterminés par l'équation*

$$\frac{Sa}{Sb}:\frac{ma}{mb}=\lambda,$$

λ étant un coefficient constant : le lieu de ces points est une conique ayant avec la proposée un double contact sur la polaire du point S.

L'équation détermine deux points, parce qu'il y a deux manières de placer les lettres a et b aux points d'intersection de la conique et de la transversale, et que le point m est différent dans les deux cas.

Remarques. I. — On peut donner au théorème un autre énoncé, et dire que l'on prend sur chaque transversale deux points m, m' dont l'un fait un rapport anharmonique donné λ avec les trois points S, a, b, et l'autre avec les trois mêmes points pris dans l'ordre S, b, a.

II. — Si au lieu de λ on prend $\frac{1}{\lambda}$, la conique construite reste la même.

472. *Quand deux coniques ont un double contact, si de chaque point* m *de la corde de contact* L *on mène deux tangentes* A, B *à l'une, et une tangente* A′ *à l'autre, on a la relation*

$$\frac{\sin(L, A)}{\sin(L, B)} : \frac{\sin(A', A)}{\sin(A', B)} = \lambda \quad \text{ou} \quad = \frac{1}{\lambda},$$

λ *étant une constante.*

Ce théorème est le corrélatif du précédent.

Corollaire. — *Si par chaque point d'une droite* L *on mène à une conique deux tangentes* A, B, *puis les deux droites* M *déterminées par l'équation*

$$\frac{\sin(L, A)}{\sin(L, B)} : \frac{\sin(M, A)}{\sin(M, B)} = \text{const} = \lambda;$$

ces droites enveloppent une conique qui a un double contact avec la proposée, sur la droite L.

Il existe deux droites M, parce qu'il y a deux manières de placer les lettres A, B sur les deux tangentes menées à la conique de chaque point de L.

§ III.

473. *Les cordes qui joignent deux à deux les points homologues de deux divisions homographiques sur une conique* C, *enveloppent une conique qui a un double contact avec la proposée; les points de contact sont les points doubles des deux divisions.*

Soient a, a' et b, b' (*fig.* 133) deux couples de points homologues des deux divisions, et e, f les deux points doubles (225). Il existe une conique C′ tangente à C en e et f, et tangente à la droite aa'. Nous allons prouver que cette conique C' est tangente à la droite bb'. En effet, concevons qu'on mène à cette conique par le point b une tangente qui rencontre la conique C en un point b'', les deux droites ba' et ab'' se couperont sur la droite de contact ef (469, 1°). Mais les deux droites ba' et ab' se coupent aussi sur la droite ef (234). Donc la tangente bb'' coïncide avec bb'. Donc la conique tangente à la corde aa' est aussi tangente à toute autre corde bb', cc', etc. C. Q. F. D.

Réciproquement : *Lorsque deux coniques* C, C' *ont un double contact, si une corde* aa' *de* C *roule sur* C', *ses extrémités* a, a' *forment deux divisions homographiques qui ont pour points doubles les points de contact des deux coniques.*

Cette réciproque est évidente.

Corollaire. — *Si deux faisceaux homographiques ont pour centres deux points, ou le même point d'une conique, les cordes que les couples de rayons homologues interceptent dans la courbe enveloppent une autre conique, qui a un double contact avec la proposée.*

En effet, les rayons des deux faisceaux coupent la conique en des points qui forment deux divisions homographiques (228).

474. *Si un angle de grandeur donnée tourne autour de son sommet situé sur une conique, les cordes que cet angle intercepte dans la courbe enveloppent une conique qui a un double contact avec la proposée.*

Les deux points de contact (imaginaires) sont toujours les mêmes, quelle que soit la grandeur de l'angle.

En effet, les deux côtés de l'angle forment deux faisceaux homographiques qui ont toujours les mêmes rayons doubles, quelle que soit la grandeur de l'angle (*G. S.*, 181). Donc ces côtés rencontrent la conique en des points formant deux divisions homographiques qui ont les mêmes points doubles (225), quelle que soit la grandeur de l'angle. D'où résultent, en vertu du théorème précédent, les deux parties du théorème énoncé.

Remarque. — La conique enveloppe des cordes interceptées par les côtés de l'angle, varie avec la grandeur de cet angle. Quand il est droit, on sait que les cordes interceptées passent toutes par un même point (140, I). Ce point représente une conique infiniment petite qui a un double contact avec la proposée sur la même droite que les autres coniques. *Ce point est donc le pôle de la droite* (460, 4°).

475. *Quand deux divisions homographiques sont formées sur une conique, les tangentes aux points homologues se coupent sur une autre conique qui a un double contact avec la première; les points de contact sont les points doubles des deux divisions.*

Proposition corrélative de (473).

Réciproquement : *Quand deux coniques ont un double contact, si le sommet d'un angle circonscrit à l'une glisse sur l'autre, les points de contact des deux côtés de l'angle forment deux divisions homographiques qui ont pour points doubles les points de contact des deux coniques.*

Corollaire. — *Si l'on a sur deux tangentes fixes d'une conique, ou sur une seule tangente, deux divisions homographiques, les tangentes menées par chaque couple de points homologues des deux divisions, se coupent sur une conique qui a un double contact avec la proposée.*

En effet, les points de contact de ces deux séries de tangentes forment sur la conique deux divisions homographiques (*Récipr.* de 237 et 238).

476. *Quand deux coniques* C, C' (*fig.* 134) *ont un double contact, si le sommet* a *d'un angle circonscrit à* C' *glisse sur* C, *les points d'intersection* m, m' *des côtés de cet angle et de la conique* C, *forment deux divisions homo-*

graphiques, qui ont pour points doubles les deux points de contact de C *et* C′.

La corde mm′ *enveloppe une troisième conique qui a un double contact avec les proposées en leurs deux points de contact.*

En effet, les deux points a, m forment deux divisions homographiques qui ont pour points doubles les deux points de contact e, f des deux coniques C, C′ (473, *Récipr.*). Il en est de même des deux points a et m'. Donc les divisions formées par les deux points m, m' sont homographiques et ont pour points doubles les deux points e, f. Et par suite la corde mm' enveloppe une conique ayant un double contact avec la proposée en ces points (473). C. Q. F. D.

477. *Quand deux coniques* C, C′ *ont un double contact, si le sommet d'un angle circonscrit à* C′ *glisse sur* C, *les traces des côtés de l'angle sur la corde de contact des deux coniques, forment deux divisions homographiques, dont les points doubles sont les deux points de contact des coniques.*

En effet, les points de contact des deux côtés de l'angle forment sur C′ deux divisions homographiques (475, *Récipr.*). Donc, d'après (235), etc.

Corollaire. — Deux coniques concentriques et homothétiques ont un double contact à l'infini (376). Donc :

Quand deux coniques C, C′ *sont homothétiques et concentriques, si le sommet d'un angle circonscrit à* C′ *glisse sur* C, *des parallèles aux côtés de cet angle menées par un point fixe forment deux faisceaux homographiques dont les rayons doubles sont parallèles aux asymptotes communes aux deux coniques.*

478. *Quand deux coniques* C, C′ *ont un double contact, si le sommet d'un angle circonscrit à* C′ *glisse sur* C, *les côtés de cet angle rencontrent une tangente fixe de* C′

en deux points qui forment deux divisions homographiques, dont les points doubles sont les points de section de la tangente fixe par les tangentes aux deux coniques en leurs points de contact.

En effet, les points de contact des deux côtés de l'angle mobile forment sur C′ deux divisions homographiques dont les points doubles sont les points de contact des deux coniques (475, *Récipr.*). Donc ces côtés rencontrent une tangente fixe de C′ en deux points qui forment deux divisions homographiques dont les points doubles sont sur les tangentes aux deux coniques en leurs points de contact (237).

C. Q. F. D.

Corollaires. I. — *Quand deux coniques* C, C′ *sont homothétiques et concentriques, si le sommet d'un angle circonscrit à* C′ *glisse sur* C, *les côtés de cet angle rencontrent une tangente fixe de* C′ *en des points qui forment deux divisions homographiques dont les points doubles sont les points où les asymptotes (réelles ou imaginaires), communes aux deux coniques, coupent cette tangente fixe.*

II. — Si les deux coniques sont des cercles, on en conclut que :

Quand deux cercles C, C′ *sont concentriques, si de chaque point de* C *on mène à* C′ *deux tangentes qui rencontreront une autre tangente fixe, en deux points : les rayons menés du centre à ces points feront entre eux un angle de grandeur constante* (*G. S.*, 651).

479. *Quand deux coniques* C, C′ *ont un double contact, si une tangente roule sur* C, *et que par les points où elle rencontre* C′ *on mène deux nouvelles tangentes à la conique* C : *les points de contact forment deux divisions homographiques ;*

Et le point de concours des deux tangentes décrit une

troisième conique qui a un double contact avec les proposées en leurs deux points de contact.

Proposition corrélative de (476).

480. *Quand deux coniques* C, C′ *ont un double contact, si une tangente roule sur* C *et rencontre* C′ *en deux points, les droites menées du pôle de contact des deux coniques à ces deux points forment deux faisceaux homographiques dont les rayons doubles sont les tangentes communes aux deux coniques.*

Proposition corrélative de (477).

Corollaire. — *Quand deux coniques* C, C′ *sont homothétiques et concentriques, si une tangente roule sur* C *et rencontre* C′ *en deux points, les droites menées du centre des coniques à ces points forment deux faisceaux homographiques dont les rayons doubles sont les asymptotes communes aux deux courbes.*

481. *Quand deux coniques* C, C′ *ont un double contact, une tangente qui roule sur* C *rencontre* C′ *en deux points tels, que les droites menées de ces points à un point fixe de* C′ *forment deux faisceaux homographiques dont les rayons doubles passent par les points de contact des deux coniques.*

Proposition corrélative de (478).

Corollaire. — *Quand deux coniques* C, C′ *sont homothétiques et concentriques, si une tangente qui roule sur* C *rencontre* C′ *en deux points, les droites menées de ces points à un point fixe quelconque de* C′, *forment deux faisceaux homographiques dont les rayons doubles sont parallèles aux asymptotes communes aux deux coniques.*

§ IV. — *Coniques inscrites à deux coniques.*

482. Il existe, en général, trois séries de coniques ayant un double contact avec deux coniques C, C′, ou, en d'autres termes, *inscrites à deux coniques* C, C′.

Soient L, L' deux axes de symptose de C et C'; et P le point de concours de ces droites. Les cordes de contact d'une des trois séries de coniques doublement tangentes à C et à C', passent par P, et sont conjuguées harmoniques par rapport à L et L' (415, *Coroll. I*).

Les cordes de contact des deux autres séries passent, respectivement, par les deux points de concours des deux autres couples d'axes de symptose de C et C', et sont conjuguées harmoniques par rapport à ces axes.

Quand les deux coniques C, C' ont un ou deux points de contact, il n'existe que deux séries de coniques doublement tangentes à ces courbes.

C'est que les coniques C, C' n'ont alors que deux systèmes d'axes de symptose. A chacun de ces systèmes correspond une série de coniques ayant un double contact avec C et C'.

Quand C et C' ont un seul point de contact, les deux systèmes d'axes de symptose sont, d'une part, la tangente au point de contact et la corde qui joint les deux points d'intersection des deux courbes; et, d'autre part, les deux cordes menées de ces points au point de contact.

Lorsque C et C' ont deux points de contact, les tangentes en ces points forment un premier système d'axes de symptose; et la corde de contact, qui représente deux cordes communes coïncidentes, forme le second système. Les coniques doublement tangentes à C et C', qui correspondent à ce second système, touchent C et C' en leurs deux points de contact. Et pour celles qui correspondent au premier système, les cordes de contact sont conjuguées harmoniques par rapport aux deux tangentes communes à C et C'.

Enfin, lorsque les deux coniques C, C' ont un contact du second ordre, elles n'ont que deux axes de symptose : l'un est la tangente au point de contact, et l'autre est la corde qui joint ce point au point d'intersection des deux courbes.

Alors il n'existe qu'un système de coniques ayant un double contact avec les proposées. L'un des points de contact est toujours le point d'osculation de celles-ci.

Observation. — Nous n'avons parlé, dans cette discussion, que des axes de symptose des coniques; mais on conçoit que des considérations semblables, et corrélatives, ont lieu à l'égard des ombilics. Ainsi, par exemple, les pôles de contact d'une conique doublement tangente à C et C′ sont situés sur l'une des trois droites qui joignent, chacune, deux ombilics conjugués de C et C′, et sont conjugués harmoniques par rapport à ces deux ombilics (429, *Coroll. I*).

483. *Quand trois coniques* C, C′, C″ *passent par quatre points situés deux à deux sur deux droites* L, L′, *qui se coupent en* P, *si une quatrième conique* U *est telle, que la polaire du point* P *relative à cette courbe coïncide avec la polaire de ce point relative à* C, C′ *et* C″ (328) : *les trois couples d'axes de symptose communs à* U *et à* C, C′ *et* C″, *respectivement, et le couple* L, L′ *sont en involution.*

Désignons par |UC| les axes de symptose de U et de C qui passent par le point P (328); et ainsi des autres. Les trois couples d'axes de symptose des coniques U, C, C″ prises deux à deux, savoir |UC|, |UC″|, L, L′, sont en involution (415). Il en est de même de |UC|, |UC′| et L, L′. Donc les deux couples |UC″| et |UC′| font partie d'une involution à laquelle appartiennent les deux couples |UC| et L, L′ (*G. S.*, 196). C. Q. F. D.

Corollaire. — Si U a un double contact avec C et C′, et si les cordes de contact passent par le point P, chacune d'elles représente, dans l'involution, deux droites conjuguées coïncidentes; on en conclut que :

Quand une conique U *a un double contact avec deux coniques* C, C′, *les axes de symptose de* U *et d'une conique* C″, *menée par les points d'intersection de* C *et* C′, *sont conjugués harmoniques par rapport aux deux cordes de contact de* U.

484. Nous désignerons par U, U′, U″,..., des coniques d'une même série, doublement tangentes à deux coniques C, C′; et par L, L′ les axes de symptose de celles-ci, qui déterminent cette série (482). On a vu que les huit points de contact de deux coniques U, U′ sont sur une même conique (415, *Coroll. III*).

Réciproquement : *Toute conique* V, *menée par les quatre points de contact d'une conique* U, *passe par les quatre points de contact d'une autre conique de la même série.*

En effet, la conique V coupe C et C′ aux quatre points de contact de U, et en quatre autres points. Un de ces derniers points détermine une conique U′, doublement tangente à C et C′ (415, *Coroll. I, Récipr.*). Les points de contact de U′ et ceux de U sont sur une même conique, comme nous venons de le dire. Cette courbe, ayant cinq points communs avec V, n'est autre que V. Donc, etc.

Nous désignerons par V, V′,..., des coniques passant chacune par les huit points de contact de deux des coniques U, U′,... ou simplement par les quatre points de contact d'une de ces courbes, ce qui revient au même.

Avertissement. En parlant des axes de symptose, soit des coniques U, U′,..., soit des coniques V, V′,..., prises deux à deux, nous entendrons toujours les deux axes de symptose qui passent par le point de concours des axes de symptose L, L′ de C et C′.

485. *Les axes de symptose de deux coniques* V, V′ *sont conjugués harmoniques par rapport à* L *et* L′.

En effet, V passe par les quatre points de contact d'une conique U; et V′ par les quatre points de contact d'une conique U′. Ces huit points sont sur une même conique Σ

(415, *Coroll. III*). Les trois couples d'axes de symptose des trois coniques V, V′ et Σ sont en involution (415). Les axes de symptose de V et Σ sont les cordes de contact de U, et ceux de V′ et Σ sont les cordes de contact de U′. Or L et L′ sont conjugués harmoniques par rapport à chacun de ces deux couples (415, *Coroll. I*). Donc L et L′ sont aussi conjugués harmoniques par rapport au troisième couple, savoir, les axes de symptose de V et V′. C. Q. F. D.

Scolie. — La démonstration reste la même, si l'on substitue aux deux coniques V et V′, ou à l'une seulement, des coniques U, U′; ainsi nous dirons que :

Les axes de symptose, soit de deux coniques V *et* U, *soit de deux coniques* U *et* U′, *sont conjugués harmoniques par rapport à* L *et* L′.

486. *Toutes les coniques* V, V′, V″, ..., *menées par un point* I, *ont trois autres points communs.*

En effet, toutes ces coniques ont, deux à deux, un axe de symptose commun, qui passe par le point I, et conséquemment un second axe de symptose commun qui est le conjugué harmonique du premier, par rapport à L et L′ (485). Donc, etc.

Réciproquement : *Toute conique* W, *menée par les quatre points d'intersection de deux coniques* V *et* V′, *est une conique* V″.

En effet, soit *a* un des points d'intersection de W et de C. Une conique U″ est tangente à C en ce point *a*; et la conique V″, menée par les quatre points de contact de U″ et par un des quatre points d'intersection de V et V′, passe par les trois autres, ainsi qu'il vient d'être démontré. Cette conique a donc cinq points communs avec W, et conséquemment se confond avec celle-ci. Donc, etc.

Scolie. — Le théorème et la réciproque s'appliquent aux cas où l'on remplace une conique V par une conique U, ou bien deux coniques V, V′ par les deux coniques U, U′, qui passent par le point I (*).

487. *Les quatre points d'intersection de deux coniques* V, V′ *et ceux de deux coniques* V″, V‴ *sont huit points d'une même conique.*

En effet, soit W une conique menée par les quatre points d'intersection de V et V′ et par un des points d'intersection I de V″ et V‴. Cette conique W appartient à la série des V, V′,... (486, *Récipr.*). Conséquemment les axes de symptose de W et V″ sont conjugués harmoniques, par rapport à L et L′ (485). Il en est de même de ceux de W et V‴. Mais dans ces deux couples d'axes de symptose il y a un axe commun, qui passe par I : donc les deux autres axes coïncident aussi. Ce qui démontre le théorème.

Scolie. — Chacune des quatre coniques V, V′, V″, V‴ peut être remplacée par une des coniques U, U′,... Ainsi, par exemple :

Les quatre points d'intersection de deux coniques U, U′, *et ceux de deux coniques* V″, V‴, *ou de deux coniques* U″, U‴ *sont huit points d'une même conique.*

Corollaire. — Les trois coniques V, V′, V″ étant quelconques, on peut prendre pour U‴ la corde *ab* interceptée par C et C′ sur un axe de symptose L, et qui représente une conique infiniment aplatie. Donc :

Par les quatre points d'intersection de deux coniques V, V′ *on peut mener une conique ayant avec une troisième* V″ *un double contact sur une des droites* L, L′.

En d'autres termes : *Toutes les coniques* V *qui se coupent en deux points d'une des droites* L, L′ *sont tangentes entre elles en ces points.*

(*) La construction de ces deux coniques se trouvera plus loin, avec divers autres problèmes (497, VII).

Ce corollaire est aussi une conséquence directe du théorème (485).

488. *Une conique* V *est déterminée par deux de ses points.*

En effet, soient g, h ces deux points. Deux coniques quelconques V′, V″, menées par g, se coupent sur V (486). Leurs quatre points d'intersection et le point h déterminent donc V.

489. *Trois coniques* V, V′, V″ *suffisent pour déterminer toutes les autres* V‴,....

En effet, soient g, h deux points d'une conique V‴. Pour construire cette courbe, on mènera par le point g deux coniques W et W′, dont l'une passe par les quatre points d'intersection de V et V′, et l'autre par les quatre points d'intersection de V et V″. La conique menée par les quatre points d'intersection de ces deux courbes W, W′ et par le point h est la courbe demandée.

Scolie. — Chacune des trois coniques V, V′, V″ peut être remplacée par une conique de la série U, U′,....

490. *Quand trois coniques* S, S′, S″ *sont telles, qu'un point* P *ait la même polaire dans les trois courbes, il existe deux coniques qui ont un double contact avec chacune de ces trois courbes.*

En effet, soient C, C′,... des coniques ayant un double contact avec S, S′ sur des droites passant par le point P. Si par un point I on mène des coniques dont chacune passe par les quatre points de contact des courbes C, C′, C″,..., respectivement, ces coniques ont quatre points communs I, I′, G, G′ (486). Pareillement, si par le point I on mène des coniques dont chacune passe par les quatre points de contact d'une conique doublement tangente à S et S″, toutes ces coniques passeront par quatre points I, I′, H, H′. La conique menée par les cinq points I, I′, G, G′ et H, passe par H′, parce que le point P a la même polaire dans toutes les coniques. Cette courbe coupe S en quatre points a, a_1, b, b_1; S′ en quatre points a', a'_1, b', b'_1, et S″ en quatre points a'', a''_1, b'', b''_1.

Les trois points a, a', a'' sont tels, que par a et a' passe une conique U tangente à S et à S′ (486, *Récipr.*); par a et a'' une conique U_1 tangente à U et à S″; et par a' et a'' une conique U_2 tangente à S′ et à S″. On aurait donc trois coniques se touchant deux à deux en deux points, sur trois droites concourantes en un même point. Car les deux courbes U, U_1 ont un double contact sur aa_1, et la courbe U_2 aurait avec chacune d'elles un double contact, sur les droites $a'a'_1$ et $a''a''_1$ respectivement. Ce qui n'est pas possible. Effectivement les deux coniques U, U_1 ayant un double contact, il n'existe que deux séries de coniques ayant un double contact avec chacune d'elles; les unes sont tangentes en a et a', et les autres ont pour cordes de contact des droites passant par le point de rencontre des tangentes en a et a', et conjuguées harmoniques par rapport à ces tangentes (482).

On conclut de là que les trois coniques U, U_1, U_2 n'en font qu'une, qui a un double contact tout à la fois avec les trois proposées S, S′, S″.

Les trois points b, b', b'' déterminent semblablement une seconde conique satisfaisant aux mêmes conditions.

Donc, etc.

491. *Les coniques* V, V′,..., *et* U, U′,..., *formées au moyen de deux coniques* C, C′, *peuvent l'être semblablement au moyen de deux autres coniques* C_1, C'_1; *celles-ci passent par les quatre points d'intersection de* C *et* C′. *Il existe une infinité de systèmes de deux telles coniques* C_1, C'_1.

Que l'on prenne trois coniques V, V′, V″. Il existe deux coniques C_1, C'_1 doublement tangentes à chacune de ces courbes (490). Ces deux coniques satisfont à la question. En effet, toutes les coniques formées au moyen des trois V, V′, V″ comme il a été dit (489), appartiendront au système de C_1 et C'_1, aussi bien qu'au système C et C′. Donc, etc.

SCOLIE. — On déduit de là cette conséquence importante : les coniques V, V′,..., auxquelles conduit la considération des coniques qui ont un double contact avec deux coniques données C, C′, ne sont pas autre chose que celles que l'on forme, par la construction indiquée (489), au moyen de trois coniques primitives V, V′, V″ satisfaisant à la seule condition qu'un certain point ait la même polaire dans les trois courbes.

Pôles et polaires relatifs au système des coniques U, U′,....

492. Chaque conique U est déterminée par son pôle de contact u avec la conique C.

Tous ces pôles sont sur la polaire Π du point d'intersection P des deux axes de symptose L, L′ (482, *Obs.*).

Chaque conique U rencontre une droite fixe D en deux points x, x'. *Il existe entre le point* u, *qui détermine la conique* U, *et ces points de rencontre, une relation telle que*

$$x^2(au^2+bu+c)+x(a'u^2+b'u+c')+a''u^2+b''u+c''=0;$$

u et x représentant les distances des points u et x à deux origines fixes, prises sur les deux droites Π et D.

En effet, à un point u il correspond une conique U, et par suite deux points x; et à un point x correspondent deux coniques U, U′, passant par ce point, et par conséquent deux points u. Ainsi les abscisses u et x doivent avoir une relation dans laquelle elles entrent au second degré. *Le terme* au^2x^2 *se trouve nécessairement dans cette relation;* car si le pôle de contact u est pris à l'infini, l'équation écrite sous la forme

$$x^2\left(a+\frac{b}{u}+\frac{c}{u^2}\right)+\ldots=0,$$

se réduit à

$$ax^2+a'x+a''=0:$$

et, puisque les racines de cette équation déterminent les deux points d'intersection d'une conique U et de la droite D, il faut qu'elle soit du second degré; ce qui prouve que le coefficient a n'est pas nul.

493. *Les polaires d'un point, relatives aux coniques* U, U', etc., *enveloppent une conique.*

Il suffit de prouver que par un point Q', pris arbitrairement, il ne passe que deux polaires, c'est-à-dire deux tangentes de la courbe cherchée.

Soit Q le point dont on prend les polaires. Chaque conique coupe la droite QQ' en deux points x, x'. Pour que la polaire du point Q passe par Q', il faut que x, x' soient conjugués harmoniques par rapport à Q et Q'. Soit O le milieu de QQ' : il faut qu'on ait $Ox.Ox'=\overline{OQ}^2$. Supposons que l'origine prise sur la droite D, dans l'équation ci-dessus, soit ce point O. On doit donc avoir

$$\frac{a''u^2+b''u+c''}{au^2+bu+c}=\overline{OQ}^2=\lambda^2,$$

$$(a''-a\lambda^2)u^2+(b''-b\lambda^2)u+(c''-c\lambda^2)=0.$$

Cette équation détermine deux valeurs de u, et par suite deux coniques U qui satisfont seules à la question. Il n'existe donc que deux coniques telles, que les polaires du point Q passent par un point donné Q'. C. Q. F. D.

Remarque. — Quand le point Q est pris sur une des droites L, L', la conique enveloppe des polaires se réduit à un point Q' situé sur l'autre droite.

En effet, les polaires d'un point Q de L, relatives à deux

coniques U, U', se coupent sur la polaire relative à leurs axes de symptose (308); or celle-ci est la droite L' (485, *Scolie*). Donc, etc.

On démontre de même, en vertu de (485), que *les polaires d'un point* Q *de* L, *relatives aux coniques* V, V',..., *passent toutes par le même point* Q' *de* L'.

On conclurait de là que toutes les coniques V menées par un point de L sont tangentes entre elles en ce point, et en leur second point commun, si cela n'avait déjà été démontré (487, *Coroll.*).

494. *Les pôles d'une droite, relatifs aux coniques* U, U',..., *sont sur une conique.*

Ce théorème est le corrélatif du précédent, et se démontre par des considérations analogues.

Remarque. — Quand la droite donnée passe par l'un des ombilics S, S' des deux coniques C, C', le lieu de ses pôles est une droite qui passe par l'autre ombilic.

Plus généralement : *Le lieu des pôles d'une droite menée par un ombilic de* C *et* C', *relatifs à toutes les coniques inscrites dans les quadrilatères formés respectivement par les quatre tangentes de chacune des coniques* U, U',... *en leurs points de contact avec* C *et* C', *est une droite qui passe par l'autre ombilic* (*).

Corollaires des théorèmes précédents.

495. On peut supposer dans tous les théorèmes de ce paragraphe que chacune des coniques C, C' soit l'ensemble de deux droites ou une seule droite limitée à deux points. Alors il n'existe que deux séries de coniques ayant un double

(*) Les coniques qui ont un double contact avec deux coniques C, C' donneraient lieu à un très-grand nombre de propriétés que nous ne démontrerons point ici, parce qu'elles découleront comme conséquences, d'une théorie générale des systèmes de coniques assujetties à quatre conditions quelconques, qui se trouvera dans la seconde Partie de cet Ouvrage.

contact avec C et C′, ou seulement une seule. Il en résulte divers théorèmes, dont il suffira de donner l'énoncé.

I. — *Dans une système de coniques tangentes à deux droites, et ayant toutes un double contact avec une conique* C : *les polaires d'un point enveloppent deux coniques; et les pôles d'une droite sont sur deux autres coniques.*

II.—*Dans un système de coniques qui passent par deux points et ont toutes un double contact avec une conique* C : *les polaires d'un point enveloppent deux coniques; et les pôles d'une droite sont sur deux autres coniques.*

III.—*Dans un système de coniques qui passent par deux points et sont tangentes à deux droites : les polaires d'un point enveloppent deux coniques; et les pôles d'une droite sont sur deux autres coniques.*

Chacun de ces trois énoncés résulte des théorèmes (493) et (494).

Quatre coniques inscrites ou circonscrites à un quadrilatère.

IV.—*Lorsque quatre coniques sont inscrites dans un quadrilatère, les quatre points d'intersection de deux de ces courbes et les quatre points d'intersection des deux autres, sont huit points d'une même conique* (487, *Scolie*).

Corollaire. — Prenant pour l'une des coniques une diagonale du quadrilatère, on en conclut que :

Quand trois coniques C, C′, C″ *sont inscrites dans un quadrilatère, on peut mener par les points d'intersection de* C *et* C′ *trois coniques ayant un double contact avec* C″; *les cordes de contact sont les diagonales et la droite qui joint les points de concours des côtés opposés du quadrilatère.*

V. — *Lorsque quatre coniques sont circonscrites à un quadrilatère, les tangentes communes à deux de ces courbes, et les tangentes communes aux deux autres, sont huit tangentes d'une même conique.* (Corrélatif du précédent.)

Corollaire. — Prenant pour l'une des coniques deux côtés opposés (réels ou imaginaires) du quadrilatère, on en conclut que :

Lorsque trois coniques C, C′, C″ *passent par les quatre sommets d'un quadrilatère* K, *on peut inscrire dans le quadrilatère* [C C′] *trois coniques ayant un double contact avec* C″; *les pôles de contact sont les points de concours des côtés opposés et des diagonales du quadrilatère* K.

Théorèmes corrélatifs.

496. Il existe des théorèmes corrélatifs de tous les théorèmes généraux que nous avons démontrés, concernant les coniques qui ont un double contact avec deux coniques C, C′. Dans ces théorèmes corrélatifs, on considère les deux ombilics de C et C′, au lieu de leurs axes de symptose L, L′; et les coniques inscrites dans les quadrilatères formés par les quatre tangentes communes à chaque conique U et aux deux C et C′, au lieu des coniques V, V′. Les énoncés de ces théorèmes et leur démonstration directe n'offriront aucune difficulté. Nous nous dispenserons de les donner.

Problèmes.

497. I. — *Mener par deux points* a, b *une conique qui ait un double contact avec une conique* C, *et dont le pôle de contact soit sur une droite* L.

Par les deux points *a*, *b* on mène à C des tangentes formant un quadrilatère circonscrit, dont les diagonales rencontrent la droite L en deux points. Chacun de ces points peut être pris pour le pôle de contact d'une conique passant par *a*, *b* (470, 1°). Ainsi la question admet deux solutions.

Autrement. La droite *ab* rencontre la conique C en deux points *a′*, *b′*. Qu'on prenne les deux points Q, Q′ qui divisent harmoniquement les deux segments *ab*, *a′b′*, et qui sont ainsi conjugués par rapport à C et à la conique cherchée : la corde de contact des deux courbes passera par l'un ou par l'autre de ces points (461, *Coroll.*). Conséquemment les polaires de ces deux points relatives à C, coupent la droite L en deux points qui sont les pôles de contact des deux coniques satisfaisant à la question.

II. — *Décrire une conique tangente à deux droites et ayant un double contact avec une conique donnée* C, *de manière que la corde de contact passe par un point donné* P.

Les deux droites données coupent C en quatre points qui sont les sommets d'un quadrilatère inscrit, ayant ces droites pour diagonales.

La droite menée du point de concours de deux côtés opposés de ce quadrilatère au point P, est la corde de contact d'une conique satisfaisant à la question (469, 1°). Ainsi la question admet deux solutions.

Autrement. Soient A, B les deux droites données, et A', B' les tangentes de C, menées par leur point de rencontre. Qu'on prenne les deux droites Q, Q' conjuguées harmoniques par rapport aux deux couples de droites A, B; A', B', et dès lors conjuguées par rapport à la conique C et à la conique cherchée.

Le pôle de contact de C et de la conique cherchée se trouve sur l'une de ces droites (462, *Coroll.*). Par conséquent la corde de contact passe par l'un ou par l'autre des pôles de ces deux droites, relatifs à la conique C. Les droites qui joignent le point donné à ces pôles sont donc les cordes de contact des deux coniques qui résolvent la question.

III. — *Mener par deux points* a, b, *une conique qui ait un contact du troisième ordre avec une conique* C.

On cherche sur la droite *ab* (comme ci-dessus, I) les deux points Q, Q'. Chaque droite menée par l'un de ces points est la corde de contact d'une conique passant par *a* et par *b*.

Conséquemment les tangentes de C, menées des points Q et Q′, déterminent les points de contact de quatre coniques satisfaisant à la question.

IV. — *Mener une conique tangente à deux droites* A, B *et ayant un contact du troisième ordre avec une conique* C.

On cherche, comme dans le problème II, les deux droites Q, Q′. Tout point pris sur une de ces droites est le pôle de contact d'une conique tangente aux droites A, B et ayant un double contact avec C. Conséquemment les quatre points d'intersection de ces droites et de la conique C sont les points de contact de quatre coniques satisfaisant à la question.

V. — *Étant donnés une conique et trois points, décrire une autre conique qui passe par ces points, et qui ait un double contact avec la proposée.*

Soient a, b, c les trois points : il suffit de déterminer le pôle de contact de la conique demandée et de la conique proposée. Ce point est situé sur une diagonale du quadrilatère formé par les tangentes à cette conique, menées par les deux points a, b (470, 1°). Il est de même sur une diagonale du quadrilatère formé par les tangentes menées des points a et c. Il s'ensuit que chacun des quatre points d'intersection des deux diagonales du premier quadrilatère et des deux diagonales du second, satisfera à la question. Ainsi le problème est résolu, et admet quatre solutions.

Autrement. On construit les cordes de contact des coniques cherchées. Pour cela, on prend sur ab les deux points Q, Q′, comme au problème I; et sur ac, les deux points Q_1, Q'_1 déterminés semblablement. Les quatre droites qui joignent les points Q, Q′ aux points Q_1, Q'_1 sont les cordes de contact des quatre coniques cherchées.

Autrement. On construit par points les coniques demandées. A cet effet, que par les trois points donnés on mène trois couples de tangentes à la conique donnée : elles rencontreront une tangente quelconque de cette conique en trois couples de points a, α; b, β; c, γ. Qu'on prenne trois points quelconques de ces trois couples, tels que a, b, c, et les trois points correspondants α, β, γ, et qu'on les regarde comme appartenant à deux séries homographiques : les tangentes menées à la conique proposée, par les points de la première série, rencontreront respectivement les tangentes menées par les points correspondants de la seconde série, en des points situés sur une conique qui satisfera à la question (475, *Coroll.*).

Le problème admet quatre solutions, parce que les trois couples de points a, α; b, β et c, γ donnent lieu à trois autres systèmes de deux divisions homographiques, savoir : a, b, γ et α, β, c; a, β, c et α, b, γ; a, β, γ et α, b, c.

VI. — *Étant données une conique et trois droites, décrire une conique qui ait un double contact avec la proposée, et qui soit tangente aux trois droites.*

Soient A, B, C, les trois droites. Il suffit de déterminer la corde de contact des deux coniques. Les cordes de la conique donnée comprises entre les deux droites A, B, se coupent deux à deux en deux points, et la corde de contact cherchée passe par l'un de ces points (469, 1°). De même, les deux droites A, C interceptent dans la conique quatre cordes qui se coupent deux à deux en deux points, par l'un desquels passe aussi la corde de contact. Les quatre droites qui joindront ces deux points aux deux premiers seront quatre cordes de contact, donnant quatre solutions de la question.

Autrement. On détermine les pôles de contact. Pour cela on mène, comme au problème II, les deux droites Q, Q', relatives aux deux droites A, B, et semblablement les deux droites Q, Q'_1 relatives à A et C. Les deux droites Q_1, Q'_1 coupent Q et Q' en quatre points qui sont les quatre pôles de contact cherchés.

Autrement. On construit toutes les tangentes des coniques demandées. A cet effet, soient a, α; b, β; c, γ les trois couples de points de rencontre des trois droites et de la conique donnée. Appelons a_1, α_1; b_1, β_1; c_1, γ_1, les trois couples de droites qui joignent ces points à un point fixe pris arbitrairement sur la conique. Que trois de ces droites, appartenant aux trois couples, telles que a_1, b_1, c_1, et les trois droites correspondantes α_1, β_1, γ_1, soient regardées comme les rayons homologues de deux faisceaux homographiques : les cordes sous-tendues dans la conique par les couples de rayons homologues de ces deux faisceaux envelopperont une conique satisfaisant à la question (473, *Coroll.*).

Le problème admet quatre solutions, parce qu'il y a quatre manières de former avec les six droites a_1, α_1; b_1, β_1 et c_1, γ_1 deux faisceaux homographiques.

VII. — *Mener par un point* I *une conique qui ait un double contact avec deux coniques* C, C'.

Soient L, L' deux axes de symptose de C et C', et P le point de concours de ces axes. On mène PI, et PI' conjuguée harmonique de PI, par rapport à L, L'; et dans C et C', respectivement, deux cordes Paa_1, $Pa'a'_1$, conjuguées harmoniques aussi par rapport à L, L'.

La conique déterminée par les cinq points I, a, a_1, a', a'_1 a une seconde corde Pbb_1 commune avec C. On cherche les rayons doubles de l'involution déterminée par les deux couples de droites PI, PI' et Paa_1, Pbb_1. Chacun de ces rayons est la corde de contact de C et d'une conique satisfaisant à la question.

En effet, toutes les coniques V, V',..., qui passent par le point I, ont quatre points communs, et pour axes de symptose PI, PI' (485 et 486); et les couples d'axes de symptose de chacune de ces courbes et de C, tels que Paa_1 et Pbb_1, sont en involution (483). Les rayons doubles de l'involution sont évidemment les cordes de contact des deux coniques U, U' qui satisfont à la question. Or PI, PI' appartiennent à l'involution (483). Donc les deux couples Paa_1, Pbb_1 et PI, PI′ suffisent pour déterminer ces rayons doubles, qui donnent les deux solutions de la question. Si ces rayons sont imaginaires, les deux solutions le sont aussi.

Les deux coniques C, C′ peuvent avoir deux autres couples d'axes de symptose, qui donnent lieu à deux autres couples de solutions; la question admet donc, en général, six solutions.

VIII. — *Décrire une conique tangente à une droite* L *et ayant un double contact avec deux coniques* C, C′.

Cette question est corrélative de la précédente, et se résout par des considérations semblables, que nous supprimerons, pour abréger. Il y a de même, en général, six solutions.

IX. — *Mener par un point* I, *une conique tangente à deux droites et ayant un double contact avec une conique* C.

On regardera les deux droites comme formant une conique C′; et la question ne sera plus qu'un cas du problème VII. Elle aura quatre solutions, et non six, comme ce problème, parce qu'il n'existe que deux points P, P′ dont chacun a la même polaire relative à la conique et aux deux droites.

X. — *Mener une conique tangente à une droite, passant par deux points, et ayant un double contact avec une conique* C.

On regarde les deux points comme les sommets d'une conique C′ infiniment aplatie, et la question est ramenée au problème VIII. Elle a quatre solutions.

XI. Ces différents problèmes admettent des cas particuliers, pour lesquels nous énoncerons simplement le nombre des solutions.

1° *On demande qu'une conique ait un double contact*

avec une conique C, *touche une droite en un point donné* θ, *et passe par un autre point* a. Deux solutions.

2° *Que la conique ait un double contact avec* C, *touche une droite en un point* θ, *et soit tangente à une autre droite*. Deux solutions.

3° *Que la conique soit tangente à* C, *en un point donné* θ, *et en un autre point non déterminé, et passe par deux points* a, b. Deux solutions.

4° *Que la conique soit tangente à* C *en un point* θ, *et en un autre point non déterminé; qu'elle passe par un point* a *et touche une droite*. Deux solutions.

5° *Que la conique soit tangente à* C *en un point* θ, *et en un autre point non déterminé; et qu'elle touche deux droites*. Deux solutions.

6° *Enfin, qu'une conique ait un double contact avec deux coniques* C, C′, *l'un des quatre points de contact étant donné*. Trois solutions (*).

§ V. — *Propriétés relatives à trois coniques* C, C′, C″ *inscrites dans une conique* W. — *Construction d'une autre conique inscrite dans* W *et tangente aux trois* C, C′, C″.

498. Lorsque deux coniques C, C′ sont inscrites dans une conique W, c'est-à-dire ont chacune un double contact avec W, leurs axes de symptose, dont il va être question dans ce paragraphe, seront toujours, comme précédemment, les deux cordes communes qui passent par le point de concours des deux cordes de contact. Et de même, les ombilics des deux coniques seront ceux qui correspondent à ces deux cordes communes, et qui sont situés sur la droite qui joint les deux pôles de contact.

(*) M. Poncelet, dans le *Traité des Propriétés projectives*, et M. Steiner dans le *Journal de Mathématiques de Crelle* (t. XLV, p. 212-224; année 1853), ont traité, par des considérations différentes, la plupart des problèmes précédents.

M. Poncelet, conformément aux principes de la projection centrale, regarde deux coniques qui ont un double contact comme la perspective de deux cercles concentriques. (Voir *Traité des Propriétés projectives*, p. 227-255.)

Les coniques qu'on peut mener par deux points *a*, *b*, et qui sont inscrites dans une conique W, forment deux séries distinctes. Les cordes de contact des unes passent par un point fixe de *ab*; et les cordes de contact des autres, par un autre point fixe de *ab* (497, I). En parlant des coniques inscrites qui passent par deux points, nous entendrons toujours les coniques d'un seul système.

499. *Lorsque des coniques* C, C',..., *inscrites dans une conique* W, *passent par deux points* a, b, *si d'un point* I *de la droite* ab *on leur mène des tangentes : les points de contact sont sur une conique inscrite à* W *et dont le pôle de contact est* I.

En effet, il existe quatre coniques tangentes à une droite quelconque menée par le point I (497, X); mais deux seulement appartiennent au système C, C',... que l'on considère. Aucune conique du système ne passe par le point I. Donc le lieu cherché n'a que deux points sur une droite quelconque menée par le point I, et conséquemment est une conique Σ. Par chaque point α de cette conique Σ passe une conique C tangente en ce point à la droite Iα. Si α est sur W, cette conique C est tangente à W au même point α. Donc ce point α est le point de contact d'une tangente de W menée par I. Donc la conique Σ a un double contact avec W, et I est le pôle de contact. Ainsi le théorème est démontré.

500. On conclut de là, en ne considérant que deux coniques C, C', ce théorème très-important :

Lorsque deux coniques C, C' *ont un double contact avec une conique* W, *si d'un point* I *d'une des cordes communes de* C *et* C', *on mène des tangentes à ces courbes : les quatre points de contact sont sur une conique* Σ, *inscrite dans* W, *et dont le pôle de contact est* I.

Réciproquement : *Lorsque deux coniques* C, C' *sont inscrites dans une conique* W, *et que d'un point* I *on leur mène des tangentes, si les quatre points de contact sont sur une conique* Σ *inscrite dans* W, *et ayant le point* I *pour pôle de contact : l'une des deux cordes communes a* C *et* C' *passe par le point* I.

En effet, soient *a*, *b*, et *a'*, *b'* les points de contact des tangentes menées du point I aux deux coniques C, C'. Par les points *a'* et *b'* on peut mener une conique C'' inscrite dans W, et telle, que l'une de ses cordes communes avec C passe par I (ce qui ne fait que cinq conditions). Les tangentes aux deux coniques C, C'' menées du point I auront leurs points de contact sur une conique inscrite dans W et dont le pôle de contact est I, comme il vient d'être démontré. Cette conique est donc Σ. Or Σ passe par *a'* et *b'* de C'', donc I*a'*, I*b'* sont les tangentes de C''. Donc C'' coïncide avec C'. Donc une corde commune de C et C' passe par I.

C. Q. F. D.

501. *Lorsque trois coniques* C, C', C'' *sont inscrites dans une conique* W, *leurs six axes de symptose passent trois à trois par quatre points.*

En effet, soit L un axe de symptose de C et C', et L_1 un axe de symptose de C et C''. Les tangentes menées aux trois coniques, du point d'intersection I de ces deux droites, ont, d'après le théorème précédent, leurs points de contact sur une conique inscrite dans W, et dont le pôle de contact est I. Donc, d'après la réciproque, le point I est sur un axe de symptose de C' et C''. Donc, etc.

502. Corrélativement : *Lorsque trois coniques sont inscrites dans une conique* W, *leurs six ombilics sont trois à trois sur quatre droites.*

503. *Lorsque deux coniques* C, C' *sont inscrites dans une conique* W, *si d'un point* I *d'un de leurs axes de symptose,* L, *on mène deux tangentes* I a, I a' *à* C *et* C' : *par les deux points de contact* a, a' *passe une conique tangente en ces points à* C *et à* C', *et inscrite dans* W.

En effet, on peut mener par le point *a* une infinité de coniques U tangentes à C en ce point, et inscrites dans W. Un axe de symptose commun à C' et à chaque conique U passe par le point I (501) : de sorte que toute droite menée par ce point, et conséquemment la droite I*a'*, est un axe de symptose de C' et d'une conique U ; et puisque I*a'* est tangente à C', U est aussi tangente à C'. Ce qui démontre le théorème.

504. Concevons que d'un autre point I_1 de L on mène deux

tangentes I_1a_1, $I_1a'_1$ de manière que les droites aa', $a_1a'_1$ passent par un même ombilic S de C et C' :

Si par les deux points a, a' *on mène une conique* U *inscrite dans* W, *et tangente à* C *et* C' *en ces points ; et par* a_1, a'_1 *une conique* U_1 *inscrite dans* W *et tangente à* C *et* C' *en* a_1, a'_1 : 1° *un ombilic des deux coniques* U, U_1 *est sur la droite* L, *et* 2° *un de leurs axes de symptose passe par l'ombilic* S *de* C *et* C'.

En effet, 1° a est un ombilic de C et U, et a_1 un ombilic de C et U_1; donc la droite aa_1 passe par un ombilic de U et U_1 (502): de même la droite $a'a'_1$. Mais ces deux droites se coupent sur L, corde commune à C et C', ce qui est une conséquence du théorème (363). Donc : 1°, etc.

2° La tangente Ia est un axe de symptose de C et de U; et I_1a_1 un axe de symptose de C et de U_1. Donc le point d'intersection de ces deux tangentes est sur un axe de symptose de U et U_1 (501). De même le point d'intersection des deux tangentes Ia', $I_1a'_1$. Mais ces deux points d'intersection sont en ligne droite avec l'ombilic S de C et C' (363). Donc : 2°, etc.

Ainsi le théorème est démontré.

505. Il résulte de cette démonstration que: *Une droite* D, *menée par un ombilic* S *de* C *et* C', *est la corde commune d'une infinité de systèmes de deux coniques* U, U', *tangentes à* C *et à* C', *et inscrites dans* W. Pour déterminer un tel système, il suffit de mener à la conique C, par un point g de la droite D, deux tangentes ga, ga_1; les points de contact a, a_1 appartiendront, respectivement, aux deux coniques demandées. On peut dire encore que par le pôle de D relatif à la conique C, on mène une corde quelconque aa_1 qui détermine les points de contact a, a_1 des deux coniques demandées.

506. Problème.—*Étant données trois coniques* C, C', C'' *inscrites dans une conique* W, *on demande de construire une conique* U *inscrite dans* W, *et tangente aux trois coniques* C, C', C''.

Les ombilics des trois coniques C, C', C'' sont trois à trois sur quatre droites D, D',... (502); et leurs axes de symptose se coupent trois à trois en quatre points I, I',... (501).

Que par le pôle de la droite D, relatif à la conique C, on mène une droite passant par l'un des quatre points I. Cette droite rencontre C en deux points a, a_1. Et par chacun de ces points passe une conique inscrite dans W et tangente à C en ce point, et aux deux autres coniques en deux points dont les tangentes passent par le point I (505); ce qui fait deux solutions de la question. Les droites menées du pôle de D, aux trois autres points I′, I″, I‴, donnent pareillement trois autres couples de coniques tangentes à C, C′ et C″; ce qui fait huit solutions relatives à la droite D. On détermine semblablement huit solutions pour chacune des trois autres droites D′, D″, D‴.

Ainsi il existe trente-deux coniques inscrites dans W et tangentes aux trois C, C′, C″.

507. *Construction des axes de symptose de deux coniques* C, C′ *inscrites dans une conique* W. — Ces axes passent par le point de rencontre I des deux cordes de contact des coniques C, C′, et forment avec ces deux cordes un faisceau harmonique. Les polaires d'un point O quelconque, relatives à C et C′, se coupent en un point O′ : et les deux axes de symptose forment aussi un faisceau harmonique avec les deux droites IO, IO′ (308). Conséquemment ces deux axes sont déterminés.

Cas où la conique C′ *est un point.* — Ce point C′ représente une conique infiniment petite inscrite dans W; sa corde de contact est la polaire du point relative à W (460, 4°). La construction générale des axes de symptose de C et de C′ subsiste. Pour l'appliquer, il suffit de savoir que la polaire d'un point O, relative à C′, se détermine par cette considération, que les polaires de O relatives à W et à C′ se coupent sur la corde de contact de C′ (461), c'est-à-dire sur la polaire de C′ relative à W.

Cas où les deux coniques C, C′ *sont des points.* — La construction des deux axes de symptose des deux points C, C′ considérés comme deux coniques infiniment petites inscrites dans W, se fait comme dans le cas précédent.

508. Cas particuliers du problème (506).

1° *Deux coniques* C, C′ *et un point* C″.

Les deux coniques C, C′ ont deux ombilics; mais C et C″ n'en ont qu'un, qui est le point C″; de même pour C′ et C″. De sorte qu'il n'existe que deux droites D, D′.

Les axes de symptose de C, C′ et C″ se coupent en quatre points; et chacune des droites D, D′ associée avec un de ces points, donne deux coniques satisfaisant à la question; il y a donc seize solutions.

2° *Une conique* C *et deux points* C′, C″.

Les trois couples d'axes de symptose, et les quatre points d'intersection, trois à trois, subsistent. Mais il n'existe qu'une droite D, qui joint les deux points C′, C″. De sorte qu'il n'y a que huit solutions.

3° *Une conique* C, *un point* C′ *et une droite* C″ (*qui représente une conique infiniment aplatie, limitée aux deux points où* C″ *rencontre* W).

Les axes de symptose de C et C′ coupent la droite C″ en deux points I, I′. Les ombilics de C et C″, joints au point C′, donnent deux droites D, D′. S'ensuivent huit solutions.

4° *Deux coniques* C, C′ *et une droite* C″.

C″, ainsi qu'il vient d'être dit, est une conique infiniment aplatie limitée aux deux points (réels ou imaginaires) où elle rencontre W. La question est corrélative de la première ci-dessus. Seize solutions.

5° *Une conique* C *et deux droites* C′, C″.

Question corrélative de la seconde ci-dessus. Huit solutions.

509. Lorsque deux coniques C, C′ sont inscrites à une conique W, si de chaque point I de leur corde commune L on leur mène deux tangentes Ia, Ia', dont les points de contact soient sur une droite passant toujours par le même ombilic S de C et C′, *la corde de contact* K *de la conique inscrite à* W, *et tangente en* a *et* a′ *à* C *et* C′ (503), *enveloppe une conique.*

Il faut démontrer que par un point donné il ne passe que deux droites K. Soit G la corde de contact de C et W; la corde de contact K passe par le point d'intersection de G et de Ia (415, *Coroll.*). Or, par un point de la droite G il ne passe que deux tangentes de C telles que Ia. En outre, la corde G ne peut pas être une de ces tangentes. Donc par chaque point de G il ne passe que deux cordes de contact. Donc ces cordes de contact enveloppent une conique. C. Q. F. D.

Corollaires. — Cette enveloppe a quatre tangentes communes avec W. Chacune de ces tangentes est la corde de contact d'une conique inscrite dans W. Cette conique a donc un contact du troisième ordre avec W. Ainsi :

Parmi les coniques tangentes à C et C′ *en des points tels que* a *et* a′, *il y en a quatre qui ont un contact du troisième ordre avec* W.

Les coniques tangentes en deux points a_1, a'_1 situés sur des droites passant par le deuxième ombilic S_1 de C et C′, forment une deuxième série de coniques, dont quatre ont aussi un contact du troisième ordre avec W ; ce qui fait huit coniques formées au moyen de l'axe de symptose L.

Il y a pareillement huit coniques répondant à l'axe de symptose L′. Donc

Il existe seize coniques tangentes à C *et à* C′, *et ayant un contact du troisième ordre avec* W.

Si C′ est un point, il n'existe qu'un ombilic de C et C′, qui est le point C′ ; il s'ensuit que *le nombre des coniques est réduit à huit.*

§ VI. — *Analogies entre des systèmes de coniques inscrites à une conique* W, *et des systèmes de cercles. — Procédé de démonstration applicable également à ces deux genres de questions.*

510. Il existe une analogie frappante entre les propriétés des coniques inscrites dans une conique W, qui font le sujet du paragraphe précédent, et les propriétés des cercles, notamment en ce qui concerne la construction d'une conique tangente à trois autres (506), et la construction d'un cercle tangent à trois cercles (*G. S.*, chap. XXXII). C'est qu'en effet on peut transformer l'un des systèmes dans l'autre. Cela se fait au moyen d'une sphère, ou plus généralement d'une surface du second ordre, sur laquelle on transporte, par une perspective, l'œil étant en un point de la surface, les cercles du plan, qui deviennent des sections planes de la surface; sections que l'on reporte ensuite sur le plan, par une nou-

velle perspective, l'œil étant alors placé en un point quelconque de l'espace. Ces sections planes deviennent des coniques qui sont toutes inscrites à une même conique W : celle-ci est la perspective du contour apparent de la surface. La transformation d'une figure dans l'autre se fait donc au moyen d'un système intermédiaire de sections planes de la surface du second ordre. Les propriétés des trois systèmes se correspondent; mais celles des sections planes de la surface se présentent à l'esprit d'une manière intuitive, de sorte qu'elles offrent un moyen de démonstration extrêmement simple des propriétés, soit des cercles, soit des coniques inscrites à une même conique W.

Ce procédé de démonstration repose sur le théorème suivant.

511. Théorème. — *La perspective de toute section plane d'une surface du second ordre, sur un plan quelconque, est une conique qui a un double contact avec la perspective du contour apparent de la surface; et le pôle de contact des deux courbes est la perspective du sommet du cône circonscrit à la surface suivant la section plane.*

Le contour apparent de la surface est la courbe de contact du cône circonscrit qui a pour sommet le point de l'œil. Cette courbe est plane, et sa perspective est la trace du cône sur le plan de projection. Une section plane quelconque (C) coupe le contour apparent en deux points. Les plans tangents à la surface en ces points renferment les tangentes aux deux courbes en leurs points communs; et comme ces plans passent par l'œil, leurs traces sur le plan de projection sont les tangentes communes aux projections des deux courbes en leurs deux points de rencontre. Ainsi les deux coniques ont deux points de contact.

En outre, les deux plans tangents à la surface passent par le sommet du cône circonscrit suivant la courbe (C). Conséquemment le point de rencontre de leurs traces sur le plan de projection, c'est-à-dire le pôle de contact des deux coniques, est la perspective du sommet du cône. Ainsi les deux parties du théorème sont démontrées.

Corollaire I. — Lorsque l'œil est situé sur la surface, *les perspectives de toutes les sections planes sont des coniques qui passent par deux points fixes; et la droite qui joint ces points a pour pôles dans les coniques les perspectives des sommets des cônes circonscrits à la surface suivant les sections planes.* Les deux points fixes sont les points où les deux droites (réelles ou imaginaires) qu'on peut mener sur la surface par le point de l'œil, rencontrent le plan de projection.

Ces deux droites sont réelles quand la surface est un hyperboloïde à une nappe, engendré, comme on sait, par une droite qui s'appuie sur trois droites fixes.

Lorsque la surface est un ellipsoïde ou un hyperboloïde à deux nappes, les deux droites sont imaginaires et n'ont de point réel que le point de contact du plan tangent; car la courbe d'intersection de la surface et du plan tangent est alors une conique infiniment petite, et nous avons vu qu'une telle conique est l'ensemble de deux droites imaginaires (329). C'est sur ces droites que se trouvent les deux points d'intersection de la surface et d'une droite quelconque menée dans le plan tangent.

Corollaire II. — Lorsque l'œil étant en un point de la surface, le plan de projection est parallèle au plan tangent en ce point, toutes les sections planes de la surface deviennent en perspective des coniques homothétiques, c'est-à-dire semblables et semblablement placées, puisque alors les deux points (réels ou imaginaires), communs à toutes ces coniques, sont à l'infini. Les centres de ces courbes sont les perspectives des sommets des cônes circonscrits à la surface suivant les sections planes.

512. L'œil étant placé en un point quelconque de l'espace, prenons pour plan de projection le plan de la conique qui est le contour apparent de la surface; appelons W cette conique. La projection d'une section plane (C) de la surface est une conique C inscrite dans W. La corde de contact des deux courbes est la trace du plan de (C) sur le plan de W; et le pôle de contact est la perspective du sommet du cône circonscrit à la surface suivant la courbe (C).

Deux sections planes (C), (C′) se coupent en deux points α, β; et leurs perspectives C, C′, en deux points a, b, qui sont les perspectives de α et β; de sorte que *l'axe de symptose* ab *de* C *et* C′ *est la perspective de la droite d'intersection des plans des deux courbes* (C), (C'). En outre, *cette droite* ab *passe par le point d'intersection des cordes de contact des deux coniques* C, C', parce que ces droites sont les traces des plans des deux courbes (C), (C') sur le plan de projection.

Les cônes qui font la perspective des deux courbes (C), (C') rencontrent la surface suivant deux autres courbes planes (C_1), (C'_1), dont C et C' sont aussi les perspectives. *Le deuxième axe de symptose de* C *et* C' *est la perspective tout à la fois de la droite d'intersection des plans des deux courbes* (C), (C'_1), *et de la droite d'intersection des plans des deux autres courbes* (C_1) *et* (C').

Par les deux courbes (C), (C') passent deux cônes. On peut mener par le point de l'œil deux plans tangents à chaque cône. Leurs traces sur le plan de **W** sont des tangentes communes aux deux coniques C, C'; et le point d'intersection de ces tangentes est la perspective du sommet du cône auquel on a mené les plans tangents. Ainsi *les ombilics des deux coniques* C, C' *sont les perspectives des sommets des deux cônes qui passent par les deux courbes* (C), (C').

513. 1° Lorsque plusieurs courbes (C), (C'),..., passent par deux points α, β de la surface, il leur correspond des coniques C, C',..., qui passent par deux points a, b. Les cordes de contact de ces coniques et de W passent par un point fixe de leur corde commune ab, savoir, par le point où la droite $\alpha\beta$ perce le plan de projection.

Les droites menées de l'œil aux points α, β rencontrent la surface en deux autres points α_1, β_1. Les sections planes menées par les deux points α, β_1 ont pour perspectives des coniques C_1, C'_1,..., qui passent par les deux points a, b, et dont les cordes de contact avec W passent par un point fixe de ab, qui est le point où la droite $\alpha\beta_1$ perce le plan de projection. Ainsi l'on voit que *les coniques inscrites à* W, *qu'on peut mener par deux points donnés* a, b, *forment deux séries distinctes.* Pour les unes, les cordes de contact passent par un point de ab, et pour les autres par un autre point de cette droite.

2° Lorsque des coniques C, C',..., passent par un point a et touchent une droite A, elles sont la perspective d'autant de courbes (C), (C'),..., de la surface, menées par un point α, et tangentes à une section plane (A) dont le plan passe par l'œil. *Toutes ces coniques forment une seule série; et leurs cordes de contact avec* W *enveloppent une conique qui est la trace du cône* [α, (A)]. Les pôles de contact sont sur une autre conique.

3° Trois points *a*, *b*, *c* sont la perspective de trois couples de points α, α_1; β, β_1; γ, γ_1 de la surface. Il s'ensuit que *par les trois points* a, b, c *passent quatre coniques inscrites dans* W. Ces quatre courbes sont les perspectives des sections faites dans la surface par les quatre plans $\alpha\beta\gamma$, $\alpha\beta\gamma_1$, $\alpha\beta_1\gamma$, $\alpha\beta_1\gamma_1$.

4° *Deux points* a, b *et une tangente* A *déterminent quatre coniques inscrites dans* W. Ces coniques sont les perspectives des sections de la surface dont les plans sont tangents à la courbe (A), et dont deux passent par les points α, β, et les deux autres par les points α, β_1.

5° *Par deux points* a, b, *on peut mener huit coniques tangentes à une conique* C *inscrite dans* W.

Ces coniques sont les perspectives des sections planes tangentes à (C), et dont deux passent par α, β; deux par α, β_1; deux par α_1, β, et deux par α_1, β_1.

6° *Un point* a *et une tangente* A *déterminent huit coniques tangentes à une conique* C *inscrite dans* W.

Ces coniques sont les perspectives de huit sections; les plans de quatre de ces sections passent par le point α et sont tangents, par couples, aux deux cônes [(A), (C)]; et les plans des quatre autres passent par le point α_1, et sont tangents aux deux mêmes cônes.

7° *Par un point* a *passent seize coniques tangentes à deux coniques* C, C′ *inscrites dans* W.

Le point α et les deux courbes (C), (C′) donnent quatre solutions; c'est-à-dire quatre coniques, perspectives des sections que font dans la surface les quatre plans menés par le point α tangentiellement aux deux cônes [(C), (C′)]. Le point α et les deux courbes (C), (C'_1) donnent de même quatre solutions; α et (C_1), (C′), quatre; et enfin α et (C_1), (C'_1), quatre; donc, seize en tout.

8° *Il existe trente-deux coniques tangentes à trois coniques* C, C′, C″ *inscrites dans* W.

Les trois courbes (C), (C′), (C″) sont deux à deux sur six cônes qui ont leurs sommets trois à trois sur quatre droites. Par chacune de ces droites passent deux plans tangents aux trois courbes. Il existe donc huit sections planes tangentes aux trois courbes, et dont les perspectives sont huit coniques tangentes aux coniques proposées C, C′, C″.

Les trois sections (C), (C′), (C''_1) fournissent pareillement huit solutions, ainsi que les trois courbes (C), (C'_1), (C″), et les trois (C), (C'_1), (C''_1). En tout, donc, trente-deux solutions.

514. 1° *Lorsque le plan d'une section* (C) *est tangent à la conique* W, *la perspective* C *a un contact du troisième ordre avec* W. Car soit nn' l'élément commun aux deux courbes W et (C) : leurs éléments consécutifs $n'n''$ et $n'm''$ sont dans le plan tangent à la surface au point n'; et conséquemment la projection de $n'm''$, élément de (C), coïncide avec $n'n''$, et les deux courbes W et C ont deux tangentes communes nn', $n'n''$. Pareillement, les éléments des deux courbes nn_1, nm_1 antérieurs au point n, sont dans le plan tangent en ce point, et les deux courbes W et C ont encore une tangente commune nn_1; de sorte qu'elles ont trois tangentes consécutives et quatre points communs n_1, n, n', n'' : ce qui fait un contact du troisième ordre.

2° *Par deux points* a, b *passent quatre coniques ayant un contact du troisième ordre avec* W.

Ces coniques sont les perspectives des sections faites par les plans tangents à W, menés par la droite $\alpha\beta$, et par la droite $\alpha\beta_1$.

3° *Un point* a *et une tangente* B *déterminent quatre coniques ayant un contact du troisième ordre avec* W.

Ces coniques sont les perspectives des sections dont les plans passent par α et sont tangents aux deux cônes [(B), W].

4° *Par un point* a *passent huit coniques ayant un contact du troisième ordre avec* W, *et tangentes à une conique* C *inscrite à* W.

Ces coniques sont les perspectives de sections dont les plans passent par α. Quatre de ces plans sont tangents aux deux cônes [(C), W], et quatre tangents aux deux cônes [(C_1), W].

5° *Il existe seize coniques ayant un contact du troisième ordre avec* W, *et tangentes à deux coniques* C, C′ *inscrites dans* W.

Huit coniques sont la perspective de sections tangentes aux

trois courbes (C), (C′), W; et huit sont la perspective de sections tangentes aux trois courbes (C), (C'_1), W.

515. *Les six axes de symptose de trois coniques* C, C′, C″ *inscrites dans* W, *passent trois à trois par quatre points.*

En effet, trois axes de symptose des coniques C, C′, C″, prises deux à deux, sont les perspectives des droites d'intersection des plans des courbes (C), (C′), (C″), et conséquemment passent par un même point. Les courbes (C), (C′), (C''_1) donnent lieu à trois axes de symptose passant par un même point; les courbes (C), (C'_1), (C″) pareillement, ainsi que les courbes (C), (C'_1), (C''_1). Donc, etc.

516. *Les six ombilics des trois coniques* C, C′, C″ *sont trois à trois sur quatre droites.*

En effet, ces ombilics sont les perspectives des sommets des six cônes qui passent par les courbes (C), (C′), (C″), prises deux à deux, et ces sommets sont trois à trois sur quatre droites. Donc, etc.

517. *Si d'un point* I *d'un axe de symptose de deux coniques* C, C′, *inscrites dans* W, *on mène des tangentes à ces courbes, les quatre points de contact sont sur une conique* Σ *inscrite dans* W *et dont le pôle de contact est* I.

Cette conique est la perspective de la courbe de contact (Σ) d'un cône circonscrit à la surface du second ordre, et dont le sommet est en un point de la droite d'intersection des plans des deux courbes (C), (C′).

Pour un autre point I′ du même axe de symptose de C et C′, on a une autre conique Σ′. *Les ombilics des deux coniques* Σ, Σ′ *sont situés sur l'axe de symptose de* C *et* C′.

Car ces ombilics sont les perspectives des sommets des deux cônes [(Σ), (Σ′)]; ces sommets sont sur la droite qui joint les sommets des deux cônes circonscrits à la surface suivant les deux courbes (Σ), (Σ′); et enfin, cette droite est l'intersection des plans des deux courbes (C), (C′), et a pour perspective l'axe de symptose de C et C′.

518. *Si d'un point* I *d'un axe de symptose* L *des deux coniques* C, C′ *on mène à ces courbes deux tangentes* Ia, Ia′ : 1° *par les*

deux points a, a′ *passe une conique* E *tangente à* C *et à* C′ *en ces points, et inscrite dans* W ; 2° *les droites menées des points* a, a′ *aux pôles de contact des deux coniques* C, C′, *respectivement, passent par le pôle de contact de la conique* E.

La conique E est la perspective de la section faite dans la surface par le plan des tangentes menées aux deux courbes (C), (C′), d'un point de la droite d'intersection des plans des deux courbes; ce qui démontre la première partie du théorème.

Lorsque deux sections planes (C), (E) de la surface du second ordre se touchent, elles ont deux points communs infiniment voisins : les plans tangents à la surface en ces points se coupent suivant une droite qui passe par les sommets des cônes circonscrits à la surface suivant les deux courbes. Il s'ensuit qu'en perspective la droite qui joint le point a au pôle de contact de C et de W passe par le pôle de contact de la conique E. De même, la droite qui joint le point a' au pôle de contact de C′ et de W. Ce qui démontre la seconde partie du théorème.

La droite aa' passe évidemment par un des deux ombilics de C et C′.

519. Pour un autre point I_1 de l'axe de symptose L de C et C′, on a une conique E_1 tangente à C et à C′ en deux points a_1, a'_1: *Si les deux droites* aa′, $a_1a'_1$ *passent par le même ombilic de* C *et* C′, *un axe de symptose des deux coniques* E, E_1 *passera par cet ombilic, et par le point d'intersection des tangentes de* C *aux points de contact* a, a_1, *ainsi que par le point d'intersection des tangentes de* C′ *aux points* a′, a'_1.

Cela résulte de ce que les deux coniques E, E′ sont les perspectives des sections faites dans la surface par deux plans tangents à à un des deux cônes [(C), (C′)].

Cette considération montre que réciproquement : *Toute droite* D *menée par un ombilic de* C *et* C′ *est l'axe de symptose d'une infinité de couples de coniques telles que* E *et* E_1 ; et l'on conclut de là sans difficulté la construction des trente-deux coniques tangentes aux trois coniques C, C′, C″, à laquelle nous sommes arrivé déjà, par les seuls secours de la Géométrie plane (506).

FIN DE LA PREMIÈRE PARTIE.

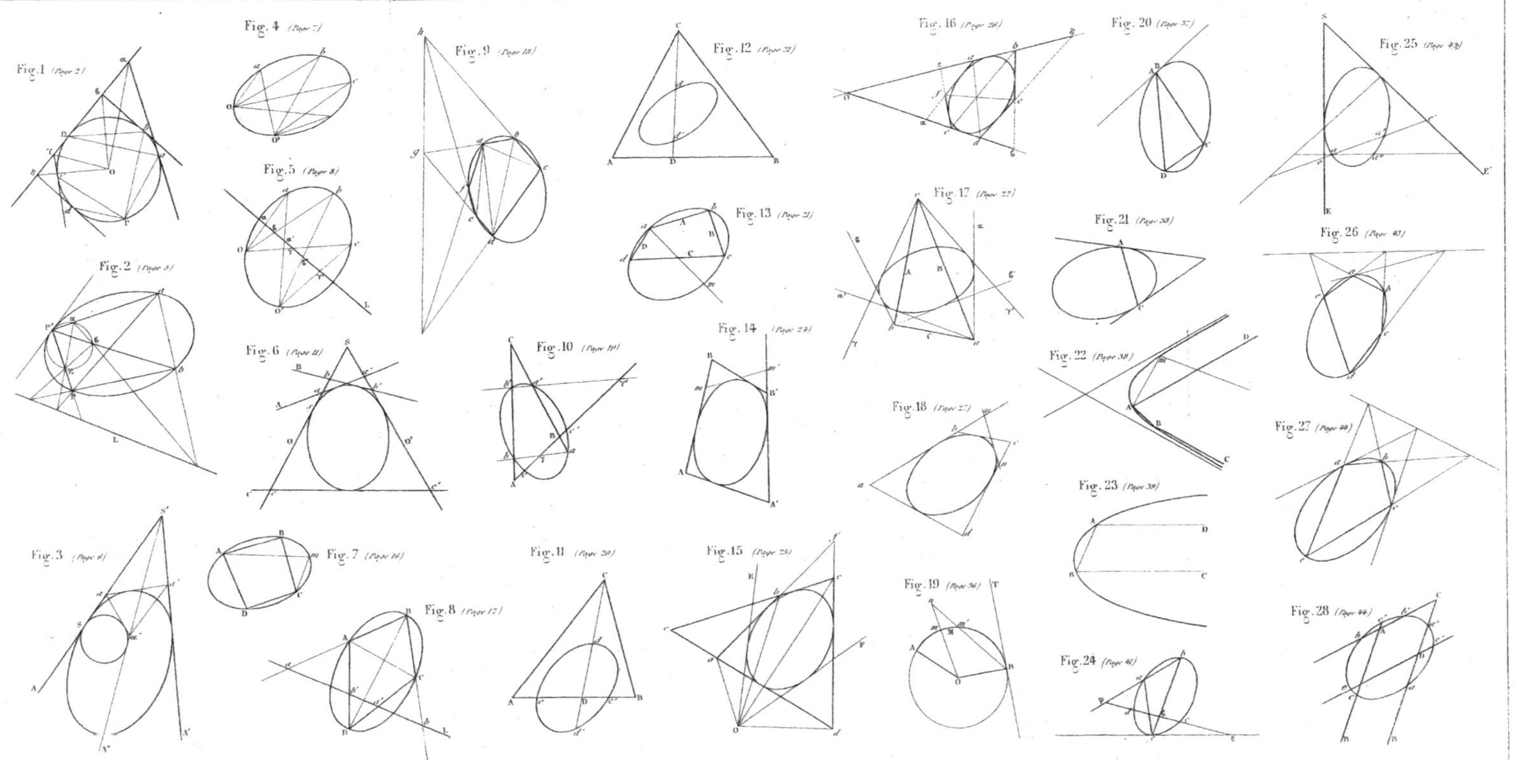

Gauthier-Villars, Libraire-Éditeur, à Paris.

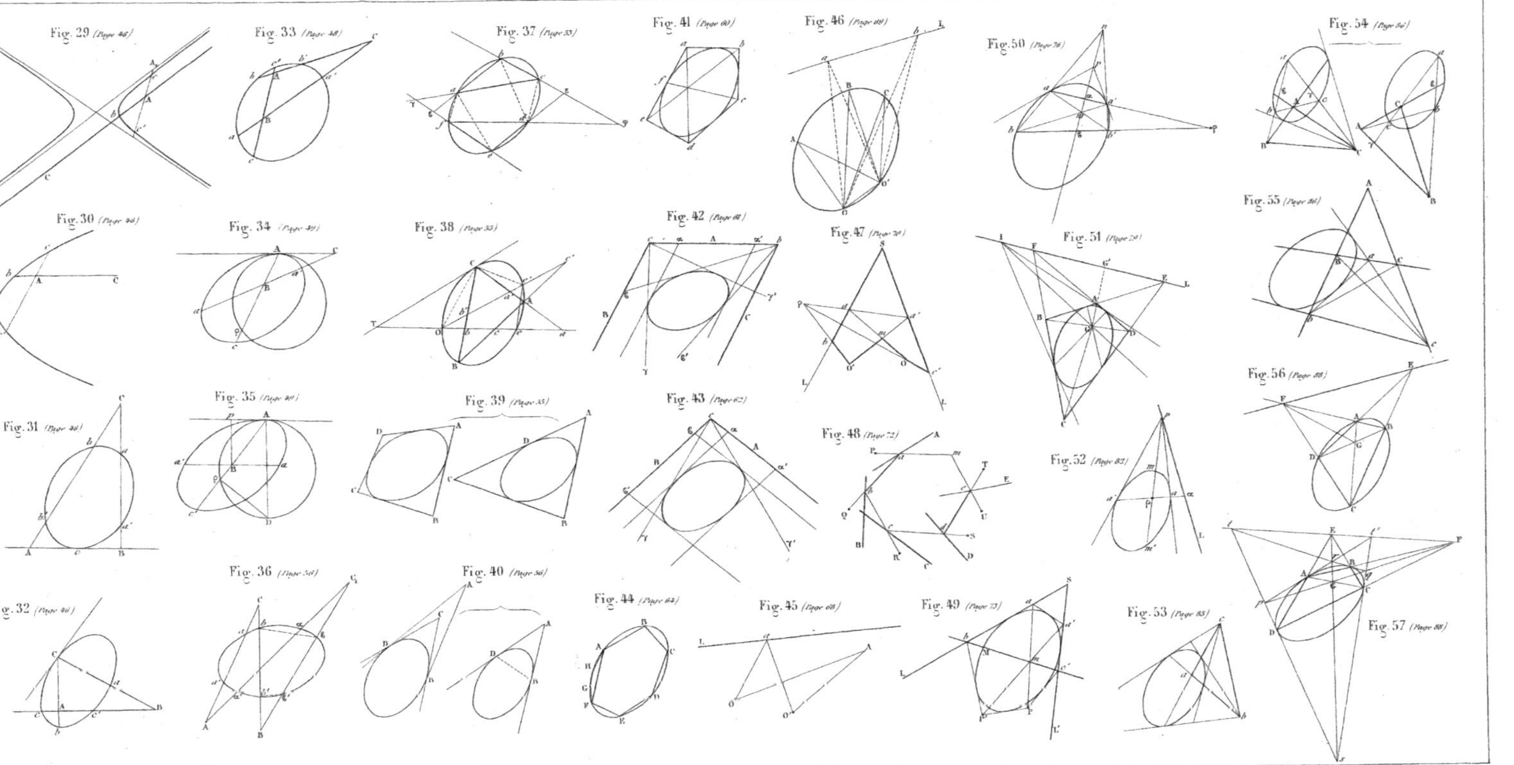

Gauthier-Villars, Libraire-Éditeur, à Paris.

Dulos sc.

Fig. 58 (Page 89)

Fig. 62 (Page 97)

Fig. 66. (Page 105)

Fig. 69 (Page 113)

Fig. 73 (Page 122)

Fig. 75 (Page 122)

Fig. 80 (Page 125)

Fig. 82 (Page 129)

Fig. 59 (Page 90)

Fig. 63 (Page 98)

Fig. 67 (Page 108)

Fig. 70 (Page 119)

Fig. 74 (Page 122)

Fig. 76 (Page 123)

Fig. 81 (Page 126)

Fig. 60 (Page 93)

Fig. 65. (P. 104)

Fig. 71 (Page 119)

Fig. 77 (Page 124)

Fig. 78 (Page 124)

Fig. 83 (Page 132)

Fig. 64 (Page 101)

Fig. 68 (Page 111)

Fig. 61 (Page 96)

Fig. 72 (Page 120)

Fig. 79 (Page 125)

Fig. 84 (Page 134)

Leguay imp. r. de la Bûcherie, 1 à Paris. Gauthier-Villars, Libraire-Éditeur, à Paris. Dulos sc.

Fig. 85 (Page 134)

Fig. 88 (Page 137)

Fig. 91 (Page 140)

Fig. 94 (Page 149)

Fig. 97 (Page 151)

Fig. 100 (Page 156)

Fig. 103 (Page 161)

Fig. 107 (Page 173)

Fig. 86 (Page 135)

Fig. 89 (Page 138)

Fig. 92 (Page 147)

Fig. 95 (Page 151)

Fig. 98 (Page 153)

Fig. 101 (Page 156)

Fig. 104 (Page 166)

Fig. 108 (Page 175)

Fig. 109 (Page 178)

Fig. 87 (Page 136)

Fig. 90 (Page 139)

Fig. 93 (Page 148)

Fig. 96 (Page 151)

Fig. 99 (Page 154)

Fig. 102 (Page 159)

Fig. 105 (Page 167)

Fig. 106 (Page 169)

Legay, imp. rue de la Bûcherie, 1, à Paris. Gauthier-Villars, Libraire-Éditeur, à Paris. Dulos sc.

Fig. 110 (Page 178)

Fig. 113 (Page 182)

Fig. 116 (Page 186)

Fig. 119 (Page 189)

Fig. 122 (Page 237)

Fig. 125 (Page 293)

Fig. 128 (Page 297)

Fig. 132 (Page 330)

Fig. 111 (Page 180)

Fig. 114 (Page 184)

Fig. 117 (Page 187)

Fig. 120 (Page 208)

Fig. 123 (Page 248)

Fig. 126 (Page 293)

Fig. 129 (Page 326)

Fig. 131 (Page 329)

Fig. 134 (Page 334)

Fig. 112 (Page 181)

Fig. 115 (Page 185)

Fig. 118 (Page 187)

Fig. 121 (Page 219)

Fig. 124 (Page 263)

Fig. 127 (Page 294)

Fig. 130 (Page 328)

Fig. 133 (Page 332)

Gauthier-Villars, Libraire-Éditeur, à Paris.

Dulos sc.